Leitfäden der Informatik

Paul Fischer
Algorithmisches Lernen

Leitfäden der Informatik

Herausgegeben von

Prof. Dr. Hans-Jürgen Appelrath, Oldenburg
Prof. Dr. Volker Claus, Stuttgart
Prof. Dr. Dr. h.c. mult. Günter Hotz, Saarbrücken
Prof. Dr. Lutz Richter, Zürich
Prof. Dr. Wolffried Stucky, Karlsruhe
Prof. Dr. Klaus Waldschmidt, Frankfurt

Die Leitfäden der Informatik behandeln

- Themen aus der Theoretischen, Praktischen und Technischen Informatik entsprechend dem aktuellen Stand der Wissenschaft in einer systematischen und fundierten Darstellung des jeweiligen Gebietes.
- Methoden und Ergebnisse der Informatik, aufgearbeitet und dargestellt aus Sicht der Anwendungen in einer für Anwender verständlichen, exakten und präzisen Form.

Die Bände der Reihe wenden sich zum einen als Grundlage und Ergänzung zu Vorlesungen der Informatik an Studierende und Lehrende in Informatik-Studiengängen an Hochschulen, zum anderen an „Praktiker", die sich einen Überblick über die Anwendungen der Informatik(-Methoden) verschaffen wollen; sie dienen aber auch in Wirtschaft, Industrie und Verwaltung tätigen Informatikern und Informatikerinnen zur Fortbildung in praxisrelevanten Fragestellungen ihres Faches.

Algorithmisches Lernen

Von Prof. Dr. math. Paul Fischer
Universität Dortmund

Springer Fachmedien Wiesbaden GmbH 1999

Priv.-Doz. Dr. math. Paul Fischer

Geboren 1956 in Osnabrück, Studium der Mathematik und Wirtschaftswissenschaften in Bielefeld. Diplom 1983, Promotion 1986. Ein Jahr Visiting Assistant Professor an der Cornell Universität, Ithaca, New York. Seit 1987 am Fachbereich Informatik der Universität Dortmund. Habilitation 1995.

ISBN 978-3-519-02946-5 ISBN 978-3-663-11956-2 (eBook)
DOI 10.1007/978-3-663-11956-2

Die Deutsche Bibliothek – CIP-Einheitsaufnahme

Ein Titelsatz für diese Publikation ist bei
Der Deutschen Bibliothek erhältlich

Ursprünglich erschienen bei B.G. Teubner Stuttgart · Leipzig 1999

Einbandgestaltung: Peter Pfitz, Stuttgart

Vorwort

Seit dem Aufkommen der ersten Computer haben sich Menschen die Frage gestellt, ob diese Maschinen mit ihrer enormen numerischen Rechnerleistung nicht in der Lage sein sollten, zu denken. Im Laufe der Zeit entwickelte sich das Forschungsgebiet Maschinelles Lernen/Künstliche Intelligenz, das sich mit dieser Fragestellung beschäftigt. Es wurde schnell zu einem der Kernbereiche der sich rasch entwickelnden neuen Wissenschaft Informatik. Daraus hervorgegangen sind zum Beispiel verschiedene Formen von Neuronalen Netzen, die logische Programmiersprache PROLOG und statistische Methoden zur Mustererkennung. Anfangs erfolgte die Bewertung der einzelnen Methoden subjektiv und eher isoliert. Vergleiche zwischen verschiedenen Vorgehensweisen, die allgemeine Strukturen der Probleme sichtbar machen können, waren selten.

Seit Beginn der achtziger Jahre setzte eine verstärkte Interaktion mit den Bereichen Algorithmik und Komplexitätstheorie ein. Dabei wurden sowohl tiefe Einblicke in die Struktur von Problemen des Maschinellen Lernens gewonnen als auch reizvolle algorithmische Fragestellungen aufgeworfen. Es entstanden unter anderem allgemeine algorithmische Techniken zur Lösung von Lernproblemen und neue Methoden der Rausch-Filterung. Gleichzeitig wurden aber auch einige Grenzen des Maschinellen Lernens sichtbar. Das so entstandene Forschungsgebiet wird als Algorithmische Lerntheorie bezeichnet.

Das vorliegende Buch gibt eine Einführung in dieses Gebiet und stellt die wesentlichen strukturellen Resultate vor. Weiterhin beschreibt es Lösungen für einige konkrete Lernprobleme.

Für Anregungen und Korrekturvorschläge bin ich dankbar. Bitte senden sie diese an die folgende e-mail-Adresse:

`paulf@ls2.cs.uni-dortmund.de`

Eine Liste mit Errata findet man auf der folgenden WWW-Seite:

`http://ls2-www.cs.uni-dortmund.de/monographs/al/`

Im Zuge von Vorlesungen „Algorithmisches Lernen“ im Wintersemester 1996/97 an der Universität Paderborn und im Sommersemester 1999 an der Universität Dortmund wurde ein Teil dieses Buches als Skript benutzt. Bei den Studenten, die in Paderborn oder Dortmund diese Vorlesung gehört haben, möchte ich mich für die konstruktive Kritik und viele Verbesserungsvorschläge bedanken, insbesondere bei Tomas Brajkovic, Burkhard Busch, Christof Krich, Jens Krokowski, Christian Kuck, Volker Lükewille, Ute Middendorf,

Jens Mühlenhoff, Harald Räcke, Martin Reich, Robbie Schäfer, Carsten Scheele, Andre Skusa und Christoph Strebin. Mein besonderer Dank gilt Berthold Vöcking, der in Paderborn auch die Übungen betreut hat, und Karsten Tinnefeld für seine Tips zu LaTeX. Bei Astrid bedanke ich mich für ihre Geduld und alles, was ich von ihr gelernt habe.

Bochum, im Juli 1999

Paul Fischer

Inhaltsverzeichnis

1 Einleitung

1.1 Thema

Dieses Buch stellt einen relativ neuen Bereich des Maschinellen Lernens vor, die *Algorithmische Lerntheorie*, der die algorithmischen und komplexitätstheoretischen Aspekte von Lernproblemen untersucht.

Das zentrale Problem des Maschinellen Lernens und der Künstlichen Intelligenz ist es, aus wenigen verfügbaren Beobachtungen eines Phänomens eine allgemeine Erklärung abzuleiten, die das Phänomen zumindest einigermaßen gut beschreibt. Diese Erklärung wird dann für Vorhersagen über die weitere Entwicklung oder zu Klassifikationsaufgaben herangezogen. Für diese Aufgabe sind sehr viele und erfolgreiche Techniken entwickelt worden. Die Frage nach der Komplexität dieser Techniken war dabei von eher untergeordneter Bedeutung. Man gab sich damit zufrieden, überhaupt irgendwann einmal ein akzeptables Ergebnis zu erhalten, ohne danach zu fragen, wie verschwenderisch mit Rechenzeit oder Speicherplatz umgegangen wurde.

Außerdem kam es immer wieder vor, daß ein und dieselbe Methode bei sehr verschiedenen Problemen erfolgreich war, oder bei scheinbar ähnlichen Problemen einmal Erfolg hatte und ein anderes Mal versagte, ohne daß man dafür eine Erklärung fand. Auch die Frage, was ein akzeptables Ergebnis ist, wurde nach subjektiven Kriterien entschieden, da man das Lernziel im allgemeinen nicht im vorhinein definiert hatte.

In den letzten Jahren hat sich nun eine Forschungsrichtung herausgebildet, die versucht, dem eher empirisch-experimentell ausgerichteten Maschinellen Lernen eine komplexitätstheoretisch motivierte Variante zur Seite zustellen. Für diesen Zweig des Maschinellen Lernens hat sich der Name *Algorithmische Lerntheorie* oder *Algorithmisches Lernen* eingebürgert.

Zunächst wurde das Lernziel formal gefaßt, um den Erfolg von Lernmethoden quantitativ messen und Vergleiche anstellen zu können. Weiterhin wurden Lernprobleme bezüglich ihrer Komplexität klassifiziert und ein Zusammenhang zwischen dieser Komplexität und den von den Lernverfahren verbrauchten Ressourcen hergestellt. Außerdem wurden allgemeine algorithmische Prinzipien gefunden, die für die Lernbarkeit notwendig oder hinreichend sind.

Dieses Buch soll die zentralen Fragestellungen erläutern und die wesentlichen Ergebnisse vorstellen. Dabei soll der Zusammenhang von komplexitätstheoretischen und algorithmischen Fragestellungen besonders betont werden. Wir beschreiben die Entwicklung des Gebiet des Algorithmischen Lernens und berücksichtigen dabei auch neuere Entwicklungen. Neben Algorithmen, die auf spezielle Lernprobleme zugeschnitten sind, werden vor allem die wesentlichen algorithmischen Paradigmen in Form von generischen Algorithmen vorgestellt, die auf spezielle Lernproblem angepaßt werden können. Neben solchen positiven Ergebnissen wird auch eine Reihe von negativen vorgestellt. Diese zeigen, daß wir bei einigen Lernproblemen nicht auf eine effiziente Lösung hoffen dürfen.

1.2 Übersicht über verschiedene Lernmodelle

Schaut man in Wörterbüchern nach, so findet man für den Begriff *Lernen* die folgende Definition: „Lernen ist der Prozeß, durch Unterweisung, Experimente, Beobachtung oder Erfahrung Wissen oder Fähigkeiten zu erwerben“. Das *Maschinelle Lernen* befaßt sich mit der Umsetzung solcher Prozesse auf Maschinen, beziehungsweise in algorithmische Verfahren. Die unter diesem Begriff zusammengefaßten Verfahren sind sehr unterschiedlich. An dieser Stelle soll versucht werden, den Begriff „Lernen“ in diesem Zusammenhang zu erläutern und einen Überblick über die verschiedenen Lernmodelle zu geben. Die Modelle unterscheiden sich vor allem durch die Art, wie die zum Lernen erforderliche Information gewonnen wird und von welcher Art diese Information ist.

Zunächst sollte man Lernen aber vom bloßen Sammeln von Information abgrenzen. Unter Lernen versteht man vor allem die Fähigkeit, aus der gesammelten Information übergeordnete, abstrakte Prinzipien herzuleiten. Mit Lernen ist immer ein Prozeß der Verallgemeinerung verbunden. Was ein „Baum“ ist, lernt ein Mensch sicherlich nicht dadurch, daß er sich alle Bäume, die er je gesehen hat, merkt, und gegebenenfalls wiedererkennen kann. Vielmehr entwickelt der Mensch eine abstrakte Vorstellung über das, was ein Baum ist. Diese ermöglicht es ihm, auch einen nie zuvor gesehenen Baum als solchen zu erkennen. Er hat das abstrakte *Konzept* „Baum“ gelernt. Allgemein werden wir die zu lernenden Objekte *Konzepte* nennen. Der Begriff Konzept ist ein Synonym für Klassifikationsschema. Auch von maschinellen Lernverfahren wird erwartet, daß sie in der Lage sind, eine abstrakte Darstellung des zu lernenden Konzepts zu konstruieren oder Zusammenhänge zu erkennen, um so auf neue Situationen „richtig“ zu reagieren.

Ein sehr einfaches Klassifikationsverfahren besteht zum Beispiel darin, unter allen bisher gemachten Beobachtungen diejenige zu finden, die der neuen „am ähnlichsten ist“ und dann so zu reagieren wie in der früheren Situation. Auch wenn sie nur sehr rudimentär verallgemeinert, so liefert diese „Methode des nächsten Nachbarn“ häufig überraschend gute Ergebnisse und ist ein wichtiger Prüfstein für andere Methoden. Dieses Verfahren muß sich allerdings die gesamte Information merken.

Es stellt sich daher die Frage, wie die Güte von Lernverfahren überhaupt zu messen ist. Ganz allgemein hat ein Verfahren gut gelernt, wenn es wenige Fehler macht. Allerdings ist die Bedeutung des Begriffs „Fehler", ebenso wie die des Begriffs „Effizienz", von dem jeweiligen Lernszenario abhängig. Wir werden nun einige solcher Szenarien vorstellen und die Güte- und Effizienzkriterien beschreiben. Dabei beschränken wir uns im wesentlichen auf jene Modelle, die wir in den weiteren Kapiteln untersuchen werden. Auch ist die Unterscheidung nicht disjunkt, beispielsweise sind die im folgenden vorgestellten Off-Line Verfahren im allgemeinen auch passiv.

Überwachtes Lernen (supervised learning). Bei den *überwachten Verfahren* ist das Ziel, eine Klassifizierung zu lernen. Wir gehen davon aus, daß die Konzepte in eine gemeinsame Umgebung eingebettet sind, die wir Lernuniversum oder kurz *Universum* nennen. In einer speziellen Lernsituation nennen wir das zu lernende Konzept das *Zielkonzept*. Der Lernende erhält seine Information über das Zielkonzept in Form von klassifizierten *Beispielen*. Wenn es etwa darum geht, verschiedene Pflanzengruppen zu unterscheiden, so ist ein Beispiel eine geeignete Darstellung einer Pflanze mit ihrer Klassifizierung, beispielsweise als „Baum", „Strauch" oder „Farn". Die Klassifizierung kann auch die Nichtzugehörigkeit zu einem der Konzepte ausdrücken, beispielsweise „kein Baum". Das Universum ist hier die Menge der Pflanzen. Nachdem er eine Reihe von klassifizierten Beispielen gesehen hat, soll der Lernende in der Lage sein, unklassifizierte Beispiele (Pflanzen) möglichst korrekt zu klassifizieren. Das vom Lernenden dazu verwendete Klassifikationsschema werden wir die *Hypothese* nennen. Die Hypothese soll das Zielkonzept also möglichst gut approximieren.

Die Güte dieser Approximation wird in derselben Umgebung gemessen, in der auch gelernt wurde. Dazu ist eine Verteilung auf dem Universum gegeben. Diese Verteilung modelliert die spezielle „Umweltsituation" des Lernverfahrens. Anhand dieser Verteilung werden die Beispiele erzeugt. Später wird die Genauigkeit der Hypothese auch in dieser Umweltsituation überprüft. Für unser Beispiel heißt das, daß jemand, der gelernt hat, Pflanzen in unseren Breiten gut zu klassifizieren, bei Pflanzen aus einem anderen Vegitationsbereich durchaus schlechtere Ergebnisse erzielen darf.

Allgemein werden wir unter einem *Beispiel* eine Element des Lernuniversums verstehen, das gegebenenfalls mit einer Klassifizierung versehen ist. Wir werden diesen Begriff sowohl für klassifizierte als auch für unklassifizierte Beispiele verwenden und nötigenfalls die spezielle Form explizit angeben. Unter einer *Stichprobe* verstehen wir eine Folge von Beispielen. Darin dürfen Beispiele mehrfach vorkommen, im Falle von probabilistischen Konzepten sogar mit unterschiedlichen Klassifizierungen. Auf die Frage, was eine geeignete Darstellung für die Beispiele und Klassifizierungen ist, soll hier noch nicht eingegangen werden; wir werden dies später nachholen.

Nicht überwachtes Lernen (unsupervised learning). Beim *nicht überwachten Lernen* erhält der Lernende hingegen unklassifizierte Beispiele und soll eigenständig eine Klasseneinteilung vornehmen oder Gemeinsamkeiten in den Beispielen erkennen. Beim Beispiel aus dem letzten Abschnitt genügt es, zu erkennen, daß einige der gesehenen Pflanzen einen Stamm haben und andere nicht. Dies unterscheidet die Bäume von den Sträuchern und Farnen. Das Fehlen von sich verästelnden Zweigen wiederum trennt die Farne von den Sträuchern.

Dieses selbständige Erkennen von nicht offensichtlichen Gemeinsamkeiten in den vorgelegten Beispielen ist eine Stärke von nicht überwachtem Lernen. Wenn dem Lernenden nur Beispiele einer Klasse vorgelegt werden, so kann man die von ihm gefundenen Gemeinsamkeiten später benutzen, um neue Beispiele als zu dieser Klasse gehörig oder nicht dazu gehörig zu klassifizieren. Manchmal ist man aber auch an den vom Lernverfahren gefundenen gemeinsamen Merkmalen selbst interessiert. Menschen wählen aus einer gewissen Voreingenommenheit heraus oft völlig andere Klassifikationsmerkmale aus. Die „andere Sichtweise“ eines Lernalgorithmus kann dazu beitragen, tiefere Einsichten in das zugrundeliegende Problem zu gewinnen und so zu besseren Klassifikationsschemata zu kommen. Allerdings sind die vom Lernverfahren ausgesuchten Klassifizierungskriterien nicht immer leicht ablesbar. Dies gilt beispielsweise für Neuronale Netze, bei denen man diese Information aus den Gewichten der Verbindungen zwischen den Neuronen und den Schwellwerten ablesen müßte.

Es sei allerdings darauf hingewiesen, daß nicht überwachte Lernalgorithmen auch eine Klassifizierung anhand von Kriterien vornehmen können, die für den Menschen so nicht offensichtlich oder die für die Anwendung irrelevant sind, wie das folgende Beispiel zeigt: Mitte der achtziger Jahre gab die US-Armee ein System zur Auswertung von Luftaufnahmen in Auftrag. Das Ziel war es, festzustellen, ob auf einer Aufnahme Militärfahrzeuge zu sehen sind oder nicht. Als Trainingsdaten dienten Aufnahmen, die auf einem Truppenübungsplatz vor (ohne Fahrzeuge) und während (mit Fahrzeugen) eines Manövers gemacht wurden. Die Bilder waren unklassifiziert: dem Lernsystem wurde also nicht mitgeteilt, welche der beiden Situationen auf dem jeweiligen Bild zu sehen war. Etwa drei Viertel dieser Aufnahmen wurden der entwickelnden Institution zum Training zur Verfügung gestellt, der Rest zu Testzwecken zurückgehalten. Das System arbeitete auf der Basis eines Neuronalen Netzes und war außergewöhnlich erfolgreich, sowohl auf den Trainingsdaten als auch bei einem Test auf dem zurückgehaltenen Viertel. Bei einem ersten Test während eines Manövers versagte das System völlig; seine Klassifizierungen schienen rein zufällig zu sein. Ein menschlicher Luftbildauswerter fand die Erklärung: Die Trainingsfotos ohne Fahrzeuge waren an einem bedeckten Tag aufgenommen, die mit den Fahrzeugen an einem sonnigen. Genau das hatte das System zu erkennen gelernt, nämlich, ob die Sonne scheint.

Schließlich sind auch *Assoziativspeicher* eine Anwendung von nicht überwachtem Lernen. Hierbei stellt man sich die Beispiele am besten als Muster vor. Diese Muster werden vom Assoziativspeicher gelernt. Wenn man anschließend nur den Teil eines dieser Muster oder ein leicht verändertes Muster vorlegt, so kann der Assoziativspeicher dieses Muster ergänzen (eben assoziieren), beziehungsweise die Veränderungen rückgängig machen.

Off-Line Lernen. In diesem Modell erhält der Lernende eine Stichprobe. In einer Lern- oder Trainingsphase berechnet er daraus eine Hypothese, die dann in einer Arbeitsphase angewendet, aber nicht weiter verbessert wird. Man ist daran interessiert, daß in der Arbeitsphase Fehler nur selten auftreten. Je besser man gelernt hat, desto geringer ist die Fehlerrate. Das Ziel ist demnach, in der Lernphase eine gute Approximation der Wirklichkeit zu finden. Dies stellt oft ein schweres kombinatorisches Optimierungsproblem dar. Dieses Vorgehen nennen wir *Off-Line* oder *Batch*, weil die gesamte Stichprobe dem Algorithmus von Anfang an zur Verfügung steht und sie nicht geordnet, sondern als Multimenge gegeben ist.

Als Effizienzkriterium wählt man hier einerseits die Zeit, die das Verfahren zur Berechnung einer guten Hypothese benötigt. Insbesondere ist man daran interessiert, wie diese Zeit von der Komplexität des Zielkonzepts und der gewünschten Approximationsgüte abhängt. Andererseits spielt gerade für praktische Anwendungen die Stichprobengröße eine wichtige Rolle. Die Erzeugung eines Beispiels kann sehr aufwendig sein, etwa ein teures Experiment erfordern. In die Laufzeit geht die Erzeugung eines Beispiels aber im allgemeinen nur mit einer Zeiteinheit ein. Deshalb stellt die Anzahl der zum Lernen benötigten Beispiele ein weiteres Maß für die Effizienz dar, das oft gesondert analysiert wird.

On-Line Lernen. Im Gegensatz zum Off-Line Modell möchte man hier aus Fehlern lernen, also die Fehlerrate laufend verringern. Es gibt keine Trennung von Lern- und Arbeitsphase. Zwar gibt es ein Zielkonzept, aber der Algorithmus erhält einen Strom von unklassifizierten Beispielen. Das erklärt den Begriff *On-Line Modell.* Für jedes Beispiel sagt er zunächst eine Klassifizierung voraus. Anschließend wird ihm mitgeteilt, ob die Vorhersage korrekt war. Eine falsche Vorhersage zählt als *Fehler.* Gegebenenfalls verändert der Algorithmus dann sein Vorhersageschema. Falls man verlangt, daß das Vorhersageschema nur dann geändert werden darf, wenn die Vorhersage des Algorithmus nicht korrekt war, so spricht man von einem *konservativen Lernverfahren.* Das Ziel ist es, ein fehlerfreies Vorhersageschema zu finden.

Ein Effizienzkriterium beim On-Line Lernen ist die Anzahl der falschen Vorhersagen, die der Algorithmus produziert, bis er exakt gelernt hat, das heißt keine weiteren Fehler mehr macht. Dagegen ist die Gesamtlaufzeit ein ungeeignetes Effizienzkriterium, weil diese Verfahren auf einer beliebig langen Folge von Beispielen arbeiten und immer die nächste Klassifizierung vorhersagen. Stattdessen sollte die Zeit, die zur einer Vorhersage benötigt wird, möglichst gering sein. Speziell sollte sie nicht mit der Anzahl der Beispiele wachsen, sondern möglichst nur von der Darstellungslänge eines Beispiels abhängen.

Beispiele für On-Line Lernprobleme sind die Vorhersagen von Wirtschaftsdaten. Falsche Prognosen führen zu einem geänderten Vorhersagemodell.

Passives Lernen. Neben der Unterscheidung in überwachtes und nicht überwachtes Lernen ist die Art, wie die Lernverfahren ihre Information erhalten, ein Unterscheidungsmerkmal von Lernalgorithmen. Beim *Lernen aus Beobachtungen*, auch *passives Lernen* genannt, hat der Lernende keinen Einfluß auf die ihm präsentierte Information, er kann nur beobachten. Der Begriff *Beobachtung* wird oft synonym zu „Beispiel" benutzt.

Passive Lernverfahren haben nicht die Möglichkeit, ihre Hypothesen „experimentell" zu überprüfen, wie die weiter unten beschriebenen Query-Algorithmen. Sie können allerdings die Güte ihrer Hypothesen durch statistische Tests einschätzen. Man benutzt zunächst einen Teil der Beispiele, um eine Hypothese aufzustellen und testet diese dann auf den restlichen. Dazu vergleicht man die Klassifizierung, die die Hypothese berechnet, mit der wahren Klassifizierung. Aus dem Grad der Übereinstimmung läßt sich dann auf die Güte der Hypothese schließen. Die statistische Signifikanz dieses Schlusses hängt natürlich von der Größe der Testmenge ab.

Aktives Lernen. Beim *Lernen durch Fragen*, auch *Query-Lernen* oder *aktives Lernen* genannt, hat der Lernende die Möglichkeit, Fragen zu stellen. Diese werden von einem *Orakel* korrekt beantwortet, dem wir unbeschränkte Berechnungskraft zubilligen. Eine Komplexitätsanalyse solcher Verfahren klammert also immer das Problem aus, wie schwer die Antworten zu berechnen sind. In die Analyse geht aber die Zeit zum Berechnen der Fragen oder die Anzahl der gestellten Fragen ein. Die Art dieser Fragen kann sehr unterschiedlich sein. Eine einfache Art der Frage ist die Frage nach Mitgliedschaft, *Membership-Query.* Bei diesem Typ berechnet der Lernende ein klassifiziertes Beispiel und fragt nach, ob die Klassifizierung korrekt ist. Das weitere Vorgehen des Algorithmus darf von der gegebenen Antwort abhängen. Ein weiterer Fragentyp ist die Frage nach Äquivalenz, *Equivalence-Query.* Hier legt der Lernende dem Orakel eine Hypothese vor und fragt, ob sie äquivalent zum Zielkonzept ist.

Wenn das so ist, endet der Lernprozeß; andernfalls erhält der Lernende ein *Gegenbeispiel* und arbeitet weiter. Ein Gegenbeispiel ist eine Instanz, die beweist, daß Hypothese und Zielkonzepte nicht äquivalent sind. Manchmal werden diese beiden Typen von Fragen auch gemeinsam benutzt. Dann werden zumeist einige Membership-Queries benutzt, um ein erstes Konzept zu berechnen, von dem man dann mittels einer Equivalence-Query feststellt, ob es schon das gesuchte ist. Gegebenenfalls wird dieses Konzept dann mit Hilfe weiterer Membership-Queries verbessert.

Ein einfaches Beispiel für ein aktives Lernverfahren ist der *Halving Algorithmus*. Dazu nehmen wir an, daß es nur endlich viele Konzepte gibt, die als Zielkonzept in Frage kommen. Der Halving Algorithmus stellt nun eine Frage, die einen konstanten Bruchteil dieser Konzepte ausschließt, möglichst die Hälfte. Dieses Vorgehen wird iteriert. Die Anzahl der Fragen ist dann logarithmisch in der ursprünglichen Anzahl der Konzepte.

Algorithmen zum Query-Lernen sind manchmal anspruchsvoller als solche zum Lernen aus Beobachtungen. Die Algorithmen müssen nämlich bestimmen, welche Fragen ihnen einen hohen Informationsgewinn bringen, um so die Anzahl der Fragen zu begrenzen. Andererseits sind sie nicht auf statistische Tests angewiesen, sondern können durch die Fragen gezielt „Experimente" durchführen, um ihre aktuelle Hypothese zu testen.

Es sei angemerkt, daß On-Line Lernen und Lernen mit Equivalence-Queries im wesentlichen äquivalent sind. Wenn man das Vorhersageschema des On-Line Algorithmus als seine aktuelle Hypothese ansieht, so liefert ein Vorhersagefehler ein Gegenbeispiel gegen diese Hypothese. Vorhersagefehler und Equivalence-Queries entsprechen sich also gegenseitig. In einer speziellen Lernsituation kann ein On-Line Algorithmus allerdings eine fehlerfreie Hypothese finden, die nicht äquivalent zum Zielkonzept ist. Das passiert dann, wenn die ihm präsentierte Beispielfolge keine Gegenbeispiele gegen diese Hypothese enthält. Die Äquivalenz von On-Line Lernen und Lernen mit Equivalence-Queries bezieht sich also auf eine Worst-Case Situation.

Tutorielles Lernen. Schließlich sei noch das *tutorielle Lernen* oder *Teaching* erwähnt. Dies ist aus der Sicht des Lernenden ein passives Verfahren, bei dem aber die Beispiele, die er erhält, von einem „Lehrer" speziell ausgewählt werden. Natürlich werden diese Beispiele so ausgewählt, daß sie einen möglichst hohen Informationsgewinn versprechen. Man unterscheidet zwischen verschiedenen Situationen. In einem Modell kennt der Lehrer die aktuelle Hypothese des Lernenden und kann das nächste Beispiel gezielt darauf abstimmen. In anderen Fällen muß er die Beispiele möglichst allgemeingültig wählen. Bei der Modellierung solcher Verfahren ist ein bißchen Vorsicht geboten, um „Kodierungstricks" auszuschließen. Der Lehrer könnte nämlich versuchen, eine geeignete Darstellung des Zielkonzepts in die Beispielen zu kodieren, die er dem Lernenden übermittelt. Dieser lernt dann nicht im oben beschriebenen Sinne, sondern dekodiert nur die Beschreibung.

Wesentlich ist auch, daß es sich dabei eigentlich mehr um ein Lehr- als ein Lernproblem handelt, denn das zu vermittelnde Konzept ist ja dem Lehrer bereits bekannt.

1.3 Übersicht, Ziele und Fragestellungen

Das vorliegende Buch beschäftigt sich im wesentlichen mit überwachtem, passivem Lernen sowohl im On-Line- als auch im Off-Line-Szenario. Im Vordergrund steht die Frage nach der Existenz von effizienten Lernverfahren. Während normalerweise nur die Laufzeit und der Speicherplatzbedarf als Effizienzkriterien herangezogen werden, tritt hier ein weiterer Parameter hinzu, die *Stichprobeneffizienz*. Sie mißt, wieviel Information zum Lernen notwendig beziehungsweise hinreichend ist. Dies wird zwar von der Laufzeit abgedeckt, da die Lerninformation erst gelesen werden muß, trotzdem ist eine getrennte Betrachtung sinnvoll. Die Erzeugung der Lerninformation kann nämlich sehr teuer sein, zum Beispiel aufwendige Experimente erfordern.

Ein weiterer wichtiger Gesichtspunkt ist die *Robustheit eines Lernmodells*. Dies ist die Frage, welche Modifikationen man am Modell vornehmen kann, ohne die Menge der lernbaren Konzepte wesentlich zu verändern.

Eine erste Modellierung von Lernverfahren, die Aussagen über deren Güte erlauben, wird in Kapitel 2 vorgestellt, das sogenannte PAC-Modell[1]. Wir werden die allgemeinen Anforderungen an die zu untersuchenden Lernverfahren formulieren und einige konkrete Lernalgorithmen entwerfen und analysieren. Wir werden sehen, daß die „empirische Konsistenz“ das zentrale Paradigma ist. Dies bedeutet, daß man eine Beschreibung finden möchte, die die beobachteten Daten fehlerfrei erklärt. Dies führt oft auf schwierige Optimierungsprobleme und ist ein Grund, warum effiziente Lernbarkeit manchmal nicht möglich ist. Es zeigt sich aber, daß die empirische Konsistenz eine hinreichende und notwendige Bedingungen für die Lernbarkeit in diesem Modell ist.

Einen anderen Ansatz zum Lernen werden wir in Kapitel 3 kennenlernen. Hier ist es das Paradigma, die beobachteten Daten durch eine möglichst einfache (kurze) Beschreibung zu erklären. Wir werden sehen, daß Lernen in diesem Modell Lernen im PAC-Modell impliziert.

In Kapitel 4 betrachten wir Lernverfahren, die nur eine mäßige Güte aufwei-

[1] Der Namen *PAC-Lernen* ist die Abkürzung des englischen Begriffs *Probably Approximately Correct Learning.*

sen, also nur geringfügig besser sind als zufälliges Raten. Es wird eine Technik vorgestellt, mit der sich die Genauigkeit von solchen Lernalgorithmen beliebig steigern läßt. Dieses „Boosting" genannte Verfahren hat schnell Eingang in die Praxis gefunden.

Zur Analyse eines Lernmodells gehört immer auch die Frage nach den Grenzen dieses Modells. Das heißt die Frage, ob gewisse Konzepte nicht oder nicht effizient lernbar sind. Geht es um den Nachweis, daß etwas nicht effizient lernbar ist, so benutzt man oft eine komplexitätstheoretische oder kryptographische Annahme, wie $RP \neq NP$, beziehungsweise die Existenz von One-Way Funktionen, die kryptographische Systeme sicher machen. Solche negativen Ergebnisse beruhen dann darauf, daß man ein kombinatorisch hartes Problem mittels einer geeigneten Verteilung auf dem Universum in das Lernproblem hineinkodiert. Allerdings sind diese Verteilungen in gewissem Sinne „unnatürlich". Dies führt dazu, daß allgemein nicht effizient lernbare Konzepte in der Praxis sehr wohl effizient gelernt werden können. Kapitel 5 beschäftigt sich mit solchen Fragestellungen.

Für das beschriebene Modell ist bekannt, daß durch randomisierte Lernalgorithmen nicht mehr Klassen gelernt werden können, als durch deterministische. Wir werden aber sehen, daß probabilistische Methoden die Effizienz von Lernverfahren steigern können, wenn die Beispiele durch „Rauschen" verfälscht sind. Im Gegensatz zu den vorausgehenden Kapiteln, in denen man davon ausging, daß die Beobachtungen, aus denen man Lernen will, korrekt sind, wird in Kapitel 6 zugelassen, daß die Beobachtungen teilweise durch Rauschen verfälscht werden. Es werden Strategien aufgezeigt, mit deren Hilfe man auch dann noch lernen und die strengen Anforderungen des ursprünglichen Modells noch erfüllen kann.

Im Kapitel 7 wenden wir uns dann dem Lernen im On-Line-Modell zu. Wir werden Beziehungen zum PAC-Lernen herstellen und einige allgemeine On-Line-Lernverfahren kennenlernen.

Die im Buch verwendeten statistischen Grundlagen finden sich im Anhang.

2 Das PAC-Modell: Meistens fast korrekt lernen

Wir wollen nun einen Rahmen entwickeln, in dem wir den Begriff „Lernen“ formal fassen können. Wir werden das Lernziel definieren und so in der Lage sein, die Güte von Lernverfahren und deren Effizienz zu messen.

Das hier vorgestellte Modell geht im wesentlichen auf eine Arbeit von Valiant zurück, [Val84]. Zwar gab es schon vorher Ansätze für die Modellierung von Lernprozessen, die von Valiant vorgeschlagene setzte sich aber durch, da sie zugleich einfach ist und doch tiefe Einsichten vermittelt. Die Haupteigenschaft dieses Modells ist die strenge Analysierbarkeit der verwendeten Lernverfahren. Um diese zu erreichen, ist eine mathematische Modellierung der Lernprozesse notwendig, so daß die Untersuchungen weitgehend von der konkreten praktischen Anwendung losgelöst durchgeführt werden können. Die Analyse stellt einen Zusammenhang zwischen der benötigten beziehungsweise ausreichenden Information, der Genauigkeit der Hypothese, der Wahrscheinlichkeit, mit der diese Genauigkeit erreicht wird, und der Komplexität des zu lernenden Konzeptes her. Das Ziel, mit hoher Wahrscheinlichkeit eine gute Approximation zu finden, erklärt auch den Namen *PAC-Lernen*, als die Abkürzung für *Probably Approximately Correct Learning*.

2.1 Ein Beispiel zur Motivation

Im folgenden Beispiel sollen die verwendeten Begriffe eingeführt und eine Motivation für die später aufgestellten Forderungen geliefert werden.

Unser Ziel ist es, den Begriff „normalgebauter Mensch“ zu lernen. Dazu beobachten wir Passanten und lassen sie von einem Experten auf dem Gebiet des Normalgebauten klassifizieren. Nehmen wir an, uns ist bekannt, daß dieser Experte genau die Menschen als normalgebaut klassifiziert, deren Körpergröße und -gewicht jeweils in einem bestimmten Intervall liegen. Die jeweiligen Ober- und Untergrenzen sind uns aber nicht bekannt. Unser Ziel ist es, dieses Klassifikationsschema möglichst gut zu imitieren. Offenbar läßt sich das zu lernende Konzept „normalgebaut“, das sogenannte *Zielkonzept*, als Kreuzprodukt von zwei Intervallen darstellen. Es ist also ein achsenparalleles Rechteck C, siehe Abbildung 2.1. Als Information über das Zielkonzept erhalten wir *klassifizierte Beispiele*, das heißt wir bekommen zu den zufällig vorbeikommenden Passanten

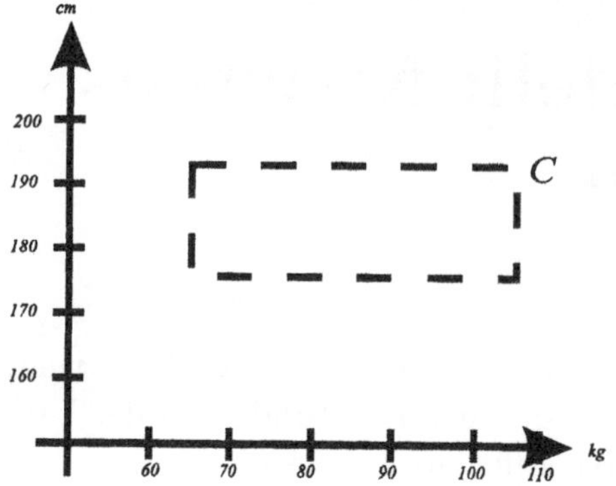

Abbildung 2.1: Das unbekannte Zielkonzept C ist ein Rechteck; nur die Menschen, deren Gewicht-Größe-Kombinationen hineinfallen, sind normalgebaut.

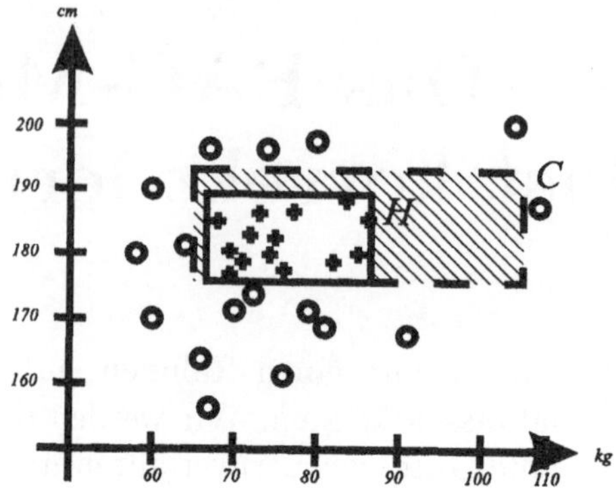

Abbildung 2.2: Positive Beispiele sind durch Plus-Zeichen dargestellt, negative durch Kreise. Das kleinste umschließende Rechteck der positiven Beispiele ist die Hypothese. Der Fehlerbereich ist schraffiert.

(von denen wir Gewicht und Größe irgendwie kennen) gesagt, ob der Experte sie für „normalgebaut" hält oder nicht. Die entsprechende Person ist dann ein „positives Beispiel" beziehungsweise ein „negatives Beispiel" für das Konzept „normalgebaut". Nachdem wir in der *Trainingsphase* eine gewisse Anzahl an solchen Beispielen gesehen haben, formen wir unsere *Hypothese*. Wir wissen, daß das Zielkonzept ein Rechteck ist. Nun wählen wir als Hypothese das kleinste umschließende Rechteck H derjenigen beobachteten Gewicht-Größe-Kombinationen, die als normalgebaut klassifiziert wurden, siehe Abbildung 2.2. Es gibt sicher auch andere Möglichkeiten, die Hypothese zu wählen. Die Analyse wird aber zeigen, daß dies eine gute Wahl ist. Einen allgemeinen Leitfaden zur Wahl einer guten Hypothese werden wir im Abschnitt 2.5 erarbeiten.

Alle Menschen, deren Gewicht-Größe-Kombinationen in dieses Rechteck H fallen, werden von uns als normalgebaut klassifiziert. Speziell klassifizieren wir alle Beispiele der Trainingsphase korrekt. Einen *Fehler* machen wir, wenn unsere Klassifikation nicht mit der des Zielkonzepts C (das heißt, der des Experten) übereinstimmt. Dies trifft genau für die Gewicht-Größe-Kombinationen zu, die in der symmetrischen Differenz $C \Delta H = (C \setminus H) \cup (H \setminus C)$ von Zielkonzept und Hypothese liegen. Wir sprechen auch vom *Fehlerbereich* oder der *Fehlermenge*. In unserem Beispiel ist das der Bereich „zwischen" C und H, siehe Abbildung 2.2.

Unsere Hypothese in Abbildung 2.2 erscheint schlecht, da sie insbesondere am rechten Rand weit vom Zielkonzept entfernt ist. Dies liegt daran, daß wir in diesen Bereich keine Beispiele gesehen haben, obwohl wir insgesamt eine große

Anzahl von Beispielen erhalten haben. Es liegt der Schluß nahe, daß nur „sehr wenige" Menschen in diesen Bereich fallen, denn wären es „viele", so hätten wir in der Trainingsphase „höchstwahrscheinlich" auch einen solchen gesehen, und dieser hätte unsere Hypothese als schlecht entlarvt. Wir hätten H dann nach rechts ausgedehnt. Die Euklidische Fläche des Fehlerbereichs $C \Delta H$ ist also als Fehlermaß ungeeignet, wir müssen sie mit der Wahrscheinlichkeit gewichten, daß dort ein Beispiel auftritt. Eine solche Gewichtung modelliert man mit Hilfe einer Wahrscheinlichkeits-Verteilung beziehungsweise einer Wahrscheinlichkeitsdichte. In Abbildung 2.3 ist eine solche Dichte angegeben. Je dunkler die Schattierung, desto höher ist die Wahrscheinlichkeit, dort eine Beobachtung zu machen. Man sieht nun, daß im Fehlerbereich eine geringe Wahrscheinlichkeit vorherrscht, während sie dort, wo Hypothese und Zielkonzept übereinstimmen, hoch ist. Die Wahrscheinlichkeit, daß die Hypothese eine Fehler macht, die *Fehlerwahrscheinlichkeit*, ist also klein. Wenn unsere Hypothese eine kleine Fehlerwahrscheinlichkeit besitzt, so sagen wir auch, daß sie gut *verallgemeinert.* Dies drückt aus, daß die aus der Stichprobe gewonnenen Erkenntnisse die Wirklichkeit gut repräsentieren.

Das Messen dieser Wahrscheinlichkeit mit der Euklidischen Fläche entspricht übrigens der Gewichtung mit der uniformen Verteilung, und diese modelliert nicht das wirkliche Auftreten von Gewicht-Größe-Kombinationen.

Eine Garantie dafür, daß unsere Strategie, das kleinste umschließende Rechteck zu wählen, immer zu guten Hypothesen führt, gibt es aber nicht. In seltenen Fällen können wir durch eine Stichprobe irregeleitet werden, die für die unterliegende Verteilung nicht repräsentativ ist. In Abbildung 2.4 findet sich eine solche Stichprobe. Hier kam während der Trainingsphase nur der Achter des lokalen Rudervereins mit seinem Steuermann vorbei, und verführte uns zu einer wirklich schlechten Hypothese. Die Hypothese weicht bezüglich der zugrundeliegenden Verteilung stark von der des Experten ab.

Im oben dargestellten Beispiel war es einfach, eine Hypothese von der selben Gestalt wie das Zielkonzept zu finden; beides sind achsenparallele Rechtecke. In anderen Situationen kann es einfacher sein, die Hypothese in einer anderen syntaktischen Form zu präsentieren; man kann sich etwa vorstellen, ein beliebiges Viereck zu wählen. Die Menge der zugelassenen Hypothesen muß aber die der möglichen Zielkonzepte umfassen, da sonst eventuell keine auch nur einigermaßen gute Hypothese gefunden werden kann. Würden wir nicht wissen, was die Klasse der möglichen Zielkonzepte ist, so hätten wir meist auch keine Möglichkeit eine sinnvolle Hypothesenklasse zu wählen.

Zusammenfassend können wir aus dem obigem Beispiel also folgende Schlüsse ziehen:

– Die Kenntnis der Form des Zielkonzeptes ist entscheidend für die Wahl

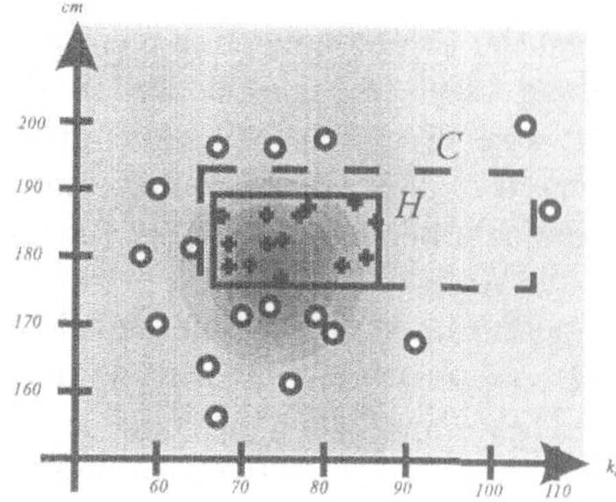

Abbildung 2.3: Die Verteilung der Beispiele ist durch die Grauschattierung dargestellt. Der Fehlerbereich hat nur ein kleines Gewicht.

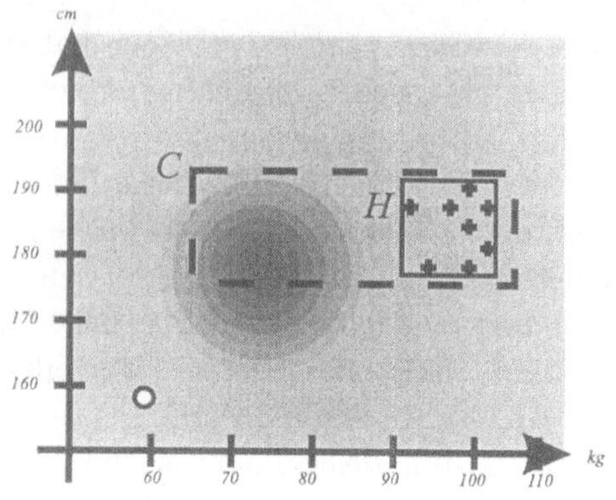

Abbildung 2.4: Ein Beispiel für eine unrepräsentative Stichprobe, die zu einer schlechten Hypothese führt.

der erlaubten Hypothesen.

- Die Güte einer Hypothese sollte mit derselben Verteilung gemessen werden, mit der auch die Beispiele erzeugt wurden.
- Die Stichprobe muß so groß sein, daß Bereiche, die eine große Wahrscheinlichkeit haben, möglichst nicht unentdeckt bleiben.
- Es gibt immer eine gewisse Chance, eine unrepräsentative Stichprobe zu ziehen, die den Lerner irreführt.

2.2 Das PAC-Modell

Im folgenden werden die bereits in Abschnitt 2.1 informell benutzten Begriffe formal eingeführt und das sogenannte PAC-Modell wird beschrieben.

Gegeben sei eine Menge X, die wir das *Lernuniversum* oder kurz *Universum* nennen. Im einleitenden Beispiel war dies die Euklidische Ebene. Für $A, B \subseteq X$ bezeichnet $A \,\Delta\, B$ die *symmetrische Differenz* $(A \backslash B) \cup (B \backslash A)$ von A und B. Mit 2^X bezeichnen wir die Potenzmenge von X. Eine *Konzeptklasse über* X ist eine Teilmenge $\mathcal{C}$ von 2^X, also ein System von Teilmengen von X. Im Beispiel aus dem vorigen Abschnitt ist die Konzeptklasse die Menge der achsenparallelen Rechtecke. Ein *Konzept* C ist eine Teilmenge von X. Im allgemeinen werden die Konzeptklassen durch syntaktische Eigenschaften ihrer Konzepte beschrieben, beispielsweise „die Klasse der achsenparallelen Rechtecke“ oder „die Klasse der

Booleschen Funktionen von 10 Variablen, die eine Darstellung als disjunktive Normalform mit höchstens 5 Monomen besitzen". Da Konzepte und Elemente des Universums als Ein- bzw. Ausgaben von Algorithmen vorkommen, müssen sie in einer geeigneten Form darstellbar sein. Man verlangt, daß es Sprachen gibt, in denen sich die Elemente des Universums und die Konzepte darstellen lassen.

Eine solche *Repräsentationssprache* benutzt eine endliches *Alphabet* Σ. Ein *Wort* über Σ ist eine endliche Folge von Buchstaben aus Σ. Die Menge aller Wörter über Σ einschließlich des leeren Wortes bezeichnen wir mit Σ^*. Eine *Repräsentation* ist eine surjektive Abbildung $R : \Sigma^* \mapsto \mathcal{C}$, die jedem[1] Wort ein Konzept zuordnet. Ein Wort $\sigma \in \Sigma^*$ ist eine *Repräsentation* von $C \in \mathcal{C}$, wenn $R(\sigma) = C$ gilt[2].

Für kontinuierliche Konzeptklassen, wie etwa Rechtecke, ergeben sich hier Probleme, da schon die Darstellung einer reellen Zahl unendliche Länge haben kann. Wir müssen dann eine Diskretisierung vornehmen. Der Einfachheit halber erlauben wir auch die Verwendung von reellen Zahlen, wobei wir stillschweigend immer eine Diskretisierung voraussetzen.

Eine reelle Zahl fassen wir dann als „ein Zeichen" auf und nicht als unendliches Objekt. In diesem Falle ist Abbildung $R : (\Sigma \cup \mathbb{R})^* \mapsto \mathcal{C}$. Man beachte, daß ein Konzept viele verschiedene Repräsentationen haben kann. So können achsenparallele Rechtecke durch die x- und y-Koordinaten ihrer Seiten beschrieben werden, oder durch zwei diagonal gegenüberliegende Ecken, die jeweils ein Paar von reellen Zahlen sind.

Wir werden später den Begriff der *Größe* oder *Darstellungslänge* (englisch *size*) eines Konzeptes benötigen. Dieser Größenbegriff ist von der speziellen Repräsentation der Konzeptklasse $\mathcal{C}$ abhängig. Wenn die Repräsentation R festliegt, so sei $size_R : \Sigma^* \mapsto \mathbb{N}$ eine Funktion, die jedem Wort σ über Σ eine Größe zuordnet. Ist die Repräsentation klar, so schreiben wir *size* statt $size_R$. Als kanonische Wahl bietet sich die Länge des Wortes an, bei $\Sigma = \{0, 1\}$ also die Bit-Länge. Die Größe eines Konzeptes C ist die kleinste Größe einer Darstellung von C. Es wird sich als sinnvoll erweisen, den Größenbegriff auf Konzeptklassen zu erweitern. Die *Größe einer Konzeptklasse* ist die maximale Größe eines Konzeptes aus der Klasse oder unendlich, wenn die Größen der Konzepte unbeschränkt sind.

[1] Bei vielen natürlichen Repräsentationen wird es Worte geben, die keinem Konzept entsprechen. Man definiert dann R so, daß diese Worte auf ein festes Konzept, zum Beispiel das leere, abgebildet werden.

[2] Der Begriff „Repräsentation" wie in zwei Bedeutungen benutzt: Er bezeichnet sowohl die Abbildung R als auch ein Wort, das ein Konzept repräsentiert.

Definition 2.1 Sei R eine Repräsentation von $\mathcal{C}$.

$$\begin{aligned} size(C) &:= \min\{size(\sigma) \mid R(\sigma) = C\} . \\ size(\mathcal{C}) &:= \max\{size(C) \mid C \in \mathcal{C}\} . \end{aligned} \tag{2.1}$$

Bei einer sinnvollen Wahl der Repräsentation R gilt dann, daß die Funktion *size* die Komplexität der Konzepte mißt. Ein hoher *size*-Wert entspricht einem komplizierten Konzept. Die Definition (2.1) ist auch deshalb sinnvoll, weil ein Lernalgorithmus nur Beispiele zu sehen bekommt, also nur das (bzw. Teile des) Ein-Ausgabe-Verhaltens von C. Die Laufzeit sollte dann von der „wirklichen Komplexität" des Zielkonzeptes abhängen und nicht von der Länge einer speziellen Repräsentation.

Weiterhin verwenden wir bei der Bestimmung der Laufzeit auf kontinuierlichen Universen das uniforme Kostenmaß, das heißt die Kosten für die Manipulation von reellen Zahlen hängt nicht von deren Darstellungslänge ab.

Ebenso wie für die Konzepte, muß man für die Elemente des Universums eine Repräsentationssprache festlegen. Wir gehen immer davon aus, daß diese Repräsentationssprachen so gewählt sind, daß man zu gegebenen Darstellungen für ein Element x des Universums und für ein Konzept C in polynomieller Zeit (in den Darstellungslängen) entscheiden kann, ob das Element zum Konzept gehört, das heißt ob $x \in C$ gilt.

Ein Element x des Universums nennen wir ein *nicht klassifiziertes* oder *unmarkiertes Beispiel* oder eine *Instanz*, in unserem einleitenden Beispiel ist dies ein Punkt der Euklidischen Ebene. Wir identifizieren ein Konzept mit seiner charakteristischen Funktion, das heißt wir schreiben $C(x) = 0$ ($C(x) = 1$), falls $x \notin C$ ($x \in C$). Manchmal ist es zweckmäßig, die Urbild-Schreibweise $C^{-1}(1)$ beziehungsweise $C^{-1}(0)$ anstelle von C beziehungsweise $X \setminus C$ zu verwenden. Dabei ist $C^{-1}(z) := \{x \mid C(x) = z\}$. Unter einem *vermittels C klassifizierten* oder *markierten* Beispiel verstehen wir das Paar $\langle x, C(x)\rangle$. Die Klassifikation $C(x)$ (englisch *label*) zeigt also an, ob die Instanz x zum Zielkonzept gehört oder nicht. Wir sprechen einfach von einem *Beispiel*, wenn aus dem Zusammenhang klar ist, ob es sich um ein klassifiziertes oder unklassifiziertes Beispiel handelt.

Wenn C ein spezielles Konzept ist, so heißt x ein *positives Beispiel für* (*negatives Beispiel für*) C, falls $x \in C$ ($x \notin C$). Eine *Stichprobe* ist eine Folge von Beispielen, bei der Wiederholungen vorkommen können. Ist C ein Konzept, so ist eine *Stichprobe für C* eine Folge von vermittels C klassifizierten Beispielen. Wir sprechen auch von einer *vermittels C klassifizierten* Stichprobe. Wiederum sind Wiederholungen zugelassen. Wenn $S = (x_1, \ldots, x_m)$ eine unklassifizierte Stichprobe ist und C ein Konzept, so bezeichnen wir mit $S_C = S(C) = (\langle x_1, C(x_1)\rangle, \ldots, \langle x_m, C(x_m)\rangle) = (\langle x_i, C(x_i)\rangle)_{i=1,\ldots,m} \subseteq X \times \{0,1\}$, die zugehörige Stichprobe für C. Wie bei Beispielen geht oft aus dem Kontext hervor, ob wir klassifizierte oder unklassifizierte Stichprobe meinen. Es sei darauf hingewiesen, daß ein Element $x \in X$, das mehrfach in einer Stichprobe vorkommt, jedesmal dieselbe Klassifizierung hat. Wie sich das hier beschriebene Modell auf den Fall anpassen läßt, in dem eine Stichprobe widersprüchliche Information enthält, werden wir in Kapitel 6 sehen. Wir sagen, daß ein Konzept $H \subseteq X$ *konsistent* auf einer Stichprobe S für C ist, wenn es alle Beispiele der Stichprobe korrekt klassifiziert, das heißt, wenn für alle $\langle x_i, C(x_i) \rangle \in S$ gilt $H(x_i) = C(x_i)$. Im einleitenden Beispiel ist das als Hypothese gewählte kleinste umschließende Rechteck konsistent. Eine Stichprobe der Größe m nennen wir auch m-Stichprobe.

Generell werden kalligraphische Großbuchstaben Konzeptklassen bezeichnen, normale Großbuchstaben Konzepte und Kleinbuchstaben Elemente des Universums beziehungsweise Beispiele. Vektoren bezeichnen wir mit fetten Buchstaben, zum Beispiel $\mathbf{a} = (a_1, \ldots, a_n)$. Die Wahrscheinlichkeit eines einer Menge $A \subseteq X$ bezeichnen wir mit $\Pr[A]$. Wenn wir speziell auf eine zugrunde liegende Verteilung D hinweisen wollen so schreiben wir $\Pr_D[A]$ oder $\Pr_{x \sim D}[x \in A]$; letzteres bezeichnet dann die Wahrscheinlichkeit dafür, daß eine unter der Verteilung D gezogenes Element $x \in X$ in A liegt.

Auf dem Universum X ist eine beliebige Wahrscheinlichkeitsverteilung D gegeben. Diese Verteilung modelliert die Umwelt, da man mit ihrer Hilfe gewisse Teile des Universums ausblenden oder betonen kann. Wie üblich ist das Maß eines Konzeptes $C \subseteq X$ bezüglich D definiert durch

$$D(C) = \int_{x \in X} C(x)\ D(dx)\ ,$$

beziehungsweise

$$D(C) = \sum_{x \in C} D(x)$$

im Fall, daß X diskret ist. Damit gilt sofort $D(A \cup B) = D(A) + D(B)$ für disjunkte Mengen A und B. Weiterhin gilt $D(X) = 1$ und $D(\emptyset) = 0$. Wenn klar ist, um welche Verteilung D es sich handelt, meinen wir mit dem *Gewicht* eines Konzeptes C oder Beispiels x die Größe $D(C)$ beziehungsweise $D(x)$.

Im Falle eines nicht diskreten Universums treten hier eventuell Meßbarkeitsprobleme auf, die bewirken, daß wahrscheinlichkeitstheoretische Aussagen nicht mehr anwendbar sind. Wir werden im folgenden immer davon ausgehen, daß die beteiligten Mengen meßbar sind. Speziell setzen wir voraus, daß alle untersuchten Konzeptklassen nur meßbare Konzepte enthalten, eine Forderung, die dadurch gerechtfertigt wird, daß alle Konzeptklassen, die man sich für praktische Anwendungen vorstellen kann, diese Eigenschaft haben. Eine gründliche

Behandlung von Fragen der Meßbarkeit im Zusammenhang mit Lernen findet sich bei Blumer, Ehrenfeucht, Haussler und Warmuth, [BEHW89].

Anhand der Verteilung D werden die Beispiele erzeugt und die Konzepte gewichtet. Zur Erzeugung eines nicht klassifizierten Beispiels wird ein $x \in X$ gemäß der Verteilung D gezogen. Zur Erzeugung eines klassifizierten Beispiels für ein Konzept C wird ein $x \in X$ gemäß der Verteilung D gezogen, dann $C(x)$ bestimmt und das Paar $\langle x, C(x) \rangle$ ausgegeben. Die Erzeugung eines Beispiels schlägt mit einer Zeiteinheit zu Buche, unabhängig davon, wie komplex (die charakteristische Funktion von) C ist. Man geht davon aus, daß ein beliebig mächtiges *Orakel* für die Erzeugung der Beispiele zur Verfügung steht. Wir bezeichnen die verwendeten Orakel mit EX. Durch Indizes zeigen wir gegebenenfalls an, ob es sich um ein Orakel für klassifizierte oder unklassifizierte Beispiele handelt, was die unterliegende Verteilung und das Zielkonzept ist. Die Beispiele, die von verschiedenen Aufrufen des Orakels erzeugt werden, sind statistisch unabhängig.

Definition 2.2 Sei X eine Menge, $\mathcal{C} \subseteq 2^X$ eine Konzeptklasse und sei $C \in \mathcal{C}$ ein Konzept.

- EX_D ist eine Prozedur, die unklassifizierte Beispiele unter der Verteilung D erzeugt. Ein Aufruf von EX_D gibt also ein x aus X zurück.

- $\mathsf{EX}_{D,C}$ ist eine Prozedur, die mittels C klassifizierte Beispiele unter der Verteilung D erzeugt. Ein Aufruf von $\mathsf{EX}_{D,C}$ gibt also ein Paar $\langle x, C(x) \rangle$ aus $X \times \{0, 1\}$ zurück.

- Wir sagen, daß $\mathsf{EX}_{D,C}$ eine Stichprobe $S = (\langle x_i, C(x_i) \rangle)_{i=1,\ldots,m}$ erzeugt, wenn die Beispiele $\langle x_i, C(x_i) \rangle$, $i = 1, \ldots, m$, unabhängig voneinander von $\mathsf{EX}_{D,C}$ erzeugt wurden. Dies bezeichnen wir mit $S \sim D^m$, wobei D^m die Produktverteilung ist. Trotzdem werden wir meistens sagen, daß S anhand von D (und nicht, wie eigentlich richtig, anhand von D^m) gezogen wurde.

- Um die Abhängigkeit der Stichprobe von der Verteilung oder, im klassifizierten Fall, vom Zielkonzept zu betonen, verwenden wir die Notation S_D beziehungsweise $S_{C,D}$.

- Es sei

$$\mathcal{S}(X, \mathcal{C}) = \{(\langle x_1, C(x_1) \rangle, \ldots, \langle x_m, C(x_m) \rangle) \, | x_i \in X, m \in \mathbb{N}, C \in \mathcal{C}\}$$

der Raum der endlichen, klassifizierten Stichproben, die von Konzepten aus $\mathcal{C}$ herrühren können, kurz *Stichprobenraum.*

Wenn klar ist, welche Verteilung D gemeint ist, verzichten wir manchmal auf den entsprechenden Index.

Bemerkung 2.3 Die Annahme, daß die Beispiele unabhängig voneinander erzeugt werden, wird bei den weiteren Analysen eine wesentliche Rolle spielen.

Der Lernprozeß läuft nun so ab: Seien $\mathcal{C}$ und $\mathcal{H}$ zwei Konzeptklassen über dem Universum X. Die Klasse $\mathcal{C}$ ist die *Zielkonzeptklasse* oder kurz *Zielklasse*; aus ihr wird das zu lernende *Zielkonzept* gewählt. Aus der *Hypothesenklasse* $\mathcal{H}$ wählt der Lernalgorithmus seine Hypothesen. Dem Lernalgorithmus sind X, $\mathcal{C}$ und $\mathcal{H}$ (genauer die Repräsentationen dafür) bekannt, nicht aber D und das Zielkonzept C. Der Lernalgorithmus (oder *Lerner*) bestimmt zunächst, wieviel Information er benötigt, das heißt, er berechnet die Stichprobengröße. Dann fordert vom Orakel $\mathsf{EX}_{D,C}$ eine klassifizierte Stichprobe dieser Größe an und berechnet daraus eine Hypothese H. Speziell muß der Lernalgorithmus auf jeder Stichprobe eine Hypothese berechnen, gegebenenfalls gibt er eine „Default“-Hypothese aus.

Definition 2.4 Ein *Lernalgorithmus* A (oder kurz *Lerner*) für $\mathcal{C}$ durch $\mathcal{H}$ ist eine Abbildung

$$A : \mathcal{S}(X, \mathcal{C}) \mapsto \mathcal{H} .$$

Bemerkung 2.5 Wir werden im folgenden zunächst voraussetzen, daß $\mathcal{C} \subseteq \mathcal{H}$ gilt. Die Inklusion bezieht sich dabei auf die Mengen, die von den Konzepten definiert werden, nicht auf die Repräsentationen. D.h., wenn $C \subseteq X$ ein Konzept aus $\mathcal{C}$ ist, so ist $C \in \mathcal{H}$. Es kann aber sein, daß die Repräsentationssprache von $\mathcal{H}$ eine andere ist als die von $\mathcal{C}$.

Die vom Algorithmus A aus einer Stichprobe $S = S_C = (\langle x_i, C(x_i)\rangle)_{i=1,\ldots,m}$ berechnete Hypothese bezeichnen wir mit $A(S)$, manchmal auch mit $A(S, C)$ oder $A(S_C)$, wenn wir auf die Abhängigkeit vom Zielkonzept hinweisen wollen. Wenn die Konzepte, die der Algorithmus A berechnet, mit der entsprechenden Stichprobe konsistent sind, das heißt wenn

$$\forall i \in \{1, \ldots, m\} \; : \; A(S_C)\,(x_i) = C(x_i)$$

gilt, so nennen wir A einem *konsistenten Hypothesenfinder*.

In unserem Modell muß der Lernalgorithmus in der Lage sein, jedes Konzept aus $\mathcal{C}$ unter jeder Verteilung lernen zu können. Sei nun $C \in \mathcal{C}$ ein festes Konzept, das wir als *Zielkonzept* bezeichnen werden, und D eine beliebige, aber feste Verteilung auf X. Der Lernalgorithmus fordert vom Orakel

$\mathsf{EX}_{D,C}$ eine Stichprobe S_C der Größe m an. Er berechnet daraus eine Hypothese $H := A(S_C) \in \mathcal{H}$. Die *Genauigkeit* dieser Hypothese ist ein Maß dafür, wie gut sie das Zielkonzept approximiert. In Abschnitt 2.1 hatten wir bereits angedeutet, daß diese Approximation in derselben Umgebung gemessen werden muß, in der auch gelernt wurde. Konkret heißt das, daß die Genauigkeit der Approximation auch bezüglich derselben Verteilung D gemessen wird, anhand derer die Beispiele gezogen wurden. Dazu ist der *Fehler* $\mathrm{err}\,(H)$ von H definiert als das Gewicht der symmetrischen Differenz von Zielkonzept und Hypothese:

Definition 2.6 Seien $C, H \subseteq X$ Konzepte. Der *Fehler* $\mathrm{err}\,(H)$ von H bezüglich C ist

$$\mathrm{err}\,(H) := \mathrm{err}\,(H, C) := \mathrm{err}_D(H, C) := D(H \Delta C)\ .$$

Falls aus dem Zusammenhang hervorgeht, was D oder C ist, werden wir die entsprechenden Indizes oder Argumente der Fehlerfunktion weglassen. Für ein $\varepsilon \in (0,1)$ heißt H ε-gut, falls $\mathrm{err}\,(H) < \varepsilon$, anderenfalls heißt H *ε-schlecht.*

Unser Ziel wird es sein, eine ε-gute Hypothese zu finden. Eine ε-gute Hypothese kann sich vom Zielkonzept bezüglich anderer natürlicher Maße sehr stark unterscheiden, wie das Beispiel in Abschnitt 2.1 zeigt. Dort hatten wir auch gesehen, daß wir vor irreführenden Stichproben nicht gefeit sind. Zwar sinkt die Wahrscheinlichkeit einer unrepräsentativen Stichprobe mit wachsender Stichprobengröße, aber unser Modell muß solchen Unwägbarkeiten Rechnung tragen. Wir können daher nicht verlangen, daß ein Lernalgorithmus immer eine gute Hypothese berechnet, sondern müssen erlauben, daß auf einem (kleinen) Anteil aller Stichproben schlechte Hypothesen berechnet werden. Diesen Anteil bezeichnen wir mit δ, $0 \leq \delta \leq 1$ und sprechen von der *Unzuverlässigkeit* des Lernalgorithmus.

Allgemein läßt sich sagen, daß eine größere Stichprobe mit höherer Zuverlässigkeit zu genaueren Hypothesen führt. Wichtig ist, daß man diesen Zusammenhang zwischen gewünschter Genauigkeit und Zuverlässigkeit einerseits und Stichprobengröße andererseits auch quantitativ fassen kann.

Im folgenden wird ε immer (eine obere Schranke für) den erlaubten Fehler bezeichnen und δ (eine obere Schranke für) die erlaubte Unzuverlässigkeit. Wir werden auch vom *Genauigkeitsparameter* beziehungsweise *Zuverlässigkeitsparameter* reden. Für die Stichprobengröße verwenden wir den Buchstaben m oder schreiben $m(\varepsilon, \delta)$, um die Abhängigkeit von diesen Parametern auszudrücken. Der Lernalgorithmus bestimmt aus ε und δ eine Stichprobengröße $m(\varepsilon, \delta)$ und fordert von $\mathsf{EX}_{C,D}$ eine Stichprobe S_C dieser Größe an. Die aus S_C berechnete Hypothese muß mit Wahrscheinlichkeit mindestens $(1 - \delta)$ eine Genauigkeit von mindestens ε besitzen. Wie bereits auf Seite 11 erwähnt, erklärt dies auch den Begriff PAC (Probably Approximately Correct).

Wir nennen $m(\varepsilon, \delta)$ die *Stichprobenkomplexität* von A. Die obigen Überlegungen fassen wir in der folgenden Definition zusammen.

Definition 2.7 [PAC-Lernbarkeit] Sei X das Universum, seien $\mathcal{C}$ und $\mathcal{H}$ Konzeptklassen über X. Dann ist $\mathcal{C}$ *PAC-lernbar!durch* $\mathcal{H}$, falls es einen Lernalgorithmus A mit Stichprobenkomplexität $m(\cdot, \cdot)$ gibt, so daß für jede Wahl der Genauigkeits- und Zuverlässigkeitsparameter $\varepsilon, \delta \in (0,1)$, für alle Verteilungen D auf X und alle $C \in \mathcal{C}$ gilt:

- A erhält eine Stichprobe S_C der Größe $m(\varepsilon, \delta)$,
- A hält und gibt eine Hypothese $H = A(S_C) \in \mathcal{H}$ aus,
- H ist mit Wahrscheinlichkeit mindestens $(1 - \delta)$ ε-gut, das heißt

$$\operatorname{err}_D(H, C) < \varepsilon. \tag{2.2}$$

Falls $\mathcal{H} = \mathcal{C}$ gilt, sagen wir $\mathcal{C}$ ist *streng PAC-lernbar durch* $\mathcal{H}$.

Die im letzten Punkt der Definition genannte Wahrscheinlichkeit $(1-\delta)$ verdient noch eine kurze Erläuterung. Sie wird über alle unklassifizierten Stichproben S der Größe $m = m(\varepsilon, \delta)$ gebildet, also bezüglich der gemeinsamen Verteilung D^m auf X^m. Daher läßt sich die Bedingung (2.2) aus Definition 2.7 auch schreiben als

$$\Pr_{S \sim D^m}[D(A(S_C) \Delta C) \geq \varepsilon] \;<\; \delta \tag{2.3}$$

oder äquivalent

$$\Pr_{S \sim D^m}[D(A(S_C) \Delta C) < \varepsilon] \;\geq\; (1 - \delta) \tag{2.4}$$

Definition 2.8 Die Bedingung (2.3) nennen wir das *PAC-Kriterium.* Es fordert eine statistische Sicherheit für die Güte der berechneten Hypothese.

Die Definition 2.7 läßt Effizienzerwägungen außer acht. Die Zeit, die der Algorithmus zum Lesen der Beispiele und zur Berechnung der Hypothese benötigt, ist nicht beschränkt, sie muß nur endlich sein.

Für eine Version dieser Definition, die solche Gesichtspunkte berücksichtigt, erweist es sich als praktisch, *strukturierte* Universen und Konzeptklassen zu betrachten. Diese Strukturierung geschieht beispielsweise anhand der Dimension des Universums. So läßt sich das in Abschnitt 2.1 eingeführte Beispiel zum Lernen von achsenparallelen Rechtecken auf höhere Dimensionen ausdehnen. Ein achsenparalleles n-dimensionales Rechteck ist das Cartesische Produkt von

n abgeschlossenen Intervallen. Sei $\mathcal{APR}_n$ die Klasse der achsenparallelen n-dimensionalen Rechtecke. Weiter sei $\mathcal{APR} = \bigcup_{n\in\mathbb{N}} \mathcal{APR}_n$ die Klasse der (endlichdimensionalen) achsenparallelen Rechtecke. Das zugehörige Universum ist hier $X = \bigcup_{n\in\mathbb{N}} \mathbb{R}^n$.

Falls allgemein $X = \bigcup_{n\in\mathbb{N}} X_n$ ist und $\mathcal{C}_n$ eine Konzeptklasse über X_n ist, $n = 1, \ldots$, so bezeichnet $\mathcal{C} = \bigcup_{n\in\mathbb{N}} \mathcal{C}_n$ die Konzeptklasse über X. Falls eine solche Strukturierung vorliegt, wird ein Lernalgorithmus im allgemeinen für größere Werte von n eine größere Stichprobe und Laufzeit benötigen. Wir erlauben daher in der nächsten Definition, daß diese Größen auch von n abhängen dürfen und deuten dies durch die Bezeichnung $m(\varepsilon, \delta, n)$ an. Liegt keine Strukturierung vor, so entfällt der Parameter n in den folgenden Definitionen.

Definition 2.9 [Effiziente PAC-Lernbarkeit] Sei $X = \bigcup_{n\in\mathbb{N}} X_n$ das Universum, seien $\mathcal{C} = \bigcup_{n\in\mathbb{N}} \mathcal{C}_n$ und $\mathcal{H} = \bigcup_{n\in\mathbb{N}} \mathcal{H}_n$ Konzeptklassen über X. Dann ist $\mathcal{C}$ *polynomiell PAC-lernbar durch* (oder *effizient PAC-lernbar durch*) $\mathcal{H}$, falls es einen Lernalgorithmus A mit Stichprobenkomplexität $m(\cdot, \cdot, \cdot)$ und ein Polynom p gibt, so daß für alle Genauigkeits- und Zuverlässigkeitsparameter $\varepsilon, \delta \in (0, 1)$, alle Verteilungen D auf X, alle n und alle $C \in \mathcal{C}_n$ gilt:

- A erhält eine Stichprobe S_C der Größe $m(\varepsilon, \delta, n)$,
- A hält in Zeit $p(1/\varepsilon, 1/\delta, n)$,
- A gibt eine Hypothese $H = A(S_C) \in \mathcal{H}_n$ aus, die das PAC-Kriterium erfüllt, das heißt

$$\Pr_{S\sim D^m}[\operatorname{err}_D(H, C) < \varepsilon] \geq (1 - \delta).$$

Bemerkung 2.10 Im folgenden werden wir den Begriff „lernbar" oft synonym zu „effizient PAC-lernbar" benutzen.

Da das Ziehen eines Beispiels eine Zeiteinheit kostet, ist die Laufzeitschranke auch eine Schranke für die Stichprobengröße. Wie bereits erwähnt, ist in der Praxis die Stichprobengröße aber oft von besonderer Bedeutung, da die Erzeugung von Beispielen schwierig und kostspielig sein kann, zum Beispiel teure Test oder Experimente erfordert. Daher wird häufig eine gesonderte Analyse der Stichprobengröße durchgeführt.

2.3 PAC-Lernbarkeit von konkreten Klassen

Wir wollen nun für zwei konkrete Konzeptklassen die PAC-Lernbarkeit nachweisen. Die erste Klasse ist kontinuierlich, die zweite ist diskret. Zunächst nehmen wir das Beispiel aus Abschnitt 2.1 wieder auf.

2.3.1 Achsenparallele Rechtecke

Definition 2.11 $\mathcal{APR}_d$ ist die Klasse der achsenparallelen Quader (verallgemeinerte Rechtecke) im d-dimensionalen Euklidischen Raum. Speziell ist $\mathcal{APR}_2$ die Klasse der achsenparallelen Rechtecke im $\mathbb{R}^2$.

Satz 2.12 *Die Klasse $\mathcal{APR}_2$ ist effizient streng PAC-lernbar mit Stichprobengröße*

$$m = \lceil (4/\varepsilon) \ln(4/\delta) \rceil \ .$$

Beweis. Ein achsenparalleles Rechteck ist das Kreuzprodukt von zwei Intervallen. Wir repräsentieren ein solches Rechteck durch vier reelle Zahlen, die die x- bzw. y-Koordinaten der Randstrecken angeben. Zu zeigen ist, daß es einen Lernalgorithmus gibt, der das PAC-Kriterium mit der angegebenen Stichprobengröße erfüllt. Wir wählen den Algorithmus SER, der das kleinste umschließende Rechteck der positiven Beispiele wählt; siehe Abbildung 2.5.

ALGORITHMUS SER
INPUT Eine Stichprobe ($\langle (x_1, y_1), \ell_1 \rangle, \ldots, \langle (x_m, y_m), \ell_m \rangle$)
für $C \in \mathcal{APR}_2$, $\ell_i = C(x_i, y_i)$.

Bestimme $x_{min} := \min \{x_i \mid i = 1, \ldots, m, \ \ell_i = 1\}$.
Bestimme $x_{max} := \max \{x_i \mid i = 1, \ldots, m, \ \ell_i = 1\}$.
Bestimme $y_{min} := \min \{y_i \mid i = 1, \ldots, m, \ \ell_i = 1\}$.
Bestimme $y_{max} := \max \{y_i \mid i = 1, \ldots, m, \ \ell_i = 1\}$.

RETURN $H := [x_{min}, x_{max}] \times [y_{min}, y_{max}]$.

Abbildung 2.5: Algorithmus SER (Smallest Enclosing Rectangle) zum Lernen von achsenparallelen Rechtecken im $\mathbb{R}^2$.

Sei $C := [l, r] \times [b, t]$ das Zielkonzept, D die Verteilung auf $\mathbb{R}^2$ und $S_{C,D}$ eine Stichprobe für C. Dann ist $H :=$ SER$(S_{C,D})$ die Hypothese, die der Algorithmus aus $S_{C,D}$ berechnet.

Offenbar gilt $H \subseteq C$. Der Fehlerbereich F ist der „Rahmen" $C \,\Delta\, H = C \backslash H$ zwischen C und H. Wir nehmen an, daß $D(C) > \varepsilon/2$ gilt. Anderenfalls wäre zum Beispiel das leere Rechteck eine Hypothese, mit Fehler höchstens ε. Nun

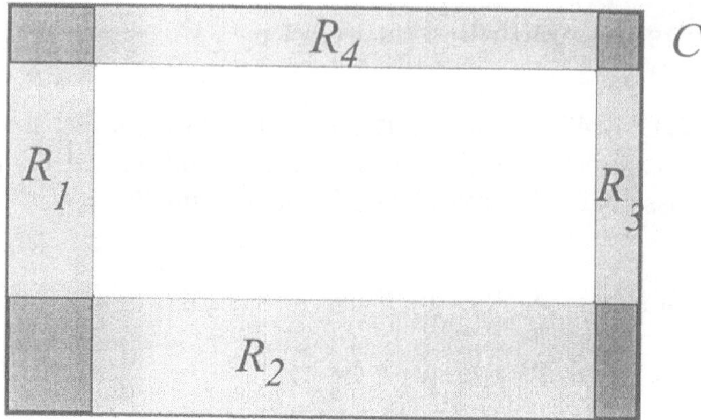

Abbildung 2.6: Vier Randrechtecke mit Wahrscheinlichkeit jeweils mindestens $\varepsilon/4$. Die dunkle Schattierung zeigt die Überlappung.

bilden wir vier achsenparallele Randrechtecke R_i, $i = 1, \ldots, 4$ wie in Abbildung 2.6 dargestellt, von denen jedes das Gewicht $D(R_i) = \varepsilon/4$, $i = 1, \ldots, 4$, hat[3]. An den Ecken des Zielkonzepts überlappen die Randrechtecke. Zum Beispiel ist $R_1 := [l, x^*] \times [b, t]$, wobei $x^* = \inf\{\, x \mid D([l, x] \times [b, t]) \geq (\varepsilon/4) \,\}$. Wenn die Stichprobe aus jedem Randrechteck R_i mindestens ein (notwendigerweise positives) Beispiel enthält, so gilt $F \subset \bigcup_{i=1}^{4} R_i$ und damit folgt

$$D(F) < D\left(\bigcup_{i=1}^{4} R_i\right) \leq \sum_{i=1}^{4} D(R_i) \leq \sum_{i=1}^{4} \left(\frac{\varepsilon}{4}\right) = \varepsilon\,.$$

Wie groß muß unsere Stichprobe sein, damit dies mit Wahrscheinlichkeit mindestens $1 - \delta$ auftritt? Zur Analyse betrachten wir den für uns ungünstigen Fall, daß mindestens ein R_i keinen Stichprobenpunkt enthält. Es bezeichne m die Stichprobengröße. Das Rechteck R_1 hat das Gewicht (mindestens) $\varepsilon/4$, also ist die Wahrscheinlichkeit, daß ein Beispiel **nicht** in R_1 liegt, höchstens $1 - (\varepsilon/4)$. Da die einzelnen Beispiele unabhängig voneinander gezogen werden, ist die Wahrscheinlichkeit, R_1 beim m-maligen Ziehen immer zu verfehlen, höchstens $(1 - (\varepsilon/4))^m$. Die Wahrscheinlichkeit, daß wir mindestens eines der vier Rechtecke R_i bei m-maligen Ziehen immer verfehlen, ist dann höchstens

[3] An dieser Stelle nehmen wir an, daß die Verteilung D eine stetige Dichte besitzt. Wenn das nicht der Fall ist, so kann es einzelne Punkte geben, die eine von 0 verschiedene Wahrscheinlichkeit besitzen. Dann ist es eventuell unmöglich, ein Rechteck R_i zu konstruieren, dessen Gewicht genau $\varepsilon/4$ ist. Das ist dann der Fall, wenn ein Punkt mit der beschriebenen Eigenschaft gerade auf der inneren Seite von R_i zu liegen kommt. In dieser Situation muß man mit einer Fallunterscheidung arbeiten, die das Gewicht dieses Punktes und seine Lage bezüglich H berücksichtigt.

$4(1-(\varepsilon/4))^m$. Wir müssen m also so groß wählen, daß diese Wahrscheinlichkeit (eines für uns schlechten Ereignisses) kleiner als δ ist. Dazu müssen wir

$$4(1-(\varepsilon/4))^m < \delta$$

nach m auflösen. Da dies etwas schwierig ist benutzen wir die Abschätzung (A.16) aus dem Anhang.

$$\begin{aligned} 4\left(1-\left(\frac{\varepsilon}{4}\right)\right)^m &= 4\left(1-\left(\frac{\varepsilon}{4}\right)\right)^{m\frac{4}{\varepsilon}\frac{\varepsilon}{4}} \\ &= 4\left(\left(1-\left(\frac{\varepsilon}{4}\right)\right)^{\frac{4}{\varepsilon}}\right)^{m\frac{\varepsilon}{4}} \leq 4\left(\frac{1}{e}\right)^{-m\frac{\varepsilon}{4}} = 4\,e^{-m\frac{\varepsilon}{4}} \end{aligned}$$

Setzt man den letzten Ausdruck kleiner als δ und löst nach m, so ergibt sich $m > \lceil(4/\varepsilon)\ln(4/\delta)\rceil$. Für diese Stichprobengröße ist die Wahrscheinlichkeit, eine Hypothese mit einem Fehler von mindestens ε zu bestimmen, also kleiner als δ. Die Stichprobengröße m ist polynomiell in $1/\varepsilon$ und $1/\delta$, sogar linear in $1/\varepsilon$ und nur logarithmisch $1/\delta$.

Zur Effizienz beobachten wir, daß der Algorithmus SER nur einen Durchlauf durch die Stichprobe macht, und daß dabei nur konstante Zeit pro Beispiel gebraucht wird. Die Zeit ist proportional zur Stichprobengröße und damit polynomiell in $1/\varepsilon$ und $1/\delta$. ■

Der Beweis läßt sich leicht auf höhere Dimensionen übertragen; dies ist eine Übungsaufgabe.

Satz 2.13 *Die Klasse $\mathcal{APR}_n$ ist effizient streng PAC-lernbar mit Stichprobengröße*

$$m = \lceil(2n/\varepsilon)\ln(2n/\delta)\rceil \;.$$

2.3.2 Disjunktive Normalformen

In diesem Abschnitt untersuchen wir Konzeptklassen, deren Elemente *Boolesche Funktionen* sind. Das Universum ist der n-dimensionale Boolesche Würfel $B_n = \{0,1\}^n$, das heißt, die unklassifizierten Beispiele sind Boolesche Vektoren $\mathbf{a} = (a_1,\dots,a_n)$, $a_i \in \{0,1\}$. Die Konzepte sind Teilmengen von $\{0,1\}^n$, die wir wieder mit ihren charakteristischen Funktionen identifizieren, also mit Abbildungen von B_n in $\{0,1\}$. Solche *Boolesche Funktionen* lassen sich auf verschiedene Weise als *Boolesche Formeln* darstellen. Wir wollen uns nun Booleschen Formeln zuwenden, die eine besonders einfache syntaktische Darstellung besitzen. Die Booleschen Variablen bezeichnen wir mit $x_1,\dots,x_n$, die Negation der Variable x_i mit $\overline{x_i}$. Ein *Literal* ist eine Boolesche Variable oder ihre Negation. Ein *Monom* ist die *Konjunktion* (UND-Verknüpfung) von Literalen. Eine

Klausel ist die *Disjunktion* (ODER-Verknüpfung) von Literalen. Eine *disjunktive Normalform* (*DNF*)[4] ist eine Disjunktion von Monomen, eine *konjunktive Normalform* (*KNF*) ist eine Konjunktion von Klauseln.

Sei $(a_1, \ldots, a_n) \in \{0,1\}^n$ eine *Belegung* der Variablen. Dann sagen wir die Belegung *erfüllt* das Literal l, genau dann wenn $l = x_i$ und $a_i = 1$ oder $l = \overline{x_i}$ und $a_i = 0$. Eine Belegung erfüllt ein Monom (eine Klausel), wenn sie alle (mindestens ein) darin vorkommenden Literale erfüllt. Eine Belegung erfüllt eine disjunktive Normalform wenn sie mindestens ein darin vorkommendes Monome erfüllt. Eine Belegung erfüllt eine konjunktive Normalform wenn sie alle darin vorkommenden Klauseln erfüllt. Für eine feste Normalform C ist eine Belegung $(a_1, \ldots, a_n)$ genau dann ein positives Beispiel, wenn sie C erfüllt.

Diese Normalformen, speziell die disjunktive, werden oft als besonders natürliche Darstellungsformen für Konzepte aufgefaßt. So kann man z.B. für das Konzept „Haus" eine Reihe von Boolesche Variablen definieren, die ausdrücken, ob ein beobachtetes Objekt eine Tür hat, ein Dach usw. Eine disjunktive Normalform könnte dann so aussehen:

$$\begin{aligned} &(\langle hatDach\rangle \wedge \langle hatTür\rangle \wedge \langle hatBalkon\rangle) \\ &\vee(\langle hatDach\rangle \wedge \langle hatTür\rangle \wedge \overline{\langle hatRäder\rangle}) \\ &\vee(\langle hatFundament\rangle \wedge \langle hatTür\rangle \wedge \overline{\langle hatTurm\rangle}) \end{aligned}$$

Wir wollen hier eingeschränkte Normalformen betrachten.

Definition 2.14

k-DNF$_n$ ist die Klasse der Booleschen Funktionen über n Variablen, die sich durch eine disjunktive Normalform darstellen lassen, in der die Monome jeweils die Länge höchstens k haben.

k-KNF$_n$ ist die Klasse der Booleschen Funktionen über n Variablen, die sich durch eine konjunktive Normalform darstellen lassen, in der die Klauseln jeweils die Länge höchstens k haben.

Wir identifizieren eine Boolesche Formel (also die Repräsentation) mit der durch sie dargestellten Funktion. In Abbildung 2.7 findet sich ein Beispiel für eine Boolesche Funktion in verschiedenen Darstellungen. Bevor wir uns der

[4] Der Begriff „disjunktive Normalform" wird in der Literatur mit unterschiedlichen Bedeutungen benutzt. Die eigentlich richtige ist die, daß eine disjunktive Normalform die Disjunktion aller Minterme (Implikanten der Länge n) der dargestellten Funktion ist. Sehr oft — und auch hier — meint man aber die Disjunktion von beliebigen Monomen, auch wenn dann die Vorsilbe „Normal" nicht mehr gerechtfertigt ist. Gleiches gilt für den Begriff „konjunktive Normalform".

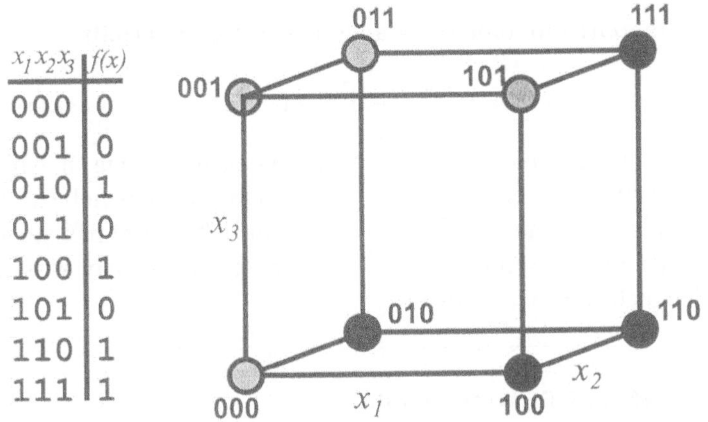

$$(x_1 \wedge \overline{x_3}) \vee (x_2 \wedge \overline{x_3}) \vee (x_1 \wedge x_2)$$
$$(x_1 \vee x_2) \wedge (x_2 \vee \overline{x_3}) \wedge (x_1 \vee \overline{x_3})$$

Abbildung 2.7: Eine Boolesche Funktion f über drei Variablen als Wertetabelle, in Darstellung auf dem Booleschen Würfel (die schwarzen Punkte entsprechen den positiven Beispielen, das heißt den Einsen der Funktion) und in DNF- und KNF-Darstellung.

Lernbarkeit zuwenden, wollen wir noch eine Eigenschaft dieser Klasse nachweisen, die sich später als sehr nützlich erweisen wird.

Lemma 2.15 *Eine Formel $C \in k\text{-DNF}_n$ enthält höchstens $O((2n)^k)$ Monome. Weiterhin ist $|k\text{-DNF}_n| = 2^{O((2n)^k)}$*

Beweis. Ein Monom enthält höchstens k Literale. Für ein Monom der Länge $t \leq k$ kann man aus den Literalen $x_1, \overline{x_1}, \ldots, x_n, \overline{x_n}$ wählen. Es gibt also $\binom{2n}{t} \leq (2n)^t$ solche Monome. Weiter gilt $\sum_{t=0}^{k}(2n)^t = O((2n)^k)$.

Für die zweite Aussage des Lemmas interpretiert man eine k-DNF$_n$ als die Menge der in ihr vorkommenden Monome. Teilmengen der Monome der Länge höchstens k und k-DNF$_n$'s entsprechen sich also eindeutig. Da eine Menge der Kardinalität L genau 2^L Teilmengen hat, folgt die Behauptung. ■

Satz 2.16 *Die Klasse k-DNF$_n$ ist effizient streng PAC-lernbar mit Stichprobengröße*

$$m = O\left((2/\varepsilon)((2n)^k + \ln(1/\delta))\right) .$$

Beweis. Sei $C \in k\text{-DNF}_n$ das Zielkonzept. Wir beschreiben zunächst den Lernalgorithmus. Dieser beginnt mit der immer erfüllten, maximalen k-DNF, die alle (erfüllbaren) Monome der Länge höchstens k enthält:

$$H_0 := x_1 \vee \overline{x_1} \vee \cdots \vee x_n \vee \overline{x_n} \vee (x_1 \wedge x_2) \vee (\overline{x_1} \wedge x_2) \vee \cdots \vee (\overline{x_{n-k+1}} \wedge \cdots \wedge \overline{x_n}) .$$

Nach und nach werden einige Monome daraus entfernt, wie in Abbildung 2.8 beschrieben: Wenn ein negatives Beispiel die aktuelle Formel H_{i-1} erfüllt, so streicht man alle Monome, die dieses Beispiel erfüllt. Anschließend wird dieses Beispiel von der resultierenden Formel H_i korrekt als negativ klassifiziert. Die positiven Beispiele werden ignoriert.

ALGORITHMUS DEL-MONOMIALS
INPUT Eine Stichprobe $\langle(\mathbf{a}_1, \ell_1\rangle, \ldots, \langle\mathbf{a}_m, \ell_m\rangle$ für C.

Bilde maximale k-DNF H_0
FOR $i := 1$ **TO** m **DO**
  IF $((\ell_i = 0)$ **AND** $(\mathbf{a}_i$ erfüllt $H_{i-1}))$
    THEN $T := \{M \mid M$ ist von $\mathbf{a}_i$ erfülltes Monom in $H_{i-1}\}$
      $H_i := H_{i-1} \setminus T$ (* Entferne alle Monome in T aus H.*)
    ELSE $H_i := H_{i-1}$
  END (* FOR i *)
RETURN H_m

Abbildung 2.8: Algorithmus DEL-MONOMIALS zum Lernen von k-DNF$_n$.

Wir zeigen zunächst, daß alle positiven Beispiele (nicht nur die aus der Stichprobe) von allen Hypothesen H_i immer korrekt klassifiziert werden. Sei $\mathbf{a} = (a_1, \ldots, a_n)$ ein positives Beispiel. Dann enthält das Zielkonzept C ein Monom M_j, das von $\mathbf{a}$ erfüllt wird. Das Monom M_j ist in der k-maximalen DNF H_0 enthalten. Weiterhin wird M_j von keinem negativen Beispiel erfüllt (sonst würde dieses negative Beispiel C erfüllen und wäre positiv). Also wird M_j vom Algorithmus DEL-MONOMIALS nie aus einem H_i entfernt, $\mathbf{a}$ erfüllt also alle H_i.

Wir wollen nun die Anzahl m der Beispiele bestimmen, die zum PAC-Lernen ausreichen. Wie im letzten Abschnitt betrachten wir dazu den Fehlerbereich $F_i := C \Delta H = \{\mathbf{a} \in \{0,1\}^n \mid C(\mathbf{a}) \neq H_i(\mathbf{a})\}$ im i-ten Durchlauf durch die For-Schleife. Offenbar gilt $F_i \subseteq F_{i-1}$ und daher $D(F_i) \leq D(F_{i-1})$. Nehmen wir an, daß am Ende ein Fehler von mehr als ε vorliegt, daß also $\mathrm{err}(H) =$

$D(F_m) \geq \varepsilon$ gilt. Dann haben wir nicht genügend Monome entfernt. Dabei hatte jedes Beispiel, das der Algorithmus betrachtete, eine Chance von mindestens ε aus dem endgültigen Fehlerbereich F_m zu kommen und somit mindestens ein Monom zu entfernen. Wir können nicht mehr Monome entfernen als anfangs in H_0 waren. Bezeichnen wir die Anzahl aller Monome der Länge höchstens k mit L.

Algorithmus DEL-MONOMIALS versagt also dann, wenn ein Ereignis, das eine Wahrscheinlichkeit von mindestens ε besitzt, bei m Versuchen weniger als L mal auftritt. Es liegt also ein Bernoulli-Experiment mit Erfolgswahrscheinlichkeit mindestens ε vor. Unser Ziel ist es, m so zu bestimmen, daß die Wahrscheinlichkeit, weniger als L Erfolge zu haben, kleiner als δ ist. Für diese und ähnliche Wahrscheinlichkeiten stellt die Statistik eine Reihe von Abschätzungen zur Verfügung, die sich im Anhang finden. Wir verwenden hier die Relation (A.12), da sie den einfachsten Ausdruck liefert. Damit folgt, daß man die Stichprobengröße so wählen kann: $m \geq (2/\varepsilon)(L + \ln(1/\delta))$. Mit Lemma 2.15 folgt die Behauptung des Satzes. ■

Korollar 2.17 *Die Klasse k-KNF$_n$ ist effizient streng PAC-lernbar mit Stichprobengröße*

$$m = O\left((1/\varepsilon)((2n)^k + \ln(1/\delta))\right) .$$

Beweis. Der Beweis folgt aus Satz 2.16 und der Dualität von logischem UND und ODER. Man beginnt mit der maximalen k-KNF, die nie erfüllt ist, und verwendet die positiven Beispiele um Klauseln zu eliminieren. Der entsprechende Algorithmus heißt DEL-CLAUSES. ■

In den beiden obigen Beispielen haben wir die PAC-Lernbarkeit von drei Konzeptklassen nachgewiesen. Die Analysen waren dabei immer auf die speziellen Klassen zugeschnitten. Es ist nicht klar, ob und wie man sie auf andere Klassen übertragen kann, zum Beispiel auf Dreiecke, Kreise, Boolesche Schwellwertfunktionen usw. Was fehlt, ist ein „Meta-Algorithmus", also ein generisches, von der speziellen Klasse unabhängiges algorithmisches Schema. (Solche Meta-Algorithmen sind beispielsweise Dynamische Programmierung, Divide-and-Conquer und Greedy.) Auffällig bei den Beispielen aus den Abschnitten 2.3.1 und 2.3.2 ist die ähnliche Form der Stichprobengrößen. Der dominierende Term war von der Gestalt d/ε, wobei d als Darstellungslänge der Konzepte aufgefaßt werden kann. Ein achsenparalleles Rechteck läßt sich durch vier reelle Zahlen beschreiben, und eine k-DNF$_n$ hat höchstens $(2n)^k$ Monome. Diese Ähnlichkeit der Stichprobengröße läßt ein allgemeines Prinzip erahnen. Wir werden darauf in den beiden folgenden Abschnitten genauer eingehen.

Eine weitere Frage ist, ob diese hinreichenden Stichprobengrößen auch notwendig sind. Es könnte ja sein, daß unsere Analyse viel zu grob war, und man mit viel kleineren Stichproben auskommt. In Abschnitt 2.5 werden wir diese Fragen beantworten: Für beliebige Klassen sind die Stichprobengrößen in der Tat von der beschriebenen Form, und diese Größe ist im wesentlichen auch notwendig. Außerdem werden wir einen Meta-Algorithmus zum PAC-Lernen kennenlernen. Was in den Beispielen aus den Abschnitten 2.3.1 und 2.3.2 allerdings speziell war, ist, daß wir beim Lernen jeweils nur einen Beispieltyp verwendet haben, bei den Rechtecken und konjunktiven Normalformen die positiven, bei den disjunktiven Normalformen die negativen. Es gibt eine Reihe von Klassen, bei denen alle bekannten Lernverfahren beide Typen von Beispielen benutzen. Einen Nachweis, daß es Klassen gibt, bei denen beide Typen auch benötigt werden, haben Fischer und Simon; [FS92], für die Boolesche Klasse der Ring-Summen-Normalformen geführt.

2.4 Die Vapnik-Chervonenkis Dimension

In diesem Abschnitt beschreiben wir einen kombinatorischen Parameter, die *Vapnik-Chervonenkis-Dimension*, der die Komplexität einer Konzeptklasse charakterisiert. Wir werden im folgenden Abschnitt dann sehen, daß die zum PAC-Lernen notwendige und hinreichende Stichprobengröße linear von diesem Parameter abhängt; der Parameter ist also „genau die richtige Wahl" als Maß für die Kompliziertheit einer Konzeptklasse. Informell mißt die Vapnik-Chervonenkis-Dimension die Ausdrucksstärke einer Konzeptklasse dadurch, wie fein man mit den Konzepten aus der Klasse unterscheiden kann.

Wir wollen die Vapnik-Chervonenkis-Dimension nun formal definieren und ihre Bedeutung für die Lernbarkeit präzisieren. Sei dazu $\mathcal{C}$ eine Konzeptklasse über X und T eine m-elementige Teilmenge von X. Dann sagen wir, T wird von $\mathcal{C}$ *zerschmettert*, falls für alle $T' \subseteq T$ ein Konzept $C_{T'} \in \mathcal{C}$ existiert, so daß $T \cap C_{T'} = T'$. Wir werden dann auch sagen, $C_{T'}$ *greift* T' *ab*. Das System der Teilmengen von T, die von Konzepten aus $\mathcal{C}$ abgegriffen werden, bezeichnen wir mit $\Pi_{\mathcal{C}}(T)$:

Definition 2.18 Sei $\mathcal{C}$ eine Konzeptklasse über X und $T \subseteq X$ eine endliche Teilmenge. Dann ist

$$\Pi_{\mathcal{C}}(T) := \{C \cap T \mid C \in \mathcal{C}\}$$

die Menge der abgreifbaren Teilmengen von T. Die *Kapazitätsfunktion* von $\mathcal{C}$ ist definiert durch:

$$\Pi_{\mathcal{C}}(m) := \max\Big\{|\Pi_{\mathcal{C}}(T)| \;\Big|\; T \subseteq X,\ |T| = m\Big\}\ .$$

Eine Menge T wird also genau dann von $\mathcal{C}$ zerschmettert, wenn alle ihre Teilmengen durch Konzepte aus $\mathcal{C}$ abgegriffen werden können. Wir sagen manchmal auch *alle Bitmuster sind auf T als Klassifizierungen möglich.*

Die *Vapnik-Chervonenkis-Dimension* von $\mathcal{C}$ (VCdim ($\mathcal{C}$)) ist die größte Kardinalität einer Menge T, die von $\mathcal{C}$ zerschmettert wird, oder unendlich, wenn beliebig große Mengen zerschmettert werden:

Definition 2.19

$$\begin{aligned} \text{VCdim}(\mathcal{C}) &:= \sup\{m \mid \exists T \subseteq X,\ |T| = m,\ \mathcal{C} \text{ zerschmettert } T\} \quad (2.5) \\ &= \sup\{m \mid \exists T \subseteq X,\ |T| = m,\ |\Pi_{\mathcal{C}}(T)| = 2^m\}\ . \quad (2.6) \end{aligned}$$

Man beachte, daß es für eine Klasse mit Vapnik-Chervonenkis-Dimension d durchaus Teilmengen der Kardinalität d geben kann, die nicht zerschmettert werden. Wir sprechen manchmal auch von der Vapnik-Chervonenkis-Dimension eines Konzepts, wenn wir die Vapnik-Chervonenkis-Dimension der Klasse meinen, aus der es stammt.

Bemerkung 2.20 Punkte, die für eine Konzeptklasse $\mathcal{C}$ eine maximale zerschmetterte Menge bilden, stellen eine schwierigste Menge im Universum dar. Selbst wenn man die korrekten Klassifikationen von allen Punkten bis auf einen kennt, kann man nicht auf die des unbekannten Punktes schließen.

Für endliche Klassen läßt sich sofort eine obere Schranke für die Vapnik-Chervonenkis-Dimension angeben.

Lemma 2.21 *Falls* $|\mathcal{C}| < \infty$, *so gilt:* $\text{VCdim}(\mathcal{C}) \leq \lfloor \log_2(|\mathcal{C}|) \rfloor$.

Beweis. Um eine Menge der Größe d zu zerschmettern, sind 2^d verschiedene Konzepte notwendig, da jede Teilmenge abgegriffen werden muß. Dann kann eine Konzeptklasse mit M Konzepten höchstens eine Menge der Größe $\lfloor \log_2(M) \rfloor$ zerschmettern. ■

Im folgenden wollen wir die Vapnik-Chervonenkis-Dimension unserer Beispielklassen aus Abschnitt 2.3.1 und 2.3.2 bestimmen bzw. abschätzen.

Lemma 2.22 *Es gilt* $\text{VCdim}(\mathcal{APR}_2) = 4$.

Beweis. Zu zeigen ist,

a) daß $\text{VCdim}(\mathcal{APR}_2) \geq 4$, das heißt, daß es *mindestens eine* 4-elementige Teilmenge von $\mathbb{R}^2$ gibt, von der jede Teilmenge durch Rechtecke abgegriffen werden kann.

b) daß VCdim ($\mathcal{APR}_n$) < 5, das heißt, daß es *keine* 5-elementige Teilmenge von $\mathbb{R}^2$ gibt, von der jede Teilmenge durch Rechtecke abgegriffen werden kann.

Für a) ordnen wir 4 Punkte in Rautenform an. Abbildung 2.9 zeigt, wie man jede Teilmenge davon mit achsenparallelen Rechtecken abgreifen kann. Die Vapnik-Chervonenkis-Dimension ist also mindestens 4.

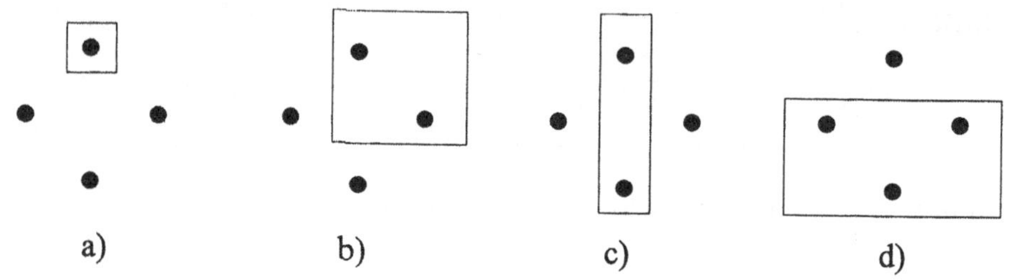

Abbildung 2.9: Die Bilder zeigen exemplarisch, wie man beliebige Teilmengen der vier Punkte mit achsenparallelen Rechtecken abgreifen kann: a) einelementige, b) und c) zweielementige und d) dreielementige Mengen. Die leere Menge erhält man durch Wahl eines Rechtecks, das keinen der vier Punkte enthält, die ganze Menge durch eines, das alle vier umfaßt. Offenbar umfaßt jedes achsenparallele Rechteck mit den vier Punkten auch deren konvexe Hülle.

Für b) überlegen wir uns, daß es zwei wesentlich verschiedene Möglichkeiten gibt, fünf Punkte anzuordnen. Erstens kann mindestens ein Punkt echt in der konvexen Hülle der anderen liegen. Dann ist es unmöglich die Eckpunkte der konvexen Hülle mit einem Rechteck abzugreifen ohne die Punkte im Inneren auch zu umfassen, siehe auch Abbildung 2.10 a). Zweitens kann die konvexe Hülle der Punkte alle fünf auf ihrem Rand haben. Wenn eindeutig ist, welcher Punkt der linke, rechte, obere und untere ist, dann kann man nicht diese vier ohne den fünften abgreifen, siehe Abbildung 2.10 b). Wenn dies nicht eindeutig ist, wie in Abbildung 2.10 c), so enthält jedes kleinste umschließende achsenparallele Rechteck auf einer Kante zwei der Punkte. Man kann nicht genau einen von ihnen ausschließen, wenn die anderen Punkte eingeschlossen werden sollen. Die Vapnik-Chervonenkis-Dimension ist also kleiner als 5. ■

Lemma 2.23 *Es gilt* VCdim (k-DNF$_n$) $= \Theta(n^k)$.

Beweis. Zu zeigen ist,

a) daß VCdim (k-DNF$_n$) $= \Omega(n^k)$, das heißt, daß es *mindestens eine* Teilmenge T des Booleschen Würfels $\{0,1\}^n$ der Kardinalität $\Omega(n^k)$ mit folgender Eigenschaft gibt: Für jede Teilmenge $T' \subseteq T$ gibt es ein $C_{T'} \in$

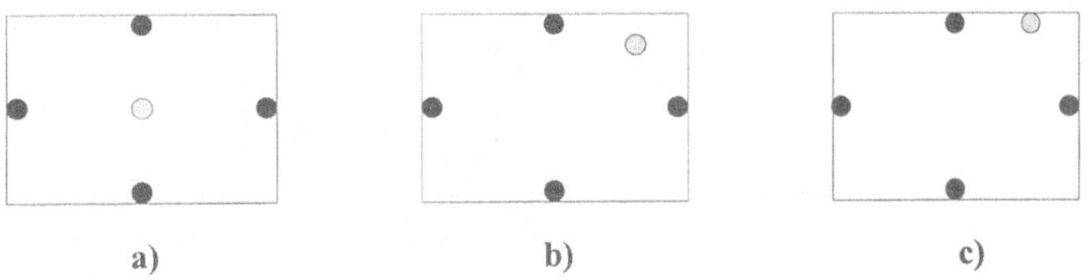

Abbildung 2.10: Die Bilder zeigen exemplarisch, wie fünf Punkte angeordnet werden können. Die vier schwarzen Punkte können nicht mit achsenparallelen Rechtecken abgegriffen werden, ohne auch den grauen Punkt abzugreifen.

k-DNF$_n$ mit: $C_{T'}(\mathbf{a}) = 1$ für $\mathbf{a} \in T'$ und $C_{T'}(\mathbf{a}) = 0$ für $\mathbf{a} \in T \setminus T'$. (Die Werte von $C_{T'}(\mathbf{a})$ für $\mathbf{a} \notin T$ dürfen beliebig sein.)

b) daß VCdim (k-DNF$_n$) $= O(n^k)$, das heißt, daß es *keine* Teilmenge von $\{0,1\}^n$ gibt, deren Mächtigkeit von größerer Ordnung als n^k ist und von der jede Teilmenge durch k-DNF$_n$ abgegriffen werden kann.

Der Beweis von a) ist eine Übung.
Die Aussage b) folgt aus den Lemmata 2.21 und 2.15.

■

Etwas schwieriger ist es, die Vapnik-Chervonenkis-Dimension für Kreisscheiben zu bestimmen. Für $x, z \in \mathbb{R}^2$ bezeichne $d(x,z)$ den Euklidischen Abstand von x und z.

Definition 2.24 Die Klasse $\mathcal{K}_2$ der Kreisscheiben in der Ebene ist wie folgt definiert

$$\mathcal{K}_2 := \{K(z,r) \mid K(z,r) = \{x \mid d(x,z) \leq r\},\ z \in \mathbb{R}^2, r \in \mathbb{R},\ r \geq 0\}\ .$$

Satz 2.25 *Es gilt* VCdim ($\mathcal{K}_2$) $= 3$.

Beweis. Zum Beweis von VCdim ($\mathcal{K}_2$) ≥ 3 ordnet man drei Punkte in allgemeiner Lage an. Offensichtlich sind dann alle acht Teilmengen davon durch Kreisscheiben abgreifbar.

Um zu zeigen, daß VCdim ($\mathcal{K}_2$) < 4 gilt, überlegt man sich zunächst, daß eine Menge von vier Punkten nicht zerschmettert werden kann, wenn einer der Punkte in der konvexen Hülle der anderen liegt. Das Argument ist ähnlich wie bei den achsenparallelen Rechtecken.

Seien nun p_1, p_2, p_3, p_4 vier verschiedene Punkte, deren konvexe Hülle ein Viereck ist und die so numeriert sind, daß die Strecken $\overline{p_1p_3}$ und $\overline{p_2p_4}$ die

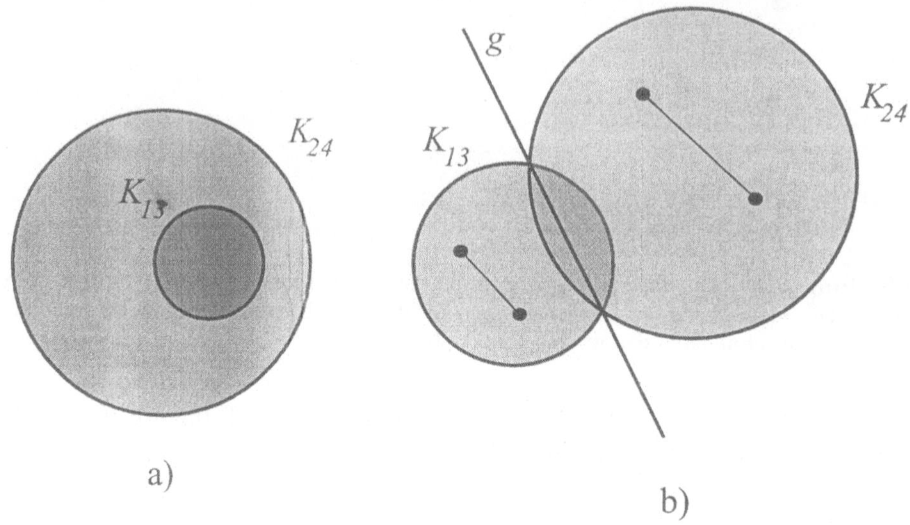

Abbildung 2.11: Die beiden möglichen Lagen von zwei Kreisen: a) Ineinander, b) Nicht ineinander.

Diagonalen bilden. Wir zeigen nun, daß es unmöglich ist, zwei Kreisscheiben K_{13} und K_{24} zu finden, die die Diagonalen abgreifen, das heißt

$$p_1, p_3 \in K_{13} \quad \text{und} \quad p_2, p_4 \notin K_{13} \tag{2.7}$$

$$p_2, p_4 \in K_{24} \quad \text{und} \quad p_1, p_3 \notin K_{24} \,. \tag{2.8}$$

Dazu überlegen wir uns, wie die zwei Kreisscheiben in der Ebene angeordnet werden können. Falls eine der beiden ganz in der anderen liegt, sagen wir $K_{13} \subseteq K_{24}$, so ist eine der obigen Bedingungen verletzt, hier (2.8).

Für die folgenden Überlegungen betrachte man auch Abbildung 2.11 b). Wenn keine der Scheiben ganz in der anderen enthalten ist, so kann ihr (eventuell leerer) Durchschnitt $K_{13} \cap K_{24}$ keinen der Punkte p_i enthalten, da sonst mindestens eine der Bedingungen (2.7) oder (2.8) verletzt ist. Die „Restscheiben" $K_{13} \setminus K_{24}$ und $K_{24} \setminus K_{13}$ sind dann durch eine Gerade g separiert, und es gilt $p_1, p_3 \in K_{13} \setminus K_{24}$ und $p_2, p_4 \in K_{24} \setminus K_{13}$. Dann sind aber auch die Strecken $\overline{p_1p_3}$ und $\overline{p_2p_4}$ durch g separiert, können also nicht die Diagonalen eines konvexen Vierecks sein. ∎

Wenn $d = \text{VCdim}(\mathcal{C})$ ist, so können aus einer m-elementigen Menge, $m \leq d$, durch Konzepte aus $\mathcal{C}$ eventuell alle 2^m Teilmengen abgegriffen werden. Es bleibt die Frage, wieviele Teilmengen aus einer m-elementigen Menge, $m > d$, abgegriffen werden können. Theoretisch könnten es noch $2^m - 1$ viele sein. Sauer [Sau72] und Shelah [She72] zeigten unabhängig voneinander, daß dann nur polynomiell viele Teilmengen abgegriffen werden können, nämlich $O(m^d)$ viele. Die Fähigkeit der Klasse $\mathcal{C}$, fein unterscheiden zu können, wird auf großen Mengen also deutlich gebremst. Die motiviert auch die Bezeichnung „Kapazität“ in Definition 2.18.

Lemma 2.26 **([Sau72], [She72])** *Sei $\mathcal{C}$ eine Konzeptklasse über X mit* $\mathrm{VCdim}(\mathcal{C}) = d$. *Dann gilt*

$$\Pi_{\mathcal{C}}(m) \leq \Phi_d(m) \ ,$$

wobei $\Phi_d(m) = \sum_{i=0}^{d} \binom{m}{i}$. ■

Mit der Abschätzung (A.15) für Binomialkoeffizienten folgt:

$$\sum_{i=0}^{d} \binom{m}{i} \leq \left(\frac{em}{d}\right)^d = O(m^d) \ . \tag{2.9}$$

Bei der Berechnung oder Abschätzung der Vapnik-Chervonenkis-Dimension ist das folgende Lemma oft hilfreich. Es zeigt, wie man die Vapnik-Chervonenkis-Dimension von Klassen beschränken kann, deren Konzepte Durchschnitte bzw. Vereinigungen von einfacheren Konzepten sind. Sei $\mathcal{C}$ eine Konzeptklasse über dem Universum X. Dann besteht die *Vereinigungsklasse* $\mathrm{Union}(s, \mathcal{C})$ aus den Konzepten der Form $\{C_1 \cup C_2 \cup \ldots \cup C_s \mid C_i \in \mathcal{C}, i = 1, \ldots, s\}$. Da $C_i = C_j$, $i \neq j$ zulässig ist, folgt $\mathrm{Union}(t, \mathcal{C}) \subseteq \mathrm{Union}(s, \mathcal{C})$, für $t \leq s$. Analog besteht die *Durchschnittsklasse* $\mathrm{Intersection}(s, \mathcal{C})$ aus allen Konzepten der Form $\{C_1 \cap C_2 \cap \ldots \cap C_s \mid C_i \in \mathcal{C}, i = 1, \ldots, s\}$, und es gilt $\mathrm{Intersection}(t, \mathcal{C}) \subseteq \mathrm{Intersection}(s, \mathcal{C})$, für $t \leq s$.

Lemma 2.27 *Sei $\mathcal{C}$ eine Klasse über dem Universum X mit* $\mathrm{VCdim}(\mathcal{C}) = d$. *Dann gilt für $s \geq 2$,*

$$\mathrm{VCdim}(\mathrm{Union}(s, \mathcal{C})) \leq 2sd \log_2(3s) \ ,$$
$$\mathrm{VCdim}(\mathrm{Intersection}(s, \mathcal{C})) \leq 2sd \log_2(3s) \ .$$

Beweis. Wir beweisen nur die Aussage für Vereinigungsklassen; der Beweis für Durchschnittsklassen ist analog. Es sei $s \geq 2$, $T \subseteq X$ mit $|T| = m \geq 1$. Mit Lemma 2.26 folgt dann $|\Pi_{\mathcal{C}}(T)| \leq \Phi_d(m)$. Sei $C \in \mathrm{Union}(s, \mathcal{C})$, d.h., $C = C_1 \cup C_2 \cup \cdots \cup C_s$, $C_i \in \mathcal{C}$. Dann ist die Menge $T \cap C$, die C aus T abgreift, die Vereinigung der Mengen $T_i := T \cap C_i$. Somit gilt

$$\Pi_{\mathrm{Union}(s,\mathcal{C})}(T) = \{T_1 \cup T_2 \cup \cdots \cup T_s \mid T_i \in \Pi_{\mathcal{C}}(T)\} \ ,$$

Also

$$\left|\Pi_{\mathrm{Union}(s,\mathcal{C})}(T)\right| \leq (|\Pi_{\mathcal{C}}(T)|)^s \leq (\Phi_d(m))^s \ .$$

Falls $(\Phi_d(m))^s < 2^m$, so kann Union $(s,\mathcal{C})$ keine Menge der Kardinalität m zerschmettern, also gilt VCdim (Union $(s,\mathcal{C})$) $< m$. Mit (2.9) gilt $(\Phi_d(m))^s \leq \left((em/d)^d\right)^s$. Wir prüfen anschließend nach, daß für $m \geq 2ds\log(3s)$ die Beziehung $(em/d)^{ds} \leq 2^m$ gilt: Nach Logarithmieren ist letztere äquivalent zu

$$ds \leq \frac{m}{\log_2\left(\frac{em}{d}\right)} \ .$$

Durch Einsetzen von der unteren Schranke $2ds\log(3s)$ für m ergibt sich

$$\begin{aligned}
\frac{m}{\log_2\left(\frac{em}{d}\right)} &\geq \frac{2\,d\,s\,\log_2(3s)}{\log_2\left(\frac{2\,e\,d\,s\,\log_2(3s)}{d}\right)} \\
&= \frac{2\,d\,s\,\log_2(3s)}{\log_2(2)+\log_2(e)+\log_2(s)+\log_2(\log_2(3s))} \\
&\geq \frac{d\,s\,[2\,\log_2(3)+2\,\log_2(s)]}{2\,\log_2(3)+2\,\log_2(s)} \\
&\geq ds\ .
\end{aligned}$$

■

Abschließend geben wir ein Beispiel für eine Klasse mit unendlicher Vapnik-Chervonenkis-Dimension.

Lemma 2.28 *Die Klasse der einfachen Polygone*[5] *hat unendliche Vapnik-Chervonenkis-Dimension.*

Beweis. Wir müssen zeigen, daß es für jedes d eine d-elementige Teilmenge von $\mathbb{R}^2$ gibt, die von der Klasse der einfachen Polygone zerschmettert wird. Wir legen die d Punkte dazu auf eine Gerade und deuten in Abbildung 2.12 an, wie man beliebige Teilmengen abgreift.

■

Eine Übersicht über die Bedeutung der Vapnik-Chervonenkis-Dimension in der Mathematischen Statistik und der Approximationstheorie findet sich bei Dudley [Dud84].

[5] Ein Polygon ist *einfach*, wenn es beschränkt ist, und sein Inneres zusammenhängt. Das heißt, daß sich seine Kanten nicht überschneiden.

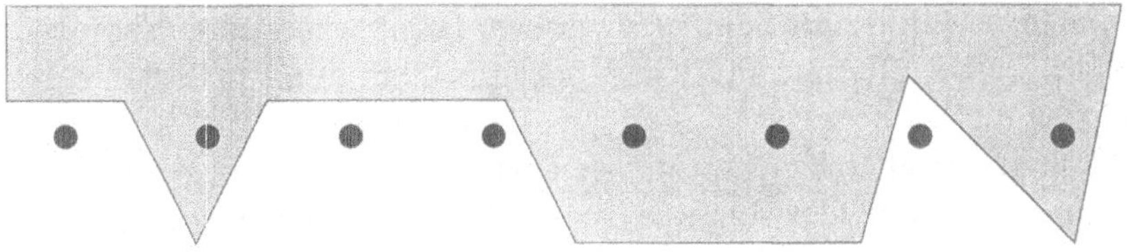

Abbildung 2.12: Abgreifen von beliebigen Punktmengen durch einfache Polygone.

2.5 Der fundamentale Satz der Lerntheorie

Der in diesem Abschnitt vorgestellte Fundamental-Satz der Lerntheorie stammt von Blumer, Ehrenfeucht, Haussler und Warmuth [BEHW89]. Diese Arbeit wird oft auch das „four-germans-paper" genannt, obwohl von den Autoren trotz der deutsch klingenden Namen, nur Manfred Warmuth in Deutschland geboren ist. Das Resultat besagt, daß zum Nachweis der Lernbarkeit einer Klasse $\mathcal{C}$ durch eine Klasse $\mathcal{H}$ die folgenden beiden Schritte genügen:

1.) Finde einen Algorithmus, der für jede Stichprobe für ein Konzept aus $\mathcal{C}$ ein Konzept aus $\mathcal{H}$ berechnet, welches auf der Stichprobe konsistent ist, das heißt, konstruiere einen konsistenten Hypothesen-Finder.

2.) Zeige, daß die Vapnik-Chervonenkis-Dimension von $\mathcal{H}$ endlich ist.

Wenn beide Punkte erfüllt werden können, reicht eine Stichprobe der Größenordnung $\mathrm{VCdim}(\mathcal{H})/\varepsilon$ aus, wobei wir logarithmische Faktoren ignorieren. Ehrenfeucht, Haussler, Kearns und Valiant [EHKV88] haben gezeigt, daß die beschriebene Stichprobengröße (bis auf einen logarithmischen Faktor) auch notwendig ist. Zum Nachweis der effizienten Lernbarkeit muß man zusätzlich zeigen, daß der Algorithmus in Punkt 1.) polynomiell ist.

Bemerkung 2.29 Beide Punkte sind oft schwer nachzuprüfen. Die Bestimmung oder auch nur Abschätzung der Vapnik-Chervonenkis-Dimension einer Konzeptklasse ist oft ein kombinatorisch schweres Problem, während die effiziente Bestimmung einer konsistenten Hypothese hohe algorithmische Anforderungen stellt. Es gibt Fälle, in denen die Vapnik-Chervonenkis-Dimension endlich ist, es aber nachweislich keine effizienten Algorithmen zum Finden von konsistenten Hypothesen aus einer vorgegebenen Hypothesenklasse gibt. Dieser Nachweis benutzt die komplexitätstheoretische Annahme $RP \neq NP$. Beispiele hierzu finden man im Kapitel 5.

Die oben erwähnte Beziehung zwischen Lernbarkeit und Vapnik-Chervonenkis-Dimension gilt nur für Konzeptklassen, die eine maßtheoretische Bedingung erfüllen. Diese Bedingung an die Konzeptklasse fordert neben der Borel-Meßbarkeit aller Konzepte auch noch die Meßbarkeit gewisser Teilmengensysteme innerhalb der symmetrischen Differenzen von Konzepten. Wenn eine Konzeptklasse diese Bedingung erfüllt, so nennen wir sie *gutartig*. Für eine formale Definition dieses Begriffs verweisen wir auf [BEHW89].

Bemerkung 2.30 Da alle in der Praxis verwendeten Klassen diese Bedingung erfüllen, werden wir sie in späteren Abschnitten ohne explizite Erwähnung stillschweigend voraussetzen.

Der Zusammenhang von Vapnik-Chervonenkis-Dimension und PAC-Lernbarkeit läßt sich nun präzisieren. Zunächst zitieren wir die Version, die Effizienzgesichtspunkte nicht berücksichtigt.

Satz 2.31 ([BEHW89, EHKV88]) *Seien $\mathcal{C}$ und $\mathcal{H}$ gutartige Konzeptklassen.*

(i) $\mathcal{C}$ ist streng PAC-lernbar genau dann, wenn $\mathrm{VCdim}(\mathcal{C})$ *endlich ist.*

(ii) Sei $1 \leq \mathrm{VCdim}(\mathcal{H}) < \infty$ und $0 < \varepsilon \leq \frac{1}{2}$, $0 < \delta < 1$. Dann ist jeder konsistente Hypothesenfinder ein PAC-Lernalgorithmus für $\mathcal{C}$ durch $\mathcal{H}$, und für die Stichprobenkomplexität gilt:

$$m(\varepsilon,\delta) \leq \max\left\{\frac{4}{\varepsilon}\ln\frac{4}{\delta}\,,\ \frac{8\,\mathrm{VCdim}(\mathcal{H})}{\varepsilon}\ln\frac{13}{\varepsilon}\right\} \tag{2.10}$$

(iii) Sei $1 \leq \mathrm{VCdim}(\mathcal{C}) < \infty$, $0 < \varepsilon < 1/8$ und $0 < \delta < 1/100$. Dann benötigt jeder PAC-Lernalgorithmus für $\mathcal{C}$ durch $\mathcal{H}$ eine Stichprobengröße von mindestens

$$m(\varepsilon,\delta) > \max\left\{\frac{\mathrm{VCdim}(\mathcal{C})-1}{32\varepsilon}\,,\ \frac{1-\varepsilon}{\varepsilon}\ln\left(\frac{1}{\delta}\right)\right\}\,. \tag{2.11}$$

Die Stichprobenkomplexität hängt linear von der Vapnik-Chervonenkis-Dimension und der Genauigkeit ab, aber nur logarithmisch von der Unzuverlässigkeit. Man beachte weiterhin, daß die obere Schranke für die Stichprobenkomplexität in Teil (ii) in der Vapnik-Chervonenkis-Dimension der Hypothesenklasse ausgedrückt wird, während die untere Schranke in Teil (iii) durch die Vapnik-Chervonenkis-Dimension der Zielklasse bestimmt wird. Dies spiegelt die Tatsache wider, daß es genügt, verschiedene Hypothesen unterscheiden zu können. Andererseits benötigt man zum Lernen mindestens soviel Information, um verschiedene Konzepte der Zielklasse unterscheiden zu können.

Beweis. Bevor wir den Beweis im Detail beschreiben, geben wir einen Überblick, der das weitere Vorgehen motiviert.

Man beobachtet zunächst, daß (i) aus (ii) und (iii) folgt: Wenn VCdim ($\mathcal{C}$) unendlich ist, so auch der erste Term im Maximum der unteren Schranke in (iii), womit die „wenn dann"-Richtung in (i) folgt. Für die „dann wenn"-Richtung genügt es, einen Algorithmus anzugeben, der für eine Stichprobe der in (ii) angegebenen Größe eine konsistente Hypothese findet. Dazu wohlordnen[6] wir $\mathcal{C}$ und wählen die erste konsistente Hypothese in dieser Ordnung. Es sei noch einmal darauf hingewiesen, daß wir Effizienzgesichtspunkte im Moment noch außer acht lassen.

Für den Beweis von Teil (iii) benutzt man die „Methode der häßlichen Verteilung": Man sucht sich eine Menge von d Punkten des Universums, die von $\mathcal{C}$ zerschmettert wird, das heißt, eine schwierigste Stelle, was Klassifikationen angeht. Nun wählt man eine Verteilung, die nur diesen Punkten ein von Null verschiedenes Gewicht gibt. Die meisten dieser Punkte erhalten ein so niedriges Gewicht, daß einige von Ihnen nicht in einer Stichprobe der in (iii) angegebenen Größe auftauchen, obwohl deren Gesamtgewicht ε ist. Ihre Klassifikationen kann der Lerner also nur raten. Da aber alle Bitmuster auf diesen Punkten als Klassifikationen möglich sind, gibt es ein Zielkonzept, für das der Lerner auf diesen Punkten alles falsch macht. Der Fehler ist dann ε.

Um Teil (ii) zu beweisen, zeigt man, daß die dort angegebene Stichprobengröße ausreicht, um mit Wahrscheinlichkeit mindestens $(1-\delta)$ alle ε-schlechten Hypothesen zu „entlarven". Sei die Verteilung D fest, dann ist eine Hypothese H ε-schlecht für das Zielkonzept C, falls $D(C\Delta H) \geq \varepsilon$. Wir betrachten nun die Klasse $\mathcal{SD}_\varepsilon$ der symmetrischen Differenzen von ε-schlechten Hypothesen für ein festes Zielkonzept C:

$$\mathcal{SD}_\varepsilon = \{H \,\Delta\, C | H \in \mathcal{H},\ H \text{ ist } \varepsilon\text{-schlecht}\} \ .$$

Man zeigt nun, daß mit Wahrscheinlichkeit mindestens $1-\delta$ eine Stichprobe der angegebenen Größe alle Elemente von $\mathcal{SD}_\varepsilon$ trifft, das heißt für alle $R \in \mathcal{SD}_\varepsilon$ enthält sie ein $\langle x, C(x)\rangle$ mit $x \in R$. Jede Menge R ist aber von der Form $C \,\Delta\, H$ für ein $H \in \mathcal{H}$. Daher gilt $H(x) \neq C(x)$, und x entlarvt H als schlechte Hypothese. Ein konsistenter Hypothesenfinder würde H also nicht wählen.

[6] Eine Wohlordnung einer Menge M ist eine reflexive und transitive Relation „$<$", so daß für alle x, y, $x \neq y$ in M $x < y$ oder $y < x$ gilt und jede nicht leere Teilmenge von T ein (bezüglich „$<$") kleinstes Element besitzt: $\forall T \subseteq M : T \neq \emptyset \Rightarrow \exists x^* \in T \forall x \in T \setminus \{x^*\} : x^* < x$.

Wir beginnen mit dem formalen Beweis von (iii). Die untere Schranke ist ein Maximum über zwei Terme. Der zweite ist von der Vapnik-Chervonenkis-Dimension der betrachteten Klasse unabhängig. Er gilt auch für Klassen der Vapnik-Chervonenkis-Dimension 1. Der erste Term setzt eine Vapnik-Chervonenkis-Dimension von mindesten 2 voraus. Für die Behandlung des zweiten Termes muß die Klasse *nicht-trivial* sein, eine Eigenschaft, die fast alle Klassen besitzen.

Definition 2.32 Eine Konzeptklasse $\mathcal{C}$ über dem Universum X ist *nicht-trivial*, wenn es $C_1, C_2 \in \mathcal{C}$ und $a, b \in X$ gibt, so daß gilt

$$\begin{array}{llll} C_1(a) & = 1 & C_2(a) & = 1 \\ C_1(b) & = 0 & C_2(b) & = 1 \,. \end{array}$$

Wir betrachten nun die beiden obengenannten Fälle. 1. Fall: Sei $\mathcal{C}$ nicht-trivial, und C_1 und C_2 wie in Definition 2.32. Wir definieren nun die folgende Verteilung D auf X

$$\begin{array}{lll} D(a) & = 1 - \varepsilon & \\ D(b) & = \varepsilon & \\ D(x) & = 0 & \text{für } x \in X \setminus \{a, b\} \end{array}$$

Damit können wir X mit $\{a, b\}$ identifizieren und $\mathcal{C}$ mit $\{C_1, C_2\}$, wobei $C_1 = \{a\}$ und $C_2 = \{a, b\}$. Als Hypothesen kommen nur noch vier Mengen in Frage: $\mathcal{H} = \{\{a, b\}, \{b\}, \{a\}, \emptyset\}$. Wir nehmen an, daß diese ausdrucksstärkste Klasse vorliegt.

Wenn man eine Stichprobe der Größe $m < \ln(1/\delta)/(-ln(1 - \varepsilon))$ zieht, so ist die Wahrscheinlichkeit, daß sie nur den Punkt a enthält größer als δ: Die Wahrscheinlichkeit, bei einmaligem Ziehen den Punkt a zu erhalten, ist $D(a) = (1 - \varepsilon)$. Bei m-maligem Ziehen ergibt sich für die Wahrscheinlichkeit, immer a zu sehen, also:

$$\begin{aligned} (1-\varepsilon)^m &> (1-\varepsilon)^{\frac{1}{-\ln(1-\varepsilon)} \cdot \ln\left(\frac{1}{\delta}\right)} = e^{\ln(1-\varepsilon) \cdot \frac{1}{-\ln(1-\varepsilon)} \cdot \ln\left(\frac{1}{\delta}\right)} = e^{-\ln\left(\frac{1}{\delta}\right)} \\ &= e^{-(\ln(1)-\ln(\delta))} = e^{-\ln(1)+\ln(\delta)} = e^{0+\ln(\delta)} = \delta \,. \end{aligned}$$

Da für $\varepsilon \in (0, 1)$ die Beziehung $\frac{1}{-\ln(1-\varepsilon)} > \frac{1-\varepsilon}{\varepsilon}$ gilt, ergibt sich für $m < \frac{1-\varepsilon}{\varepsilon} \ln\left(\frac{1}{\delta}\right)$ eine Wahrscheinlichkeit von mehr als δ, daß eine m-Stichprobe nur den Punkt a enthält. Jeder Lernalgorithmus kann nur mit den vier Hypothesen in $\mathcal{H}$ auf eine solche Stichprobe reagieren. Gibt er $H = \{a\}$ aus, so ist der Fehler dieser Hypothese mindestens ε, wenn $\{a, b\}$ das Zielkonzept ist. Gibt er $\{b\}$, $\{a, b\}$ oder $\emptyset$ aus, so ist der Fehler mindestens ε, wenn $\{a\}$ das Zielkonzept ist. In jedem Falle ist ein Fehler von mindestens[7] ε mit Wahrscheinlichkeit δ bei der angegebenen Stichprobengröße unvermeidlich.

2.Fall: Sei $\mathcal{C}$ die Zielklasse der Vapnik-Chervonenkis-Dimension $d \geq 2$ über dem Universum X. Seien $T := \{x_1, \ldots, x_d\} \in X$ Punkte, die von $\mathcal{C}$ zerschmettert werden, d.h. für jedes der 2^d möglichen Klassifikationsmuster auf T gibt es ein $C \in \mathcal{C}$, das dieses Muster erzeugt. Wir definieren eine Verteilung D, die diesen Punkten die gleiche Wahrscheinlichkeit gibt, außer einem, der als „Blitzableiter" für die Restwahrscheinlichkeit fungiert.

$$\begin{aligned} D(x_1) &= 1 - 8\varepsilon \\ D(x_i) &= \frac{8\varepsilon}{d-1} \quad \text{für } i = 2, \ldots, d \\ D(x) &= 0 \quad \text{für } x \notin \{x_1, \ldots, x_d\} \end{aligned}$$

Jede unter D gezogene Stichprobe enthält mit Wahrscheinlichkeit 1 nur Elemente aus T. Wir können also das Universum auf T reduzieren und die Ziel- und Hypothesenklasse auf $\mathcal{H} = 2^T$. Die Punkte $x_2, \ldots, x_d$ nennen wir *leicht*, weil sie eine geringe Wahrscheinlichkeit haben, und definieren L als die Menge der leichten Punkte. Wir nehmen an, daß wir die Klassifikation des Punktes x_1 kennen, o.B.d.A. sei $C(x_1) = 0$. Wir klammern ihn daher von den weiteren Überlegungen aus und beschränken uns auf $\mathcal{H}_0 := \{H \in \mathcal{H} \mid H(x_1) = 0\}$, sowohl für die Ziel- als auch für die Hypothesenklasse. Offenbar zerschmettert $\mathcal{H}_0$ die Menge L. Somit ist $\mathcal{H}_0 = 2^L$.

Wir überlegen uns nun, daß eine (unklassifizierte) Stichprobe der Größe $m = (d-1)/(32\varepsilon)$ mit konstanter Wahrscheinlichkeit nur die Hälfte der leichten Punkte enthält. Die Wahrscheinlichkeit, daß ein unter D gezogener Punkt in L liegt, ist genau 8ε, die, daß von m gezogenen Punkten mindestens $(d-1)/2$ in L liegen, läßt sich also mit der Chernoff-Schranke (A.4) wie folgt abschätzen, wobei $\beta = 1$ gilt:

$$GE\,(8\varepsilon, m, (d-1)/2) \leq GE\left(8\varepsilon, \frac{d-1}{32\varepsilon}, \frac{d-1}{2}\right) \leq e^{-(d-1)/12} \leq e^{-1/12} < \frac{93}{100}\,. \tag{2.12}$$

Das heißt, daß in 7% aller m-Stichproben mindestens die Hälfte aller leichten Punkte nicht enthalten ist. Die (unklassifizierten) Stichproben mit dieser Eigenschaft nennen wir *dünn* und bezeichnen die Menge aller dünnen Stichproben mit $\mathcal{S}_{dünn}$. Die Beziehung (2.12) läßt sich nun so formulieren:

$$D^m(\mathcal{S}_{dünn}) \geq \frac{7}{100}\,. \tag{2.13}$$

[7] Will man einen Fehler von echt mehr als ε erreichen, so muß man die $D(a)$ infinitessimal verringern und $D(b)$ entsprechend erhöhen.

Wir analysieren nun, wie groß der erwartete Fehler ist, wenn wir aus einer solchen Stichprobe lernen. Diesen Erwartungswert bilden wir über alle möglichen Zielkonzepte $C \in \mathcal{H}_0$, die wir als gleichwahrscheinlich annehmen.

Dazu sei $S := (y_1, \ldots, y_m)$ eine unklassifizierte, feste Stichprobe (nicht notwendigerweise aus $\mathcal{S}_{dünn}$) und es bezeichne $S_C := (\langle y_i, C(y_i)\rangle)_{i=1,\ldots,m}$ die zugehörige bezüglich $C \in \mathcal{H}$ klassifizierte Stichprobe. Sei A ein konsistenter Hypothesen-Finder und $A(S_C)$ die von ihm berechnete Hypothese. Es bezeichne s die Anzahl der verschiedenen leichten Punkte in S, d.h. $s := |\{y_i \mid y_i \neq x_1 \wedge i = 1, \ldots, m\}|$. Wir definieren die *Fehlerindikatorfunktion* $f(y, C, S)$, $y \in L$, $C \in \mathcal{H}$, wie folgt:

$$f(y, C, S) := \begin{cases} 1 & \text{falls } A(S_C)(y) \neq C(y) \\ 0 & \text{sonst} \end{cases}$$

Die Anzahl der leichten Punkte, auf denen sich das Zielkonzept C von der Hypothese $A(S_C)$ des Algorithmus unterscheidet, ist dann

$$F(C, S) := \sum_{y \in L} f(y, C, S) \; .$$

Wir summieren jetzt die Fehler über alle möglichen Zielkonzepte $C \in \mathcal{H}_0$ und benutzen die Tatsache, daß für jedes $y \in L$ genau die Hälfte aller $H \in \mathcal{H}_0$ auf y eine 1 berechnet. Also berechnet die Hälfte aller $H \in \mathcal{H}_0$ auf y den richtigen Wert. Da wir einen konsistenten Hypothesenfinder verwenden, können die berechneten Hypothesen nur Fehler auf Elementen $x \in L \setminus S$ machen, die der Lerner ja nicht gesehen hat. Davon gibt es $(d-1) - s$ viele.

$$\begin{aligned} \sum_{C \in \mathcal{H}_0} F(C, S) &= \sum_{C \in \mathcal{H}_0} \sum_{y \in L} f(y, C, S) = \sum_{y \in L} \sum_{C \in \mathcal{H}_0} f(y, C, S) \\ &\geq \sum_{y \in L \setminus S} \frac{1}{2} |\mathcal{H}_0| = \frac{1}{2}((d-1) - s)\, |\mathcal{H}_0| \qquad (2.14) \end{aligned}$$

Wenn $S \in \mathcal{S}_{dünn}$ eine dünne Stichprobe ist, so gilt $s \leq (d-1)/2$ und daher $((d-1) - s) \geq (d-1)/2$. Wir summieren nun die Fehleranzahl aus (2.14) über alle Stichproben $S \in \mathcal{S}_{dünn}$

$$F = \sum_{S \in \mathcal{S}_{dünn}} \sum_{C \in \mathcal{H}_0} F(C, S) \geq \frac{d-1}{4} |\mathcal{H}_0|\, |\mathcal{S}_{dünn}| \; . \qquad (2.15)$$

Durch Vertauschung der Summen in (2.15) ergibt sich

$$F = \sum_{C \in \mathcal{H}_0} \sum_{S \in \mathcal{S}_{dünn}} F(C, S) \geq \frac{d-1}{4} |\mathcal{S}_{dünn}|\, |\mathcal{H}_0| \; ,$$

woraus folgt, daß es mindestens ein $C^* \in \mathcal{H}_0$ gibt mit

$$\sum_{S \in \mathcal{S}_{dünn}} F(C^*, S) \geq \frac{d-1}{4} |\mathcal{S}_{dünn}| \ . \tag{2.16}$$

Für dieses Konzept C^* schätzen wir nun die Anzahl der dünnen Stichproben $S \in \mathcal{S}_{dünn}$ ab, die eine große Fehlerzahl $F(C^*, S)$ hervorrufen. Offenbar gilt immer $F(C^*, S) \leq (d-1)$. Es bezeichne N die Anzahl der Stichproben $S \in \mathcal{S}_{dünn}$ mit $F(C^*, S) > (d-1)/8$. Dann gilt

$$\frac{d-1}{4} |\mathcal{S}_{dünn}| < \sum_{S \in \mathcal{S}_{dünn}} F(C^*, S) \leq N(d-1) + (|\mathcal{S}_{dünn}| - N)\frac{d-1}{8} \ . \tag{2.17}$$

Die erste Ungleichung folgt aus (2.16), die zweite gilt, weil keine Hypothese mehr als $d-1$ Fehler machen kann. Löst man (2.17) nach $N/|\mathcal{S}_{dünn}|$ auf, so erhält man

$$\frac{N}{|\mathcal{S}_{dünn}|} \geq \frac{1}{7} \ . \tag{2.18}$$

Für eine dünne Stichprobe $S \in \mathcal{S}_{dünn}$ mit $F(C^*, S) > (d-1)/8$ ist der Fehler der Hypothese $A(S_{C^*})$ die Anzahl der falsch klassifizierten Punkte multipliziert mit deren Gewicht. Da alle Punkte aus L das gleiche Gewicht haben, können wir repräsentativ $D(x_2)$ verwenden.

$$\operatorname{err}(A(S_C)) = F(C^*, S) \cdot D(x_2) \geq \frac{d-1}{8} \cdot \frac{8\varepsilon}{d-1} = \varepsilon \ .$$

Mit (2.13) und (2.18) läßt sich die Wahrscheinlichkeit dafür, daß der Algorithmus A eine ε-schlechte Hypothese berechnet, wie folgt nach unten abschätzen:

$$\begin{aligned} & D^m \{S \mid S \text{ ist } m\text{-Stichprobe für } C^* \text{ und } err(A(S_{C^*})) \geq \varepsilon\} \\ \geq \ & D^m(\mathcal{S}_{dünn}) \frac{N}{|\mathcal{S}_{dünn}|} \geq \frac{7}{100}\frac{1}{7} = \frac{1}{100} \ . \end{aligned}$$

Bei einer Stichprobengröße von $m \leq (d-1)/32\varepsilon$ ist die Wahrscheinlichkeit, eine Hypothese mit Fehler mindestens ε zu berechnen, also mindestens 1/100. Das PAC-Lernkriterium ist also nicht erfüllt, da wir δ nicht beliebig klein wählen können.

Bemerkung 2.33 Man beachte, daß diese Schranke informationstheoretischer Natur ist. Sie gilt unabhängig von der Berechnungsstärke des Lerners.

Wir beweisen nun die Aussage (ii). Seien das Zielkonzept C, die Verteilung D und die Parameter ε und δ von nun an fest und sei m wie in 2.10.

Wir lernen mit konsistenten Hypothesen, daher müssen wir sicherstellen, daß bei der verwendeten Stichprobengröße mit Wahrscheinlichkeit $1-\delta$ keine ε-schlechte Hypothese konsistent auf der Stichprobe ist. (Auf den Term „mit Wahrscheinlichkeit $1-\delta$" werden wir im folgenden verzichten.) Dies ist dann der Fall, wenn in jeder symmetrischen Differenz $C \,\Delta\, H$, wobei H ε-schlecht ist, jeweils ein Stichprobenelement liegt. Wir bezeichnen die Menge der ε-schlechten Hypothesen mit

$$\mathcal{SH} := \{H \in \mathcal{H} \mid D(C \,\Delta\, H) \geq \varepsilon\} \ .$$

Für eine feste Stichprobe $S = (\langle x_i, \ell_i \rangle)_{i=1,\ldots,m}$ bezeichnen wir die Menge der darauf konsistenten Hypothesen mit $\mathcal{K}(S)$, d.h.,

$$\mathcal{K}(S) := \{H \in \mathcal{H} \mid H(x_i) = \ell_i, i = 1, \ldots, m\}$$

Die für uns irreführenden Stichproben sind solche, auf denen mindestens eine ε-schlechte Hypothese keinen Fehler macht. Die Menge dieser Stichproben der Größe m bezeichnen wir mit $\mathcal{IS}$

$$\mathcal{IS} = \mathcal{IS}(m) := \{S \in X^m \mid \exists H \in \mathcal{H} : H \in \mathcal{SH} \wedge H \in \mathcal{K}(S_C)\}$$

Wir erinnern daran, daß wir für eine unklassifizierte Stichprobe $S \in X^m$ und ein Zielkonzept C die bezüglich C klassifizierte Stichprobe mit S_C bezeichnen. Unser Ziel, zu zeigen, daß irreführende Stichproben selten sind, läßt sich also so formalisieren: Zeige

$$D^m(\mathcal{IS}) < \delta \ . \tag{2.19}$$

Dies geschieht mit einer sehr schlauen Idee, die wir durch folgendes Gedankenexperiment motivieren wollen. Wenn eine Hypothese H ε-schlecht ist, so macht sie im Durchschnitt auf einer Stichprobe S der Größe m auch εm Fehler. Damit der konsistente Hypothesenfinder H wählen kann, darf H aber keinen Fehler auf S machen. Wir stellen uns nun vor, eine solche irreführende Stichprobe sei die erste Hälfte einer Stichprobe der Größe $2m$, und die zweite Hälfte würde H als nicht-konsistent entlarven. Dann müssen alle Fehler, die H macht, in der zweiten Hälfte liegen. Die Wahrscheinlichkeit, eine solche Stichprobe zu ziehen, läßt sich nun durch ein *Zählargument* abschätzen. Wir zählen dazu die Permutationen, die die „Fehler aus der ersten in die zweite Hälfte tauschen". Diese Wahrscheinlichkeit wiederum beschränkt die Wahrscheinlichkeit einer irreführenden Stichprobe der Größe m.

Zur Formalisierung dieser Idee brauchen wir die folgenden Definitionen: Es sei

$$F(H, S) := |\{i \mid x_i \in S,\ H(x_i) \neq C(x_i)\}|$$

die *Fehleranzahl* von H auf S. Mit S und T bezeichnen wir Stichproben der Größe m für C und mit ST die Stichprobe der Größe $2m$, die durch die Konkatenation von S und T entsteht. Die Menge der Stichproben der Größe $2m$, für die es ein ε-schlechtes Konzept gibt, das auf der ersten Hälfte fehlerfrei ist, das aber auf der zweiten Hälfte mindestens $\varepsilon m/2$ Fehler macht (also die halbe erwartete Fehlerzahl), bezeichnen wir mit $\mathcal{R}$

$$\mathcal{R} := \{ST \in X^{2m} \mid \exists H \in \mathcal{SH} : H \in \mathcal{K}(S_C) \wedge F(H,T) \geq \varepsilon m/2\}$$

Zunächst zeigen wir, daß es mindestens halb so wahrscheinlich ist, eine $2m$-Stichprobe zu ziehen, die in $\mathcal{R}$ liegt, wie eine m-Stichprobe, die in $\mathcal{IS}$ liegt.

Lemma 2.34

$$D^m(\mathcal{IS}) \leq 2\, D^{2m}(\mathcal{R})$$

Beweis. Wieder identifizieren wir Mengen mit ihren *Charakteristischen Funktionen*, zum Beispiel

$$\mathcal{R}(ST) := \begin{cases} 1 & \text{falls } ST \in \mathcal{R} \\ 0 & \text{sonst} \end{cases}$$

Dann gilt

$$\mathcal{R}(ST) = \mathcal{IS}(S) \cdot \varphi_S(T) \;,$$

wobei die Indikatorfunktion φ_S wie folgt definiert ist:

$$\varphi_S(T) := \begin{cases} 1 & \text{falls } \exists H \in (\mathcal{K}(S_C) \cap \mathcal{SH}) : F(H,T) \geq \frac{\varepsilon m}{2} \\ 0 & \text{sonst} \end{cases} \quad . \tag{2.20}$$

Beachte, daß dies nur eine Umformulierung der Definition von $\mathcal{R}$ mit Hilfe von Funktionen ist. Die Wahrscheinlichkeit von $\mathcal{R}$ erhält man nun durch Integration dieser Funktion.

$$\begin{aligned} D^{2m}(\mathcal{R}) &= \int_{X^{2m}} \mathcal{R}(ST)\, d\, D^{2m} = \int_{X^m} \int_{X^m} \mathcal{IS}(S) \cdot \varphi_S(T)\, d\, D^m\, d\, D^m \\ &= \int_{X^m} \left(\mathcal{IS}(S) \int_{X^m} \varphi_S(T)\, d\, D^m \right) d\, D^m \end{aligned}$$

Wenn das innere Integral mindestens $\frac{1}{2}$ ist, so folgt die Aussage des Lemmas sofort:

$$D^{2m}(\mathcal{R}) \geq \int_{X^m} \frac{1}{2} \mathcal{IS}(S)\, d\, D^m = \frac{1}{2}\, D^m(\mathcal{IS}) \;.$$

Wir schätzen nun das innere Integral ab. Dazu überlegen wir uns, daß die Funktion

$$\varphi_S^*(T) := \begin{cases} 1 & \text{falls } \exists H \in \mathcal{SH} : F(H,T) \geq \frac{\varepsilon m}{2} \\ 0 & \text{sonst} \end{cases}$$

punktweise größer oder gleich $\varphi_S(T)$ ist, weil gegenüber der Definition (2.20) die Bedingung $H \in \mathcal{K}(S)$ weggefallen ist. Wir zeigen daher

$$\int_{X^m} \varphi_S^*(T)\, d\,D^m \geq \frac{1}{2} .$$

Sei $H \in \mathcal{SH}$ eine ε-schlechte Hypothese, und sei $\varepsilon_H \geq \varepsilon$ der Fehler von H. Die Fehleranzahl $F(T,H)$ ist dann eine binomialverteilte Zufallsvariable mit Erwartungswert ε_H. Wir wenden nun die Chernoff-Schranke (A.5) an, um die Wahrscheinlichkeit einer *kleinen* Fehleranzahl abzuschätzen.

$$\begin{aligned} & D^m \left\{ T \middle| F(T,H) \leq \frac{\varepsilon m}{2} \right\} \leq D^m \left\{ T \middle| F(T,H) \leq \frac{\varepsilon_H m}{2} \right\} \\ = \; & LE\left(\varepsilon_H, m, (1-\frac{1}{2})\varepsilon_H m\right) \leq \exp\left(-\frac{\varepsilon_H m}{8}\right) \leq \exp\left(-\frac{\varepsilon m}{8}\right) . \end{aligned}$$

Für $m \geq 8/\varepsilon$ ist dies höchstens $1/e$, und $m \geq 8/\varepsilon$ gilt aufgrund des ersten Terms in (2.10) und der Wahl $\varepsilon \leq 1/2$. Also gilt für alle $H \in \mathcal{SH}$

$$D^m \left\{ T \middle| F(T,H) > \frac{\varepsilon m}{2} \right\} > 1 - \frac{1}{e} > \frac{1}{2} .$$

□

Mit Hilfe von Lemma 2.34 können wir unser Ziel (2.19) neu formulieren:

$$D^m(\mathcal{R}) < \frac{\delta}{2} .$$

Nun zeigen wir, daß sich die Wahrscheinlichkeit von $\mathcal{R}$ durch die Kapazitätsfunktion der Klasse der symmetrischen Differenzen $\mathcal{SD}_\varepsilon$ beschränken läßt.

Lemma 2.35

$$D^{2m}(\mathcal{R}) \leq \Pi_{\mathcal{SD}_\varepsilon}(2m) \cdot 2^{-\varepsilon m/2} . \tag{2.21}$$

Beweis. Sei σ_j eine Permutation der Indexmenge $\{1, 2, \ldots, 2m\}$. Es gibt $(2m)!$ verschiedene solche Permutationen. Mit $\sigma_j(ST)$ bezeichnen wir die Stichprobe, die man erhält wenn man die Indizes in ST mit σ_j permutiert, d.h. $\sigma_j(ST) = \left(\langle x_{\sigma_j(i)}, \ell_{\sigma_j(i)} \rangle\right)_{i=1,\ldots,2m}$. Durch Anwenden einer Permutation σ_j wird die Menge X^{2m} der $2m$-Stichproben bijektiv auf sich abgebildet. Daher gilt für jedes σ_j

$$D^{2m}(\mathcal{R}) = \int_{X^{2m}} \mathcal{R}(ST)\, d\,D^{2m} = \int_{X^{2m}} \mathcal{R}(\sigma_j(ST))\, d\,D^{2m} .$$

Also folgt

$$\begin{array}{rrcl} & (2m)!\int_{X^{2m}} \mathcal{R}(ST)\, d\,D^{2m} & = & \sum_{j=1}^{(2m)!} \int_{X^{2m}} \mathcal{R}(\sigma_j(ST))\, d\,D^{2m} \\ \Leftrightarrow & \int_{X^{2m}} \mathcal{R}(ST)\, d\,D^{2m} & = & \frac{1}{(2m)!} \int_{X^{2m}} \sum_{j=1}^{(2m)!} \mathcal{R}(\sigma_j(ST))\, d\,D^{2m} \\ \Leftrightarrow & D^{2m}(\mathcal{R}) & = & \int_{X^{2m}} \frac{1}{(2m)!} \sum_{j=1}^{(2m)!} \mathcal{R}(\sigma_j(ST))\, d\,D^{2m}\ . \end{array}$$

Nun genügt es, zu zeigen, daß

$$\frac{1}{(2m)!} \sum_{j=1}^{(2m)!} \mathcal{R}(\sigma_j(ST)) \le \Pi_{\mathcal{SD}_\varepsilon}(2m) 2^{-\varepsilon m/2}$$

für alle $ST \in X^{2m}$ gilt, denn dann ist der Integrand auf der rechten Seite der letzten Gleichung nicht mehr von der Integrationsvariablen ST abhängig. Sei nun $ST \in X^{2m}$ fest. Mit

$$V := \{x \mid \exists i : x = x_i \wedge \langle x_i, \ell_i \rangle \in ST\}$$

bezeichnen wir die Menge der verschiedenen Elemente aus X, die in ST vorkommen. Wenn $\sigma(ST)$ in $\mathcal{R}$ liegt, so gibt es eine Menge $W \subseteq V$, die das „bezeugt". D.h. es gibt ein $H \in \mathcal{SH}$ für dessen Fehlermenge $W = (C \,\Delta\, H) \cap V = \{x \in V \mid C(x) \neq H(x)\}$ das folgende gilt: alle Elemente von W kommen nur in der zweiten Hälfte von $\sigma(ST)$, und es gibt mindestens $\varepsilon m/2$ solcher Vorkommen. Wir überlegen uns nun, daß W ein Zeuge nur für einen kleinen Teil aller Permutationen von ST ist. Dies gilt, weil viele Permutationen die Fehler auch in die erste Hälfte tauschen. Sei $r \geq \varepsilon m/2$ die Anzahl der Vorkommen von Elementen aus W in ST. Wir zählen nun die Anzahl der Permutationen, für die W (bezüglich H) ein Zeuge ist. Dazu müssen alle r Vorkommen der Element aus W in der zweiten Hälfte der Stichprobe liegen. Es gibt $\binom{m}{r}$ Möglichkeiten dafür und $\binom{2m}{r}$ Möglichkeiten, die r Elemente in der gesamten Stichprobe $2m$ zu verteilen. Der Anteil der Permutationen σ_j, die die Elemente aus W in die zweite Hälfte tauschen und so bezeugen, daß $\sigma_j(ST) \in \mathcal{R}$, ist folglich

$$\frac{\binom{m}{r}}{\binom{2m}{r}} = \frac{m(m-1)\cdots(m-r+1)}{2m(2m-1)\cdots(2m-r+1)} \leq 2^{-r} \leq 2^{-\varepsilon m/2}$$

Nachdem wir nun wissen für welchen Anteil aller Permutationen eine feste Menge W Zeuge ist, wollen wir nun die Anzahl solcher Zeugenmengen abschätzen. Wegen $|V| \leq 2m$ kann man höchstens $\Pi_{\mathcal{SD}_\varepsilon}(2m)$ Teilmengen W mit Konzepten aus $\mathcal{SD}_\varepsilon$ aus V herausschneiden. Somit gibt es nur $\Pi_{\mathcal{SD}_\varepsilon}(2m)$ verschiedene Zeugenmengen W. Somit folgt insgesamt

$$\frac{1}{(2m)!} \sum_{j=1}^{(2m)!} \mathcal{R}(\sigma_j(ST)) \le \Pi_{\mathcal{SD}_\varepsilon}(2m) 2^{-\varepsilon m/2}$$

□

Lemma 2.26 liefert eine Schranke für die Kapazitätsfunktion von $\mathcal{R}$ mit Hilfe der Vapnik-Chervonenkis-Dimension. Wir zeigen nun, daß die Kapazitätsfunktion von $\mathcal{SD}_\varepsilon$ gleich der von $\mathcal{H}$ ist. Wir zeigen dies sogar für die Klasse $\mathcal{SD}$ aller symmetrischen Differenzen.

Lemma 2.36 *Sei $k \geq 1$, $C \subseteq X$, $\mathcal{H} \subseteq 2^X$ und $\mathcal{SD} = \{H \,\Delta\, C \mid H \in \mathcal{H}\}$. Dann gilt $\Pi_{\mathcal{SD}}(k) = \Pi_{\mathcal{H}}(k)$.*

Beweis. Mit $\overline{C}$ bezeichnen wir das Komplement $X \setminus C$ von C. Seien $H_1, H_2 \in \mathcal{H}$, und $S \subseteq X$. Dann gilt

$$\begin{aligned}
& H_1 \cap S = H_2 \cap S \\
\Leftrightarrow \quad & (H_1 \cap \overline{C} \cap S = H_2 \cap \overline{C} \cap S) \wedge (\overline{H_1} \cap C \cap S = \overline{H_2} \cap C \cap S) \\
\Leftrightarrow \quad & ((\overline{H_1} \cap C) \cup (H_1 \cap \overline{C})) \cap S = ((\overline{H_2} \cap C) \cup (H_2 \cap \overline{C})) \cap S \\
\Leftrightarrow \quad & (H_1 \,\Delta\, C) \cap S = (H_2 \,\Delta\, C) \cap S \,.
\end{aligned}$$

Also greifen H_1 und H_2 genau dann die gleiche Teilmenge von S ab, wenn dies auch $H_1 \,\Delta\, C$ und $H_2 \,\Delta\, C$ tun, womit die Behauptung folgt. □

Somit bleibt nur noch zu zeigen, daß die rechte Seite in Ungleichung (2.21) kleiner als $\delta/2$ ist, wenn die in Satz 2.31 (ii) angegebene Stichprobengröße vorliegt.

Lemma 2.37 *Falls*

$$m \geq \max\left\{\frac{4}{\varepsilon}\log\frac{2}{\delta}\,,\ \frac{8\mathrm{VCdim}\,(\mathcal{H})}{\varepsilon}\log\frac{13}{\varepsilon}\right\} \tag{2.22}$$

so gilt $2\Pi_{\mathcal{SD}_\varepsilon}(m) \cdot 2^{-\varepsilon m/2} \leq \delta/2$.

Beweis. Wir benutzen Lemma 2.36 (mit $k = 2m$) und 2.26 und setzen $d := \mathrm{VCdim}\,(\mathcal{H})$:

$$\begin{aligned}
2\,\Pi_{\mathcal{SD}_\varepsilon}(2m) \cdot 2^{-\varepsilon m/2} &= 2\,\Pi_{\mathcal{H}}(2m) \cdot 2^{-\varepsilon m/2} \\
&\leq 2\,\Phi_d(2m) 2^{-\varepsilon m/2} \leq 2\left(\frac{2me}{d}\right)^d \cdot 2^{-\varepsilon m/2} \,.
\end{aligned}$$

Also genügt es, zu zeigen, daß $2(2me/d)^d \leq (\delta/2)2^{\varepsilon m/2}$ gilt. Dies ist äquivalent zu $\varepsilon m/2 \geq d\log_2(2me/d) + \log_2(4/\delta)$. Der erste Term im Maximum in (2.22) garantiert $\varepsilon m/4 \geq \log_2(4/\delta)$, also genügt es, $\varepsilon m/4 \geq d\log_2(2me/d)$ zu zeigen. Setzt man $q := 4d/\varepsilon$ und $t := 2e/d$ so ergibt sich $m \geq q\log_2(tm)$. Wenn diese

Beziehung für einen Wert von m gilt, so offensichtlich auch für alle größeren, denn der Logarithmus wächst sublinear und t und q hängen nicht von m ab. Wir setzen nun m gleich dem zweiten Term in (2.22) und müssen dann zeigen, daß $2q\log_2(13/\varepsilon) \geq q\log_2(2qt\log_2(13/\varepsilon))$ gilt. Durch Umformen ergibt sich $13^2/(2qt\varepsilon^2) = 13^2/(16e\varepsilon) \geq \log_2(13/\varepsilon)$. Durch Ableiten verifiziert man, daß $13^2/(16e\varepsilon)$ schneller fällt als $\log_2(13/\varepsilon)$. Wenn die letzte Ungleichung für einen Wert von ε gilt, so auch für alle kleineren. Wie man durch Nachrechnen sieht, gilt sie für $\varepsilon = 1$. □

Damit ist der Satz vollständig bewiesen. ■

Aus Lemma 2.21 und Teil (i) des letzten Satzes folgt sofort das folgende Korollar. Einen konsistenten Hypothesenfinder erhält man, indem man alle Konzepte auf Konsistenz testet.

Korollar 2.38 ([BEHW89]) *Falls $\mathcal{C}$ endlich ist, so ist $\mathcal{C}$ PAC-lernbar (allerdings nicht notwendigerweise effizient).*

Von nun an werden wir annehmen, daß alle vorkommenden Konzeptklassen gutartig sind und alle sonst benutzten Mengen meßbar und auf eine explizite Erwähnung dieser Tatsache verzichten.

Wir geben nun eine hinreichende Bedingung für effiziente Lernbarkeit an, die aus Satz 2.31 folgt.

Korollar 2.39 ([BEHW89]) *Seien $\mathcal{C} = \bigcup_{n\in\mathbb{N}} \mathcal{C}_n$ und $\mathcal{H} = \bigcup_{n\in\mathbb{N}} \mathcal{H}_n$ Konzeptklassen über $X = \bigcup_{n\in\mathbb{N}} X_n$.*

(i) $\mathcal{C}$ ist polynomiell PAC-lernbar durch $\mathcal{H}$, wenn es Polynome p_d und p_t und einen konsistenten Hypothesenfinder A für $\mathcal{C}$ durch $\mathcal{H}$ gibt, so daß gilt

- *für alle $n \in \mathbb{N}$: $\mathrm{VCdim}(\mathcal{H}_n) \leq p_d(n)$ und*
- *für alle $\varepsilon, \delta \in (0,1)$ und alle Stichproben der Größe m ist die Laufzeit von A durch $p_t(m)$ beschränkt.*

(ii) Wenn die Funktion $\mathrm{VCdim}(\mathcal{C}_n)$ durch kein Polynom in n beschränkt ist, so ist $\mathcal{C}$ nicht effizient PAC-lernbar.

Beweis. (i) Wenn die Vapnik-Chervonenkis-Dimension von $\mathcal{H}$ polynomiell in n beschränkt ist, so ist auch die Stichprobengröße m aus (2.10) von Satz 2.31 polynomiell in $\mathrm{VCdim}(\mathcal{H}_n)$, $1/\varepsilon$ und $1/\delta$. Da die Laufzeit von A wiederum polynomiell in m ist, ist die Zeit, die A zum Finden einer konsistenten Hypothese benötigt, durch ein Polynom $p_t(1/\varepsilon, 1/\delta, n)$ beschränkt. Damit ist nach Satz 2.31 die Klasse $\mathcal{C}$ durch $\mathcal{H}$ PAC-lernbar.

(ii) Mit der Vapnik-Chervonenkis-Dimension von $\mathcal{C}$ ist auch die *notwendige* Stichprobengröße aus (2.11) (Satz 2.31) nicht polynomiell beschränkt. Damit benötigt A schon mehr als polynomielle Zeit zum Lesen der Beispiele. ■

Bemerkung 2.40 Es sei angemerkt, daß im Falle einer strukturierten Klasse der Lernalgorithmus den Parameter n als Eingabe erhält beziehungsweise ihn aus den Beispielen ermitteln kann.

Zu Korollar 2.39 gibt es auch eine Umkehrung: Wenn es überhaupt einen effizienten PAC-Lernalgorithmus gibt, so kann man daraus auch einen effizienten konsistenten Hypothesenfinder machen. Außerdem kann man dann die Vapnik-Chervonenkis-Dimension der Zielklasse mittels der Laufzeit des Algorithmus beschränken.

Satz 2.41 *Seien $\mathcal{H} = \bigcup_{n\in\mathbb{N}} \mathcal{H}_n$ und $\mathcal{C} = \bigcup_{n\in\mathbb{N}} \mathcal{C}_n$ Konzeptklassen über $X = \bigcup_{n\in\mathbb{N}} X_n$. Sei L ein PAC-Lernalgorithmus für $\mathcal{C}$ durch $\mathcal{H}$, der polynomiell in n, $1/\varepsilon$ und $1/\delta$ ist. Dann gilt*

(i) $\mathrm{VCdim}(\mathcal{C}_n)$ *ist polynomiell in n.*

(ii) Es gibt einen randomisierten konsistenten Hypothesenfinder für $\mathcal{C}$ durch $\mathcal{H}$, dessen Laufzeit polynomiell in m, n, $1/\varepsilon$ und $1/\delta$ ist, wobei m die Stichprobengröße ist.

Beweis. Sei $n \in \mathbb{N}$. Zum Beweis der ersten Behauptung sei $\varepsilon = \delta = 1/2$ und $p_t(1/\varepsilon, 1/\delta, n)$ sei ein Polynom, das die Laufzeit von L beschränkt. Aus Satz 2.31 (iii) wissen wir, daß jeder Lernalgorithmus, also auch L, mindestens $m := m(1/2, 1/2) = \Omega(\mathrm{VCdim}(\mathcal{C}_n))$ Beispiele braucht. Andererseits ist die Laufzeit $p_t(1/2, 1/2, n)$ von L größer oder gleich m, da L ja die Stichprobe lesen muß. Bei der Wahl $\varepsilon = \delta = 1/2$ hängt p_t nur noch von n ab; sei also $q(n) := p_t(1/2, 1/2, n)$ das resultierende Polynom in n. Es gilt also

$$q(n) \geq m = \Omega(\mathrm{VCdim}(\mathcal{C}_n)) , \tag{2.23}$$

$\mathrm{VCdim}(\mathcal{C}_n)$ ist also polynomiell beschränkt.

Um die zweite Behauptung zu zeigen, sei $m(1/\varepsilon, 1/\delta, n)$ die Stichprobenkomplexität von L. Wir werden aus L einen konsistenten Hypothesenfinder A bauen, der allerdings randomisiert ist. Insbesondere nehmen wir an, daß uns ein Zufallszahlengenerator $Z[a, b]$, $a, b \in \mathbb{Z}$ zur Verfügung steht, der gleichverteilte ganze Zahlen aus einem vorgegebenen Intervall $[a, b]$ erzeugt. Sei $C \in \mathcal{C}$ das Zielkonzept. Sei $S = (\langle x_i, C(x_i)\rangle)_{i=1,\dots,m}$ eine Stichprobe für C. Sei $S^* = (\langle x_i, C(x_i)\rangle)_{i=1,\dots,m*}$ die Stichprobe, die aus S entsteht, indem man von jedem mehrfach vorkommenden Beispiel $\langle x_i, C(x_i)\rangle$ alle Kopien bis auf eine entfernt. Sei D die Verteilung, die allen x_i, die in S^* vorkommen, die gleiche Wahrscheinlichkeit gibt:

$$D^*(x) := \begin{cases} \frac{1}{m^*} & \exists i \in \{1, \ldots, m^*\} \text{ mit } x = x_i \\ 0 & \text{sonst} \end{cases} .$$

Mittels des Zufallszahlengenerators $Z[1, m^*]$ können wir Stichproben erzeugen, die anhand der Verteilung D^* gezogen sind. Wir wählen nun $\delta = 1/3$ und $\varepsilon = 1/(m^*+1)$. Diese Wahl von ε erzwingt, daß eine ε-gute Hypothese keinen Punkt aus S^* falsch klassifizieren darf, also konsistent sein muß. Wir fordern von $\mathsf{EX}_{D^*,C}$ eine Stichprobe der Größe $m(1/(m^*+1), 1/3, n)$ an und lassen L darauf laufen. Sei $H \in \mathcal{H}$ die von L berechnete Hypothese. Da L ein PAC-Lerner ist, der für alle Verteilungen und alle Werte für ε und δ lernen kann, ist H mit Wahrscheinlichkeit mindestens $2/3$ eine ε-gute, d.h konsistente Hypothese.

Der randomisierte Hypothesenfinder A benutzt L als Unterprogramm und führt die im letzten Paragraphen beschriebene Simulation durch und gibt H aus, wenn H konsistent auf S ist, und sagt sonst „NEIN“. Da A mit Wahrscheinlichkeit $2/3 > 1/2$ erfolgreich ist, handelt es sich um einen randomisierten Algorithmus. Da die Laufzeit von L polynomiell in $1/\varepsilon$ ist, ist die von A polynomiell in $m^* = O(1/\varepsilon)$. ■

Bemerkung 2.42 Die Bedingung in Satz 2.31 und Korollar 2.39, daß die gefundene Hypothese konsistent sein muß, kann man lockern, indem man nur verlangt, daß sie *empirisch ε-gut* ist. Dies bedeutet, daß die Hypothese höchstens einen Anteil von ε der Beispiele in der Stichprobe falsch klassifiziert. Man kann zeigen, daß sie dann mit Wahrscheinlichkeit $(1 - \delta)$ insgesamt $(c\varepsilon)$-gut ist, für eine geeignete Konstante c.

Satz 2.31 und Korollar 2.39 rechtfertigen das übliche Vorgehen zur Konstruktion einer guten Hypothese. Man wird fast immer eine Hypothese wählen, die empirisch gut ist, das heißt eine, die die beobachteten Daten möglichst gut erklärt. Der Fundamentalsatz zeigt, daß diese Annahme gerechtfertigt ist. da man annimmt, daß diese auch besonders gut verallgemeinert.

Bemerkung 2.43 Für manche Konzeptklassen gibt es Lernalgorithmen, die nur positive beziehungsweise nur negative Beispiele benötigen, aber trotzdem gut verallgemeinern. Dies gilt etwa für den oben beschriebenen Algorithmus zum Lernen von achsenparallelen Rechtecken, der nur positive Beispiele benutzt, und für den zum Lernen von k-DNF, der nur negative benutzt. Es ist leicht, eine Hypothese zu finden, die konsistent auf allen positiven beziehungsweise negativen Beispielen ist. Man kann das Universum X beziehungsweise

die leere Menge wählen. Diese Hypothesen sind jedoch im allgemeinen auf dem jeweils anderen Beispieltyp schlecht. Wenn die Konzepte eine gewisse Monotonie- oder Konvexitätseigenschaft besitzen, kann man oft Hypothesen mit *einseitigem Fehler* finden. Bei den achsenparallelen Rechtecken gilt automatisch, daß das kleinste umschließende Rechteck der positiven Beispiele aus der Stichprobe, keinen Punkt aus $C^{-1}(0)$ enthält.
Allgemein gilt: Wenn man aus jeder Stichprobe für ein Zielkonzept C, die nur positive (negative) Beispiele enthält, eine Hypothese H berechnen kann, mit

- H ist konsistent auf der Stichprobe,
- H umfaßt kein negatives (alle positiven) Beispiel(e), das heißt, $C^{-1}(0) \subseteq H^{-1}(0)$ $(C^{-1}(1) \subseteq H^{-1}(1))$,

so gelten Satz 2.31 und Korollar 2.39 analog für Stichproben, die nur einen Beispieltyp enthalten, und Hypothesenfinder, die nur Hypothesen mit dem entsprechenden einseitigen Fehler berechnen. Der Beweis ist implizit bereits in [BEHW89] enthalten.

2.6 Anwendungen des Fundamental-Satzes

In diesem Abschnitt wollen wir die Resultate aus dem letzten Abschnitt anwenden, um die Lernbarkeit einer Klasse nachzuweisen. Es gilt also, nach Korollar 2.39, die Vapnik-Chervonenkis-Dimension zu bestimmen und einen konsistenten Hypothesenfinder zu entwerfen.

Die *Ring-Summen-Expansionen* (RSE) sind Darstellungen von Booleschen Funktionen als modulo-2-Summen von monotonen Monomen. Sei $X_n = \{0,1\}^n$ und seien $x_1, \ldots, x_n$ Boolesche Variablen. Ein monotones Monom ist eine Konjunktion von Booleschen Variablen. Um die Schreibweise für einige der folgenden Beweise zu vereinfachen, werden wir monotone Monome mit der Indexmenge der darin vorkommenden Variablen kennzeichnen. Für $I \subseteq \{1, \ldots, n\}$ ist das Monom M_I definiert durch

$$M_I = \bigwedge_{i \in I} x_i \, .$$

Die leere Indexmenge $I = \emptyset$ definiert das *Einsmonom* $M_I = 1$. Es bezeichne $\oplus$ die Modulo-2-Summe (das EXOR). Eine RSE C ist dann von der Form

$$C = \bigoplus_{I \in \mathcal{A}} M_I \, ,$$

für ein Mengensystem $\mathcal{A} \subseteq 2^{\{1,\ldots,n\}}$ von Indexmengen. Wenn es zweckmäßig erscheint, werden wir ein monotones Monom als die Menge der darin vorkommenden Variablen auffassen und beispielsweise $x_i \in M_I$ schreiben, falls $i \in I$. Jede Boolesche Funktion läßt sich in eindeutiger Weise durch eine RSE darstellen, siehe etwa Wegener [Weg87]. Mit RSE_n bezeichnen wir die Klasse der Ring-Summen-Expansionen über $\{0,1\}^n$. Wir definieren zwei Unterklassen von RSE_n.

Definition 2.44 Für $k \in \mathbb{N}$ ist k-RSE_n die Klasse der Ring-Summen-Expansionen über n Variablen, die nur Monome der Länge höchstens k enthalten. Zum Beispiel ist $(x_1 \wedge x_2 \wedge x_4) \oplus (x_1 \wedge x_3) \oplus (x_3 \wedge x_7) \oplus 1$ eine 3-RSE. Weiter ist $k\text{-RSE} = \bigcup_{n \in \mathbb{N}} k\text{-RSE}_n$. Es wird sich als hilfreich erweisen, die Klasse 1-RSE* zu definieren, die aus allen 1-RSE besteht, die das Einsmonom nicht enthalten.

Um den Fundamentalsatz anwenden zu können, schätzen wir zunächst die Vapnik-Chervonenkis-Dimension ab.

Lemma 2.45 *Für alle $n \in \mathbb{N}$ und konstantes $k \in \mathbb{N}$ gilt:*

(i) $\text{VCdim}(\,1\text{-RSE}_n^*\,) = n$.

(ii) $\text{VCdim}(\,k\text{-RSE}_n\,) = \Theta(n^k)$.

Beweis. (i) Offensichtlich ist eine 1-RSE_n^* durch die Menge der in ihr vorkommenden Variablen (Monome der Länge 1) eindeutig bestimmt. Daher ist $|1\text{-RSE}_n^*| = 2^n$. Nach Lemma 2.21 gilt dann $\text{VCdim}(\,1\text{-RSE}_n^*\,) \leq n$. Für die untere Schranke sei $T = \{\mathbf{e}_1, \ldots, \mathbf{e}_n\}$ die Menge der kanonischen Booleschen Einheitsvektoren in $\{0,1\}^n$. Sei $T' = \{\mathbf{e}_{j_1}, \ldots, \mathbf{e}_{j_k}\} \subseteq T$. Dann berechnet die 1-RSE* $x_{j_1} \oplus \cdots \oplus x_{j_k}$ eine 1 auf T' und eine 0 auf $T \setminus T'$. Somit ist jede Teilmenge T' von T durch eine 1-RSE_n^* abgreifbar und T wird zerschmettert. Daher gilt $\text{VCdim}(\,1\text{-RSE}_n^*\,) \geq n$.

(ii) Zum Beweis der oberen Schranke überlegt man sich, daß es $\binom{n}{i}$ monotone Monome der Länge i gibt. Dann gibt es $\sum_{i=0}^{k} \binom{n}{i} = O(n^k)$ monotone Monome der Länge höchstens k. Da jede k-RSE_n durch die in ihr vorkommenden Monome eindeutig bestimmt ist, gilt $|k\text{-RSE}_n| = 2^{O(n^k)}$ und nach Lemma 2.21 ist $\text{VCdim}(\,k\text{-RSE}_n\,) = O(n^k)$.

Andererseits zerschmettert die Klasse k-RSE_n die folgende Menge $T = \{\mathbf{a} \in \{0,1\}^n \mid \mathbf{a} \text{ enthält genau } k \text{ Einsen}\}$. Für $\mathbf{a} = (a_1 \ldots, a_n) \in \{0,1\}^n$ bezeichne $I(\mathbf{a}) = \{i \mid a_i = 1\}$ die Menge der Positionen der Einsen in $\mathbf{a}$. Für $T' \subseteq T$ berechnet die durch $\bigoplus_{\mathbf{a} \in T'} M_{I(\mathbf{a})}$ definierte k-RSE_n eine 1 für alle $\mathbf{a} \in T'$ und eine 0 für alle $\mathbf{a} \in T \setminus T'$. Da $|T| = \binom{n}{k} = \Theta(n^k)$, folgt $\text{VCdim}(\,k\text{-RSE}_n\,) = \Theta(n^k)$. ∎

Satz 2.46 *Die Klasse k-RSE$_n$ ist effizient streng PAC-lernbar mit Stichprobengröße*

$$O\left(\frac{1}{\varepsilon}\left(n^k \log\left(\frac{1}{\varepsilon}\right) + \log\left(\frac{1}{\delta}\right)\right)\right) .$$

Beweis. Aus Lemma 2.45 (ii) folgt, daß für konstantes k die Vapnik-Chervonenkis-Dimension nur polynomiell in n wächst.

Um Korollar 2.39 anwenden zu können, gilt es einen konsistenten Hypothesenfinder mit polynomieller Laufzeit anzugeben. Wir beschreiben einen solchen zunächst für den Fall $k = 1$ und erweitern ihn dann auf beliebige Werte von k. Sei $C \in$ 1-RSE$_n$ das Zielkonzept. Sei $(\langle \mathbf{a}_1, \alpha_1\rangle, \ldots, \langle \mathbf{a}_m, \ell_m\rangle)$ mit $\mathbf{a}_j = (a_{j1}, \ldots, a_{jn}) \in \{0,1\}^n$ und $\ell_j = C(\mathbf{a}_j) \in \{0,1\}$ eine Stichprobe für C. Wir stellen ein lineares Gleichungssystem über dem Körper mit zwei Elementen $GF(2)$ in den Variablen $y_0, \ldots, y_n$ auf. Es gibt eine bijektive Entsprechung der y-Variablen und der monotonen Monome der Länge höchstens 1; y_0 entspricht dem konstanten Einsmonom. Die Bedeutung der Variablen y_i ist dabei wie folgt „y_i ist genau dann gleich 1, wenn das zugehörige Monom x_i der Länge höchstens 1 in der Hypothese vorkommt“. Damit ergibt sich das folgende Gleichungssystem.

$$y_0 \oplus a_{j1}y_1 \oplus a_{j2}y_2 \oplus \cdots \oplus a_{jn}y_n = \ell_j \quad \text{für } 1 \leq j \leq m . \tag{2.24}$$

Da das Zielkonzept C auf der Stichprobe konsistent ist, hat dieses Gleichungssystem eine Lösung. Die Zeit zur Lösung ist polynomiell in n und m. Die Lösungen bilden einen affinen Unterraum des $\{0,1\}^{n+1}$, aus dem wir eine Lösung $\mathbf{t} = (t_0, t_1, \ldots, t_n)$ auswählen. Sei die 1-RSE$_n$ H definiert durch

$$H = \bigoplus_{\substack{0 \leq i \leq n \\ t_i = 1}} x_i ,$$

wobei wir x_0 als die Konstante 1 interpretieren. Dann ist H konsistent auf der Stichprobe, weil gilt:

$$\forall j : \quad H(\mathbf{a}_j) = \bigoplus_{\substack{0 \leq i \leq n \\ t_i = 1}} a_{ji} .$$

Für den Fall $k > 1$ stellen wir auch ein Gleichungssystem über $GF(2)$ auf, allerdings hat es nun L Variablen $y_1, \ldots, y_L$, wobei L die Anzahl von monotonen Monomen der Länge höchstens k über n Variablen ist, vergleiche Beweis von Lemma 2.45. Jedes solche Monom ist durch eine höchstens k-elementige Teilmenge von $\{1, 2, \ldots, n\}$ eindeutig bestimmt, nämlich die Menge der Indizes der darin vorkommenden Variablen. Wir können diese Teilmengen von 1 bis L numerieren: $I_1, \ldots, I_L$. Wir indizieren nun mit solchen Teilmengen. Für $I_t \subseteq \{1, 2, \ldots, n\}$, $t \in \{1, \ldots, L\}$ und Beispiel $\mathbf{a}_j = (a_{j1}, \ldots, a_{jn}) \in \{0,1\}^n$ sei

$$A_{j,I_t} = \bigwedge_{i \in I_t} a_{ij} \ .$$

die UND-Verknüpfung der mit I_t indizierten Einträge von a_j. Das Gleichungssystem sieht nun so aus:

$$\bigoplus_{t=1}^{L} A_{j,I_t} \cdot y_{I_t} = \ell_j \quad \text{für } 1 \leq j \leq m \ . \tag{2.25}$$

Der Rest der Analyse entspricht dem Fall $k = 1$: Wiederum gilt, weil das Zielkonzept C auf der Stichprobe konsistent ist, daß dieses Gleichungssystem eine Lösung hat. Die Zeit zur Lösung ist polynomiell in L und m (und damit in m und n. Die Lösungen bilden einen affinen Unterraum des $\{0,1\}^L$, aus dem wir eine Lösung $t = (t_1, \ldots, t_L)$ auswählen.

Sei die k-RSE$_n$ H definiert durch

$$H = \bigoplus_{\substack{1 \leq i \leq L \\ t_i = 1}} M_{I_{t_i}} \ .$$

Dann ist H konsistent auf der Stichprobe weil gilt:

$$H(\mathbf{a}_j) = \bigoplus_{\substack{1 \leq i \leq L \\ t_i = 1}} A_{I_{t_i},j} = \ell_j \ .$$

Die Stichprobengröße ergibt sich aus Lemma 2.45 und Satz 2.31, wobei wir das Maximum durch die Summe ersetzt haben. ∎

Das Resultat für 1-RSE in Satz 2.46 wurde unabhängig von Fischer und Simon [FS90a] und von Helmbold, Sloan und Warmuth, [HSW92], im Zusammenhang mit dem Lernen von Zahlenverbänden bewiesen.

3 Occam's Razor

3.1 Occam-Algorithmen und PAC-Lernen

Wir wollen jetzt noch eine weiteres Lernkriterium zum, nämlich *Occam's Razor*. Das Algorithmische Paradigma ist hier, eine möglichst kleine, konsistente Erklärung (Hypothese) der Daten zu finden. „Klein" bezieht sich dabei auf die Länge der Repräsentation. Die intuitive Idee dabei ist, daß eine kleine Hypothese eine gute Verallgemeinerungsfähigkeit aufweist. Bei einer unnötig lange Hypothese hingegen kann es vorkommen, daß sie Teile enthält, die zwar mit den Daten konsistent sind, aus ihnen aber nicht zwingend abgeleitet werden müssen. Diese nicht notwendigen, also „hinzugedichteten" Teile, können dann zu Mißklassifikationen auf neuen Beispielen führen. Wir wollen diese Methode zunächst vorstellen und Beziehungen zu PAC-Modell aufzeigen.

Occams Razor findet bei Konzeptklassen Anwendung, die nicht bezüglich der Dimension des Universums strukturiert sind, sondern über einen anderen Parameter. Bei den oben betrachten Klassen $\mathcal{APR}$ und k-DNF wird die Strukturierung durch die Dimension des unterliegenden Euklidischen beziehungsweise Booleschen Raumes induziert. In diesem Abschnitt betrachten wir beispielsweise die Klasse der Vereinigungen von achsenparallelen Rechtecken in der Ebene. Da das Universum $\mathbb{R}^2$ hier festliegt, strukturieren wir diese Klasse anhand der Anzahl der Rechtecke. Der Nachweis der Lernbarkeit beruht bei solchen Klassen auf einer genaueren Untersuchung des Verhältnisses zwischen den Vapnik-Chervonenkis-Dimensionen des Zielkonzepts und der Hypothese (genauer: der Vapnik-Chervonenkis-Dimensionen der Klassen, aus denen sie gewählt wurden). Dabei kann $\text{VCdim}(\mathcal{C})$ unendlich sein, aber jedes Konzept aus $\mathcal{C}$ gehört zu einer Teilklasse mit endlicher Vapnik-Chervonenkis-Dimension.

Betrachten wir das folgende einfache Beispiel: Das Universum X sei gleich $\mathbb{R}$, sei $\mathcal{C}_n$ die Menge der Vereinigungen von bis zu n abgeschlossenen Intervallen und $\mathcal{C} = \bigcup_{n\in\mathbb{N}} \mathcal{C}_n$. Man kann leicht nachweisen, daß $\text{VCdim}(\mathcal{C}_n) = 2n$ ist. Damit ist $\text{VCdim}(\mathcal{C})$ unendlich. Es gelte $\mathcal{H} = \mathcal{C}$, das heißt unsere Hypothesen sind wieder Vereinigungen von Intervallen. Es muß aber nicht gelten, daß für ein Zielkonzept C aus $\mathcal{C}_n$ auch die Hypothese aus dieser Klasse stammt, wenn wir den folgenden Algorithmus anwenden. Aus einer Stichprobe für C, bilden wir maximale, das heißt nicht vergrößerbare, Intervalle I_j, $j = 1, \ldots, k$, deren Endpunkte positive Beispiele sind und die kein negatives Beispiel enthalten. Die Numerierung der Intervalle erfolgt von links nach rechts, ihre Vereinigung ist unsere Hypothese H. Offensichtlich ist sie konsistent. Weiterhin besteht sie aus höchstens n Intervallen, denn zwischen I_j und I_{j+1} liegt mindestens ein negatives Beispiel und kein positives. Das Zielkonzept läßt aber höchstens $(n-1)$ solche Lücken zu. Die Hypothese kann auch aus weniger Intervallen bestehen als das Zielkonzept. Das ist dann der Fall, wenn die Stichprobe aus einer der Lücken des Zielkonzepts kein Beispiel enthält. In diesem Fall stammt die Hypothese also aus einer Klasse, deren Vapnik-Chervonenkis-Dimension kleiner als die der Zielklasse ist. Die Hypothesen sind daher „höchstens so kompliziert" wie das Zielkonzept. Der Algorithmus definiert also implizit die Hypothesenklasse und damit eine obere Schranke für deren Vapnik-Chervonenkis-Dimension. Die oben beschriebene Hypothese ist sogar „die einfachste", die konsistent mit der Stichprobe ist, da keine Vereinigung von weniger Intervallen diese Eigenschaft hat. Das rechtfertigt auch die Bezeichnung Occam-Algorithmen [1].

Wesentlich bei dem Beispiel aus dem vorangehenden Absatz ist die Tatsache, daß der Lernalgorithmus n nicht kennen muß. Weiterhin hängt die Vapnik-Chervonenkis-Dimension der Hypothese hier nicht von der Stichprobengröße ab. Im Abschnitt 3.2 werden wir einen Occam-Algorithmus vorstellen, der Hypothesen mit höherer Vapnik-Chervonenkis-Dimension als das Zielkonzept wählt. Die Zielklasse besteht aus endlichen Vereinigungen von achsenparallelen Rechtecken. Die Vapnik-Chervonenkis-Dimension des Zielkonzepts hängt dort auch von der Stichprobengröße ab, allerdings nur logarithmisch. Wenn diese Abhängigkeit linear ist, so kann der Algorithmus die Stichprobe in die Hypothese hineinkodieren. Er würde also auswendiglernen statt zu verallgemeinern. Beim Lernen von Vereinigungen Rechtecken findet der Algorithmus nicht die einfachste Hypothese, sondern eine, die „einfacher als die gesamte Stichprobe" ist. Das Auffinden einer einfachsten Hypothese ist in diesem Falle und in einer Reihe weiterer Anwendungen ein NP-hartes Problem. Occam-Algorithmen kann man aber auch dann anwenden, wenn man effizient eine einfache konsistente Hypothese finden kann. Im folgenden legen wir fest, was wir noch als „einfache" Hypothese zulassen wollen.

Wir erinnern noch einmal an die Definition der *size*-Funktionen auf Seite 15. In diesem Kapitel nehmen wir an, daß die Repräsentationen von Konzepten über dem Alphabet $\{0,1\}$ definiert sind und daß die *size*-Funktion immer die Bit-Länge der Darstellung liefert. Für die Definition von Occam-Algorithmen sei $\mathcal{C} = \bigcup_{n\in\mathbb{N}} \mathcal{C}_n$ eine Konzeptklasse, die anhand der Darstellungslänge struk-

[1] William of Ockham (Occam) 1285–1349; englischer Philosoph und Theologe. Er forderte, daß logisches Schließen die Grundlage philosophischer und theologischer Aussagen bilden müsse. Er lehnte (Gottes-)Beweise, die auf Glauben oder Autorität beruhen, ab. Dieses Kriterium zur Trennung der Vorgehensweisen wird *Ockhams Rasiermesser* (*Occam's Razor*) genannt. Ein ihm zugeschriebener Leitsatz für seine philosophische Arbeitsweise ist: „Non sunt multiplicanda entia preater necessitatem", übersetzt etwa „Man füge nicht Unnötiges hinzu" oder „Unter zwei Erklärungen für ein Phänomen, wähle die einfachere".

turiert ist. Die Teilklasse $\mathcal{C}_n$ enthält alle Konzepte C mit $size(C) \leq n$.

Für andere Alphabete als $\{0, 1\}$ ändern sich die *size*-Werte um konstante Faktoren. Im allgemeinen ist $size(\mathcal{C}_n)$ polynomiell in VCdim ($\mathcal{C}_n$), oft sogar linear. Es sei A ein Algorithmus, der, gegeben eine Stichprobe für ein Konzept $C \in \mathcal{C}$, eine Hypothese aus $\mathcal{C}$ berechnet. Sei $\mathcal{H}^A_{n,m} \subseteq \mathcal{C}$ die Klasse aller Hypothesen, die von A aus Stichproben der Größe m für Konzepte aus $\mathcal{C}_n$ berechnet werden.

$$\mathcal{H}^A_{n,m} := \{A(S_C) \mid S_C \in \mathcal{S}(X, \mathcal{C}_n), |S| = m\}$$

$\mathcal{H}^A_{n,m}$ heißt der *effektive Hypothesenraum von A für Stichprobengröße m und Zielkomplexität n*. Wir definieren nun die Anforderungen, die ein Occam-Algorithmus erfüllen muß.

Definition 3.1 Der Algorithmus A ist ein *Occam-Algorithmus* für $\mathcal{C}$, wenn es Konstanten α, $0 \leq \alpha < 1$, und $\beta \geq 1$ gibt, so daß gilt:

(Occ0) A hält,

(Occ1) $size(\mathcal{H}^A_{n,m}) \leq \lfloor n^\beta m^\alpha \rfloor$,

(Occ2) für jede Stichproben S_C ist die Hypothese $A(S_C)$ konsistent auf S_C.

Der Algorithmus A ist ein *effizienter Occam-Algorithmus*, wenn er ein Occam-Algorithmus ist, dessen Laufzeit polynomiell in der Stichprobengröße ist.

Einem Occam-Algorithmus wird also erlaubt, eine Hypothese auszugeben, deren Komplexität polynomiell größer ist als die des Zielkonzepts. Andererseits muß er eine „Datenkompression" vornehmen, weil die Hypothese sublinear ($\alpha < 1$) in der Stichprobengröße sein muß. Bei den meisten bekannten Anwendungen hängt die Größe der Hypothese sogar höchstens logarithmisch von der Stichprobengröße ab. Im folgenden Satz stellen wir die Beziehung zur PAC-Lernbarkeit her.

Satz 3.2 *(i) Wenn es einen effizienten Occam-Algorithmus für $\mathcal{C}$ gibt, dann ist $\mathcal{C}$ effizient PAC-lernbar.*

(ii) Sei A ein Occam-Algorithmus für $\mathcal{C}$ mit Konstanten α und β und effektivem Hypothesenraum $\mathcal{H}^A_{n,m}$ für Stichprobengröße m und Zielkomplexität n. Dann ist A ein PAC-Lernalgorithmus für $\mathcal{C}$, dessen Stichprobenkomplexität durch

$$m = m(\varepsilon, \delta) = \left\lceil \frac{1}{\varepsilon}\left(n^\beta \ln(2) + \ln\left(\frac{1}{\delta}\right)\right)^{\frac{1}{1-\alpha}} \right\rceil$$

beschränkt ist.

(iii) Sei A ein Occam-Algorithmus für $\mathcal{C}$ mit effektivem Hypothesenraum $\mathcal{H}^A_{n,m}$ für Stichprobengröße m und Zielkomplexität n. Es seien $\beta \geq 1$ und $l \in \mathbb{N}$ Konstanten, so daß $size(\mathcal{H}^A_{n,m}) \leq n^\beta \log^l(m)$, Dann ist A ein PAC-Lernalgorithmus für $\mathcal{C}$, dessen Stichprobenkomplexität durch

$$m = m(\varepsilon, \delta) = \max\left(\frac{4}{\varepsilon}\log\frac{2}{\delta}\,,\ \frac{2^{l+4}n^\beta}{\varepsilon}\left(\log\frac{8(2l+2)^{l+1}n^\beta}{\varepsilon}\right)^{l+1}\right)$$

beschränkt ist.

Beweis. Die Aussage (i) folgt sofort aus (ii).

Wir beweisen (ii). Sei A ein Occam-Algorithmus, $C \in \mathcal{C}_n$ das Zielkonzept. Aus der Bedingung (Occ1) folgt, daß alle Hypothesen in $H \in \mathcal{H}^A_{n,m}$ eine Repräsentation der Bit-Länge höchstens $\lfloor n^\beta m^\alpha \rfloor$ besitzen. Somit gilt

$$\left|\mathcal{H}^A_{n,m}\right| \leq 2^{m^\alpha n^\beta} .$$

Diese Schranke hängt von n ab, nicht aber von der speziellen Wahl von $C \in \mathcal{C}_n$. Wie im Beweis des Fundamentalsatzes 2.31 zeigen wir, daß mit hoher Wahrscheinlichkeit alle ε-schlechten Hypothesen nicht konsistent sind, wobei die Wahrscheinlichkeit über alle Stichproben der Größe m gebildet wird. Der Algorithmus A kann nur Hypothesen aus $\mathcal{H}^A_{n,m}$ ausgeben. Die Wahrscheinlichkeit, daß eine ε-schlechte Hypothese auf einer Stichprobe der Größe m keine Fehler macht, ist höchstens $(1-\varepsilon)^m$. Die Wahrscheinlichkeit, daß A eine solche Hypothese ausgibt, ist also höchstens

$$\left|\mathcal{H}^A_{n,m}\right| \cdot (1-\varepsilon)^m \leq 2^{m^\alpha n^\beta}(1-\varepsilon)^m \tag{3.1}$$

Dabei ist der erste Term der linken Seite eine obere Schranke für die Anzahl ε-schlechter Hypothesen. Der zweite Term gibt die Wahrscheinlichkeit dafür an, daß eine solche Hypothese nicht entlarvt wird. Mit Ungleichung (A.16) folgt $(1-\varepsilon)^m \leq e^{-m\varepsilon}$. Man setzt nun die rechte Seite von (3.1) kleinergleich δ, logarithmiert und formt um:

$$\ln(2)\, n^\beta\, m^\alpha + \ln\left(\frac{1}{\delta}\right) \leq \varepsilon m\ . \tag{3.2}$$

Weil $\alpha < 1$ ist, gilt die Ungleichung (3.2) falls $m^{1-\alpha} \geq \frac{1}{\varepsilon}\left(n^\beta \ln(2) + \ln\left(\frac{1}{\delta}\right)\right)$ gilt, also

$$m = \left\lceil \frac{1}{\varepsilon}\left(n^\beta \ln(2) + \ln\left(\frac{3}{\delta}\right)\right)^{\frac{1}{1-\alpha}} \right\rceil .$$

Man beachte, daß auch der Beweis die Notwendigkeit der Bedingung $\alpha < 1$ unterstreicht: Bedingung (3.2) kann für $\alpha = 1$ nicht erfüllt werden.

Der Beweis von (iii) verläuft ähnlich, ist aber technisch aufwendiger; wir verweisen auf [BEHW89]. ∎

Für den gerade geführten Beweis war es essentiell, daß die Bit-Darstellungslänge als Maß herangezogen wurde. Nur so konnte die Kardinalität des effektiven Hypothesenraumes abgeschätzt werden. Satz 3.2 läßt sich dadurch verallgemeinern, daß man die Bit-Darstellungslänge durch ein Maß *size* ersetzt, das den in Abschnitt 2.2 genannten Bedingungen entspricht. Dann läßt sich $size(\mathcal{H}^A_{n,m})$ durch $\text{VCdim}\left(\mathcal{H}^A_{n,m}\right)$ ersetzen. Dies führt zu der folgenden, neuen Definition von Occam-Algorithmen.

Definition 3.3 Der Algorithmus A ist ein *Occam-Algorithmus* für $\mathcal{C}$, wenn es Konstanten α, $0 \leq \alpha < 1$, und $\beta \geq 1$ gibt, so daß gilt:

(Occ1) $\text{VCdim}\left(\mathcal{H}^A_{n,m}\right) \leq \lfloor n^\beta m^\alpha \rfloor$,

(Occ2) für jede Stichprobe S_C ist die Hypothese $A(S_C)$ konsistent auf S_C.

Der Algorithmus A ist ein *effizienter Occam-Algorithmus*, wenn er ein Occam-Algorithmus ist, dessen Laufzeit polynomiell in der Stichprobengröße ist.

Satz 3.4 [BEHW89] *Sei $\mathcal{C}$ eine Konzeptklasse und $size : \mathcal{C} \mapsto \mathbb{N}$ ein Maß für die Konzeptkomplexität.*

(i) Wenn es einen effizienten Occam-Algorithmus im Sinne von Definition 3.3 für $\mathcal{C}$ gibt, dann ist $\mathcal{C}$ effizient PAC-lernbar.

(ii) Sei A ein Occam-Algorithmus im Sinne von Definition 3.3 für $\mathcal{C}$ mit Konstanten α und β und effektivem Hypothesenraum $\mathcal{H}^A_{n,m}$ für Stichprobengröße m und Zielkomplexität n. Dann ist A ein PAC-Lernalgorithmus für $\mathcal{C}$, dessen Stichprobenkomplexität durch

$$m = m(\varepsilon, \delta) = \left\lceil \max\left\{ \frac{4}{\varepsilon} \log\left(\frac{2}{\delta}\right), \left(\frac{n^\beta}{\varepsilon} \ln\left(\frac{13}{\delta}\right)\right)^{\frac{1}{1-\alpha}} \right\} \right\rceil$$

beschränkt ist.

(iii) Sei A ein Occam-Algorithmus im Sinne von Definition 3.3 für $\mathcal{C}$ mit effektivem Hypothesenraum $\mathcal{H}^A_{n,m}$ für Stichprobengröße m und Zielkomplexität n. Es seien $\beta \geq 1$ und $l \in \mathbb{N}$ Konstanten, so daß $\text{VCdim}\left(\mathcal{H}^A_{n,m}\right) \leq$

$n^\beta \log^l(m)$, Dann ist A ein PAC-Lernalgorithmus für $\mathcal{C}$, dessen Stichprobenkomplexität durch

$$m = m(\varepsilon, \delta) = \frac{2^{l+4} n^\beta}{\varepsilon} \cdot \ln \left(\frac{8(2l+2)^{l+1} n^\beta}{\varepsilon} \right)^{l+1}$$

beschränkt ist.

Beweis.[Skizze] Wieder folgt (i) aus (ii). Wie im Beweis des Fundamantalsatzes 2.31 genügt es, zu zeigen, daß bei der in (ii) angegebenen Stichprobengröße die Beziehung

$$2\Pi_{\mathcal{H}^A_{n,m}}(2m)\, 2^{-\varepsilon m/2} \leq \delta \tag{3.3}$$

folgt. Dann folgt wieder, daß mit Wahrscheinlichkeit $1 - \delta$ keine ε-schlecht Hypothese in $\mathcal{H}^A_{n,m}$ konsistent auf der Stichprobe ist. Der Nachweis von (3.3) ist technisch aufwendig; man findet ihn in [BEHW89].

3.2 Anwendungen von Occam-Algorithmen

Wir wollen zeigen, daß die Klasse der Vereinigungen von endlich vielen achsenparallelen Rechtecken Union $(s, \mathcal{APR}_2)$ PAC-Lernbar ist.

Die wesentliche Idee zum Lernen von Vereinigungsklassen ist dabei die folgende Greedy-Strategie: Sei $C \in$ Union $(s, \mathcal{C})$ das Zielkonzept, S_C eine Stichprobe für C und POS die Menge der positiven Beispiele in S_C. Ein Konzept H, das keine negativen Beispiele enthält nennen wir *zulässig*[2] für S_C. Wir gehen nun so vor: Finde ein zulässiges Konzept H_1 aus der Basisklasse $\mathcal{C}$, das eine maximale Anzahl von Elementen von POS überdeckt. Man entfernt die überdeckten positiven Beispiele und iteriert das Verfahren, bis alle positiven Beispiele überdeckt sind. Auf diese Weise erhält man eine Folge $H_1, \ldots, H_u \in \mathcal{C}$ von Konzepten, deren Vereinigung konsistent auf der Stichprobe S ist. Abbildung 3.1 zeigt den entsprechenden Algorithmus GREEDY-COVER.

Allerdings ist diese Hypothese im allgemeinen nicht minimal; u könnte sehr viel größer sein als s, eventuell sogar linear in der Stichprobengröße m. Um Occam's Razor anwenden zu können, muß die Größe der berechneten Hypothese aber durch m^α für $0 \leq \alpha < 1$ beschränkt sein, siehe Satz 3.2. Für Überdeckungsprobleme der eben beschriebenen Art optimale Lösungen zu finden, ist im allgemeinen nicht effizient möglich, weil das SET-COVER-Problem NP-hart ist. Selbst wenn die Mengen, die zur Überdeckung benutzt werden

[2]Man beachte, daß ein zulässiges Konzept nicht konsistent sein muß, da es *nicht alle* positiven Beispiele enthalten muß. Umgekehrt ist aber jedes konsistente Konzept zulässig.

```
ALGORITHMUS GREEDY-COVER
INPUT : Eine Stichprobe der Größe m für ein C ∈ Union(s, 𝒞).
Sei POS (NEG) die Menge der positiven (negativen) Beispielpunkte
in der Stichprobe.
IF (POS = ∅ oder NEG = ∅)
THEN
    gib eine geeignete Hypothese aus; STOP .
ELSE
    H_final := ∅.
    WHILE POS ≠ ∅ DO
            Finde ein zulässiges Konzept H ∈ 𝒞, das eine maximale
                    Anzahl von Punkten aus POS überdeckt.
            H_final := H_final ∪ H.
            POS := POS \ H.
    END (* WHILE *).
RETURN H_final .
```

Abbildung 3.1: Greedy-Strategie für Vereinigungsklassen.

können, stark eingeschränkt sind, bleibt das Problem oft schwierig. So wurde von Masek, [Mas], gezeigt, daß es NP-hart ist, zu einer gegebenen Menge von Punkten in der Ebene eine minimale Überdeckung durch achsenparallele Rechtecke zu finden. Glücklicherweise fordert Satz 3.2 nicht, die minimale Überdeckung zu finden, sondern nur eine kleine.

Der folgende Satz verallgemeinert das obige Greedy-Vorgehen auf beliebige Mengensysteme.

Satz 3.5 *Seien X eine Menge, $\mathcal{T} \subset 2^X$ eine Konzeptklasse und M eine endliche Teilmenge von X. Sei $m = |M|$ und seien $T_1, \dots, T_s \in \mathcal{T}$ (unbekannte) Mengen, die M überdecken, das heißt $M \subseteq \bigcup_{i=1}^{s} T_i$. Dann liefert die folgende Greedy-Strategie eine Überdeckung von M durch höchstens $s\log(m)$ Mengen aus $\mathcal{T}$: Wähle eine Menge $T \in \mathcal{T}$, die maximal viele Elemente von M überdeckt. Iteriere dieses Verfahren mit $M \setminus T$ anstelle von M, bis alle Punkte von M überdeckt sind.*

Beweis. Der Beweis findet sich bei Johnson [Joh74]. ■

Korollar 3.6 *Sei C eine Konzeptklasse über X und sei $C \in$ Union $(s, \mathcal{C})$. Es sei eine Stichprobe S_C für C gegeben. Eine mit den Algorithmus* GREEDY-COVER*aus Abbildung 3.1 erstellte Hypothese hat dann die Eigenschaft*

$$size(H) \leq s \cdot size(\mathcal{C}) \cdot \log(m) + O(s) \ .$$

Beweis. Es gilt $size(C) \leq s \cdot size(\mathcal{C})$. Um Satz 3.5 anwenden zu können, wählt man $M = \{x \mid \langle x, 1\rangle \in S_C\}$ als die Menge der positiven Beispiele und $\mathcal{T} := \{T \mid T \in \mathcal{C},\ T$ ist zulässig $\}$. Zusätzlich benötigt man s Symbole um die Vereinigung auszudrücken. ∎

Um nun Korollar 3.6 anwenden zu können, muß man nur einen Algorithmus finden, der zulässige Hypothesen findet, die maximal viele positive Beispiele abdecken. Für achsenparallele Rechtecke ist dies durch Ausprobieren möglich. Für jedes Viertupel von positiven Beispielen teste, ob das davon definierte kleinste umschließende Rechteck zulässig ist und bestimme die Anzahl der enthaltenen positiven Punkte. Die Laufzeit bei sehr naiver Implementierung beträgt m^5. Durch ein Preprocessing erreicht man m^4. Eine m^2-Lösung findet sich in [FHLŁ93].

Satz 3.7 *Die Klasse* Union $(s, \mathcal{APR}_2)$ *ist effizient PAC-lernbar.*

Beweis. Es gilt $size(\mathcal{APR}_2) = 4$. Mit Korollar 3.6 folgt, daß wir eine konsistente Überdeckung der positive Beispiele mit höchstens $s \cdot \log(m)$ Rechtecken finden können. Um eines davon zu finden, genügt nach den Bemerkungen vor dem Satz 3.7 Zeit m^2. Die Hypothese H kann also in polynomieller Zeit gefunden werden, und es gilt $size(H) \leq 4s\log(m)$. Die Voraussetzung von Satz 3.2 (ii) (und sogar (iii)) ist damit erfüllt. ∎

Ähnlich gilt:

Satz 3.8 ([Fis93]) *Sei $\mathcal{CP}_k$ die Klasse der konvexen Polygone mit höchstens k Ecken in der Euklidischen Ebene. Die Klasse* Union $(s, \mathcal{CP}_k)$ *ist effizient PAC-lernbar.*

Bemerkung 3.9 Selbst wenn eine Greedy-Überdeckung effizient möglich ist, so ist der Grad des Polynoms, das die Laufzeit angibt, oft recht hoch.

4 Schwache Lerner und Boosting

Die Anforderungen, die das PAC-Modell an einen Lernalgorithmus stellt, sind sehr hoch. Nicht nur muß bezüglich jeder Verteilung gelernt werden können, sondern es muß auch ein beliebig kleiner Fehler mit einer beliebig hohen Zuverlässigkeit erreicht werden können. In diesem Kapitel werden wir Algorithmen betrachten, die die Fehler- oder Zuverlässigkeitsbedingung oder beide nicht erfüllen. Wir werden sehen, daß man aus solchen Algorithmen PAC-Lerner konstruieren kann, wenn sie „nur ein bißchen besser sind als ein Münzwurf". Diesen Prozeß, die Güte eines Verfahrens zu erhöhen, bezeichnet man (nicht nur in der Lerntheorie) als *Boosting*, übersetzt etwa *Verstärkung*. Die Ergebnisse, die in diesem Kapitel vorgestellt werden, stammen im wesentlichen von Schapire [Sch90].

Man beachte, daß man immer das PAC-Kriterium erfüllen kann wenn $(\varepsilon \geq \frac{1}{2} \wedge \delta < 1)$ oder $(\delta = 1)$ gilt. Wenn $(\varepsilon = \frac{1}{2} \wedge \delta < 1)$ gilt, so kann man jegliche Information über das Zielkonzept einfach ignorieren und eine konstante Klassifikation wählen. Im Fall $\delta = 1$ ist man ohnehin nie gezwungen, eine ε-gute Hypothese abzuliefern.

Von einem Lernalgorithmus wird man also mindestens fordern, daß die von ihm berechnete Hypothese mit einer Wahrscheinlichkeit echt größer als 0 einen Fehler von echt weniger als $\frac{1}{2}$ macht. Genauer gesagt, verlangen wir, daß der Fehler und die Zuverlässigkeit einen polynomiellen Bruchteil von $\frac{1}{2}$ bzw. 0 wegsepariert sind. Die Parameter ε und δ sind polynomiell von n abhängig.

Definition 4.1 Sei $X = \bigcup_{n\in\mathbb{N}} X_n$ das Universum, seien $\mathcal{C} = \bigcup_{n\in\mathbb{N}} \mathcal{C}_n$ und $\mathcal{H} = \bigcup_{n\in\mathbb{N}} \mathcal{H}_n$ Konzeptklassen über X. Dann ist $\mathcal{C}$ *effizient schwach PAC-lernbar durch* $\mathcal{H}$, falls es einen effizienten Lernalgorithmus A_s mit Stichprobenkomplexität $m = m_s(n)$ und Polynome t_s, p_f und p_z gibt, so daß für alle Verteilungen D auf X, alle n und alle $C \in \mathcal{C}_n$ gilt:

- A_s hält in Zeit $t_s(n)$,

- A_s gibt eine Hypothese $H \in \mathcal{H}_n$ aus, die mit Zuverlässigkeit mindestens $\left(\frac{1}{p_z(n)}\right)$ eine $\left(\frac{1}{2} - \frac{1}{p_f(n)}\right)$-gute Hypothese ist, das heißt

$$\Pr_{S\sim D^m}\left[\operatorname{err}_D(C,H) < \frac{1}{2} - \frac{1}{p_f(n)}\right] \geq \frac{1}{p_z(n)} \ .$$

Der Algorithmus A_s heißt dann ein *schwacher PAC-Lernalgorithmus.*

Wir haben also eine hohe Unzuverlässigkeit δ, nämlich $1 - (1/p_z(n))$. Man beachte, daß „schwach" hier nicht als Gegensatz zu „streng" zu verstehen ist, was ja bedeutet, daß die Zielklasse zugleich auch die Hypothesenklasse ist.

In diesem Kapitel werden wir zeigen, wie man aus einem effizienten schwachen PAC-Lerner einen effizienten PAC-Lerner konstruiert. Dazu gehen wir in zwei Schritten vor; zunächst zeigen wir, wie man die Zuverlässigkeit beliebig nahe an 1 bringen kann, ohne dabei den Fehler wesentlich zu erhöhen. Dann zeigen wir, wie man bei Algorithmen, deren Fehler $\frac{1}{2} - \frac{1}{p_f(z)}$ ist, die aber mit beliebiger Zuverlässigkeit lernen, auch den Fehler beliebig klein machen kann. Zuvor werden wir aber noch kurz eine Methode erläutern, die hierbei und auch später noch hilfreich seien wird.

4.1 Statistische Separation

Eine Technik, die wir in diesem Kapitel wiederholt anwenden werden, ist die der *Statistischen Separation.* Diese Technik dient dazu, mittels eines statistischen Tests mit hoher Wahrscheinlichkeit zwischen verschiedenen, nicht direkt beobachtbaren Zuständen zu unterscheiden.

Statt des Zustandes können wir wiederholt eine Zufallsvariable X beobachten, die die beiden Werte 0 und 1 annehmen kann. Je nachdem, welcher der beiden Zustände vorliegt, ist der Erwartungswert von X verschieden. Sei α die Wahrscheinlichkeit dafür, $X = 1$ zu beobachten, wenn Zustand 1 vorliegt, und sei β die dafür $X = 1$ zu beobachten, wenn Zustand 2 vorliegt. Das heißt es gilt $\mathbb{E}[X] = \alpha$ beziehungsweise $\mathbb{E}[X] = \beta$. Wenn $\alpha \neq \beta$ ist so geht man wie folgt vor: Man beobachtet X m-mal und bestimmt die Schätzung

$$\hat{p}(m) := \frac{\text{Anzahl der beobachteten 1en}}{m}$$

Der Wert $\hat{p}(m)$ ist eine Schätzung für $\mathbb{E}[X]$. Wenn $\hat{p}$ dichter an α liegt als an β, so glaubt man, daß Zustand 1 vorliegt ist, sonst daß Zustand 2 vorliegt. Die statistische Signifikanz dieses Schlusses hängt natürlich von der Anzahl der Beobachtungen m ab.

Es sei $\sigma := |\alpha - \beta|$ die *Separationsbreite.* Wenn $|\mathbb{E}[X] - \hat{p}(m)| < \sigma/2$ ist, so ist der Schluß korrekt. Aufgrund von statistischen Fluktuationen kann man das aber nicht garantieren. Man kann nur die Wahrscheinlichkeit

$$\Pr\left[\,|\mathbb{E}[X] - \hat{p}(m)| > \frac{\sigma}{2}\,\right]$$

dafür beschränken, daß die Schätzung nicht genau genug ist. Mit der Hoeffding-Schranke (A.8) gilt

$$\Pr\left[|\mathbb{E}[X] - \hat{p}(m)| \geq \frac{\sigma}{2}\right] \leq 2e^{-2m\frac{\sigma^2}{4}} .$$

Wenn man andererseits eine Schätzung haben möchte, die mit Wahrscheinlichkeit höchstens δ um mehr als $\sigma/2$ vom Erwartungswert abweicht, so muß man die rechte Seite der letzten Gleichung gleich δ setzen und nach m auflösen. Man erhält so eine Stichprobengröße, die diese Forderungen erfüllt.

4.2 Erhöhen der Zuverlässigkeit

Da wir die Zuverlässigkeit erhöhen wollen, nehmen wir $\varepsilon < 1/2$ als fest an. Sei p_z ein Polynom und $\delta_s = (1 - 1/p_z(n))$. Sei A_s ein effizienter schwacher PAC-Lernalgorithmus für $\mathcal{C}$ durch $\mathcal{H}$ mit Unzuverlässigkeitsparameter δ_s. Der Algorithmus A_s liefert also (nur) mit Wahrscheinlichkeit mindestens $1 - \delta_s = 1 - (1 - 1/p_z(n)) = 1/p_z(n)$ eine ε-gute Hypothese. Die Stichprobenkomplexität von A_s sei $m(n)$; sie hängt nur vom Strukturparameter ab, da die Unzuverlässigkeit und die Genauigkeit polynomiell in n sind. Sei $\lambda > 0$, so daß $\varepsilon + \lambda < \frac{1}{2}$. Mit $\delta_0 > 0$ bezeichnen wir die angestrebte Unzuverlässigkeit. Wir werden zeigen, daß es einen Algorithmus BOOST-CONF gibt, der einen Fehler von höchstens $\varepsilon + \lambda$ bei einer Unzuverlässigkeit von höchstens δ_0 besitzt.

Sei $C \in \mathcal{C}$ das Zielkonzept. Der Algorithmus BOOST-CONF, siehe Abbildung 4.1, simuliert A_s zunächst r-mal auf unabhängigen Stichproben $S_1, \ldots, S_r$ der Größe je $m(n)$ für C (wegen der besseren Lesbarkeit verzichten wir auf den Index C). Hier ist r so groß, daß mit Wahrscheinlichkeit $1-\delta_0/2$ mindestens eine der dabei bestimmten Hypothesen $H_1 := A(S_1), \ldots, H_r := A(S_r)$ ε-gut ist. Es ist aber zunächst nicht klar, welche das ist. In einem zweiten Schritt wird versucht, aus diesen eine zumindest $(\varepsilon + \lambda)$-gute auszuwählen. Die gewünschte Unzuverlässigkeit δ_0 verteilen wir gleichmäßig auf diese beiden Schritte.

Die Wahrscheinlichkeit, daß alle Hypothesen H_i ε-schlecht sind, ist höchstens $(1-1/p_z(n))^r$. Da wir die Unzuverlässigkeit δ_0 verteilen, möchten wir, daß diese Größe höchstens $\frac{\delta_0}{2}$ ist. Mit (A.16) gilt dies, falls $r \geq p_z(n) \ln\left(\frac{2}{\delta}\right)$.

Mit Wahrscheinlichkeit mindestens $(1 - \delta_0/2)$ ist eine der r Hypothesen H_i ε-gut. Wir nehmen jetzt an, daß dieser Fall eingetreten ist. Nun müssen wir noch eine zumindest $(\varepsilon + \lambda)$-gute daraus auswählen. Dazu ziehen wir eine weitere Stichprobe S_{test} für C, testen alle Hypothesen H_i darauf und wählen eine, die eine minimale Anzahl von Fehlern auf S_{test} macht. Wir benutzen die Methode der Statistischen Separation.

ALGORITHMUS BOOST-CONF

INPUT : $n, \varepsilon, \lambda, \delta_0, p_z$
$r := \left\lceil p_z(n) \ln\left(\frac{2}{\delta_0}\right)\right\rceil$
FOR $i = 1, \ldots, r$ **DO**
  Ziehe Stichprobe S_i der Größe $m_s(n)$ für C
  $H_i := A_s(S_i)$
OD
Ziehe Stichprobe S_{test} der Größe $m_1 = O\left(\frac{1}{\lambda^2}\log\left(\frac{2r}{\delta}\right)\right)$
FOR $i = 1, \ldots, r$ **DO**
  $\widehat{\text{err}}\,(H_i) := \frac{|\{x \in S_{\text{test}} | H_i(x) \neq C(x)\}|}{m}$ (* empirischer Fehler von H_i. *)
OD
$i^* := \operatorname{argmin}\{\widehat{\text{err}}\,(H_i) \mid i = 1, \ldots, r\}$
RETURN H_{i^*}.

Abbildung 4.1: Algorithmus BOOST-CONF.

Mit der Hoeffding-Schranke (A.8) gilt für festes H_i bei einer Stichprobengröße von $m_1 = O((1/\lambda^2)\log(2r/\delta_0))$ mit Wahrscheinlichkeit mindestens $(1 - \delta_0/(2r))$ für die Abweichung von empirischem Fehler und wahrem Fehler

$$|\widehat{\text{err}}\,(H_i) - \text{err}\,(H_i)| \leq \lambda/2 \;.$$

Damit ist die Wahrscheinlichkeit, daß irgendeine der r Hypothesen einen empirischen Fehler hat, der um mehr als $\lambda/2$ vom wahren abweicht, höchstens $r\delta_0/(2r) = \delta_0/2$. Wir nehmen nun an, daß diese Situation eingetreten ist. Das Zielkonzept hat dann einen empirischen Fehler kleiner als $\varepsilon + \lambda/2$, während alle ε-schlechten Hypothesen eine empirischen Fehler von mehr als $\varepsilon + \lambda/2$ aufweisen. Wählt man nun ein Konzept mit minimalem empirischen Fehler, so ist es $(\varepsilon + \lambda)$-gut. Die Wahrscheinlichkeit, daß mindestens einer der beiden Schritte nicht erfolgreich ist, ist somit höchstens δ. Wir können nicht erwarten, ein ε-gutes Konzept zu finden, da aufgrund von statistischen Fluktuationen ein Konzept, das ein wenig schlechter ist, empirisch besser erscheinen kann.

Die Laufzeit des Algorithmus BOOST-CONF ist polynomiell in n, $1/\delta$ und $1/\lambda$, weil die Laufzeit von A polynomiell ist und die Schleifen nur polynomiell oft durchlaufen werden (ε ist konstant). Auch der Test der Hypothesen auf

S_{test} ist polynomiell. Um die Abhängigkeit von λ zu entfernen, wählt man $\lambda = 1/(3\,p_f(n))$.

Wir haben somit gezeigt:

Satz 4.2 *Seien $\delta_0 < 1$ und $\lambda < 1/(3\,p_f(n))$. Ein effizienter schwacher PAC-Lernalgorithmus mit Fehler ε kann in einen effizienten PAC-Lernalgorithmus mit Zuverlässigkeit $(1-\delta_0)$ und Fehler $\varepsilon + \lambda$ konvertiert werden.*

4.3 Erhöhen der Genauigkeit

Wir beschreiben zunächst, wie man eine kleine Verbesserung der Genauigkeit erreicht, indem man den schwachen Lerner dreimal ausführt. Um eine beliebige Genauigkeit zu erreichen, wird dieses Verfahren dann rekursiv eingesetzt.

Sei $n \in \mathbb{N}$ und $C \in \mathcal{C}$ das Zielkonzept, D eine Verteilung auf dem Universum X. Sei A_s ein effizienter schwacher Lernalgorithmus, der mit beliebig hoher Zuverlässigkeit δ eine Genauigkeit von $\varepsilon_s \leq \frac{1}{2} - \frac{1}{p_f(n)}$ erreicht. Wie wir eine beliebig hohe Zuverlässigkeit δ erreichen, haben wir im vorherigen Abschnitt gesehen. Es bezeichne $m_s(\delta, n)$ die Stichprobenkomplexität von A, die nun auch von δ abhängt.

4.3.1 Der Algorithmus BOOST-ACC

In den folgenden Betrachtungen lassen wir die Stichprobengröße und die Zuverlässigkeit zunächst außer acht. Wir nehmen an, daß alle für uns günstigen Ereignisse eintreten und analysieren die Wahrscheinlichkeiten dafür später. Der Algorithmus BOOST-ACC, siehe Abbildung 4.4, simuliert A_s zunächst auf einer Stichprobe S_1 der Größe $m_s(\delta, n)$ für C (wegen der besseren Lesbarkeit verzichten wir wieder auf den Index C). Es sei $H_1 := A_s(S_1)$ die resultierende Hypothese. Für den zweiten Lauf von A_s verwenden wir eine *gefilterte Stichprobe* S_2 der Größe $m_s(\delta, n)$, die genau zur Hälfte aus Beispielen besteht, die H_1 mißklassifiziert. Man kann S_2 auch als eine Stichprobe auffassen, die unter einer anderen Verteilung D_2 gezogen wurde, welche der Menge $E := \{x \mid H_1(x) \neq C(x)\}$ und ihrem Komplement $X \setminus E$ jeweils das Gewicht 1/2 gibt, aber auf beiden Mengen die relativen Gewichte von D respektiert. Das zugehörige Orakel $\mathsf{EX}_{D_2,C}$ wird so konstruiert: Man wirft eine faire Münze. Wenn sie „Kopf“ zeigt, ruft man $\mathsf{EX}_{D,C}$ solange auf, bis ein klassifiziertes Beispiele $\langle x, C(x)\rangle$ mit $H_1(x) = C(x)$ erscheint und gibt $\langle x, C(x)\rangle$ aus. Wenn sie „Zahl“ zeigt, ruft man $\mathsf{EX}_{D,C}$ solange auf, bis ein klassifiziertes Beispiele $\langle x, C(x)\rangle$ mit $H_1(x) \neq C(x)$ erscheint und gibt $\langle x, C(x)\rangle$ aus. Um die Stichprobe S_2 zu konstruieren, ruft man $\mathsf{EX}_{D_2,C}$ entsprechend oft auf.

Die von diesem Prozeß induzierte Verteilung D_2 hat die folgende Eigenschaft: Die Hypothese H_1 klassifiziert auf einer anhand von D_2 gezogenen Stichprobe[1] nicht besser als eine faire Münze, hat also Fehler $\frac{1}{2}$.

Wir lassen A_s nun auf einer anhand von D_2 gezogenen Stichprobe S_2 der Größe $m_s(\delta, n)$ laufen und nennen die resultierende Hypothese $H_2 = A_s(S_2)$. Weil A_s (mit hoher Wahrscheinlichkeit) unter jeder Verteilung eine ε_s-gute Hypothese abliefert, und weil $\varepsilon_s \leq \frac{1}{2} - \frac{1}{p_f(n)}$ ist, gilt $H_1 \neq H_2$. Hypothese H_2 hat also etwas gelernt, was H_1 nicht wußte.

Für den dritten Lauf von A_s konstruieren wir durch Filtern eine Verteilung D_3, die nur Beispiele zeigt, auf denen sich H_1 und H_2 unterscheiden. Das zugehörige Orakel $\mathsf{EX}_{D_3,C}$ wird so konstruiert: Man ruft $\mathsf{EX}_{D,C}$ solange auf, bis ein klassifiziertes Beispiele $\langle x, C(x)\rangle$ mit $H_1(x) \neq H_2(x)$ erscheint und gibt $\langle x, C(x)\rangle$ aus. Um die Stichprobe S_3 zu konstruieren, ruft man $\mathsf{EX}_{D_3,C}$ entsprechend oft auf. Wir lassen A_s nun auf S_3 der Größe $m_s(\delta, n)$ laufen und nennen die resultierende Hypothese $H_3 := A_s(S_3)$. Die Hypothese H_3 hat also zusätzliches Wissen über die Beispiele, auf denen H_1 und H_2 unterschiedlicher Meinung sind.

Unsere endgültige Hypothese ist $H := maj(H_1, H_2, H_3)$, wobei die *Majorität* $maj(H_1(x), H_2(x), H_3(x))$ genau dann eine 1 ausgibt, wenn mindestens die Hälfte der Argumente 1 ist. Intuitiv bedeutet dies: Wenn H_1 und H_2 einer Meinung sind, hat H_3 keinen Einfluß. Anderenfalls fällt die Hypothese H_3, die ja speziell auf die Situation $H_1 \neq H_2$ trainiert ist, die Entscheidung.

4.3.2 Die Analyse der Güte von BOOST-ACC

Seien $\varepsilon_1 := \mathrm{err}_D(H_1)$, $\varepsilon_2 := \mathrm{err}_{D_2}(H_2)$ und $\varepsilon_3 := \mathrm{err}_{D_3}(H_3)$. Man beachte, daß im allgemeinen $\mathrm{err}_{D_i}(H_i) \neq \mathrm{err}_D(H_i)$, $i = 2, 3$, gilt. Wir werden zeigen, daß $\mathrm{err}_D(H)$ wesentlich kleiner als ε_s ist, obwohl $\varepsilon_1 = \varepsilon_s$, $\varepsilon_2 = \varepsilon_s$ und $\varepsilon_3 = \varepsilon_s$ gelten kann. Erreichbar ist eine Reduzierung des Fehlers von ε_s auf $b(\varepsilon_s) := 3\varepsilon_s{}^2 - 2\varepsilon_s{}^3$.

Lemma 4.3 *Wenn A_s die Genauigkeit ε_s besitzt, so erreicht ein Lauf des Algorithmus* BOOST-ACC *eine Genauigkeit von*

$$b(\varepsilon_s) := 3\varepsilon_s{}^2 - 2\varepsilon_s{}^3 .$$

Bevor wir und dem Beweis von Lemma 4.3 zuwenden, wollen wir noch ein paar Vorbemerkungen machen und Notationen einführen. Abbildung 4.2

[1] Man beachte, daß man Beispiele nur unter D ziehen kann, nicht aber unter D_2. Die Verteilung D_2 entsteht durch das Filtern anhand des Kriteriums „$H_1(x) \neq C(x)$“. Wir werden die Sprechweise „ein Beispiel wird unter D_2 (oder der noch zu definierenden Verteilung D_3) gezogen“ benutzten, um diesen Sachverhalt zu bezeichnen. Im allgemeinen müssen mehrere Beispiele unter D gezogen werden, um eines unter D_2 zu erhalten.

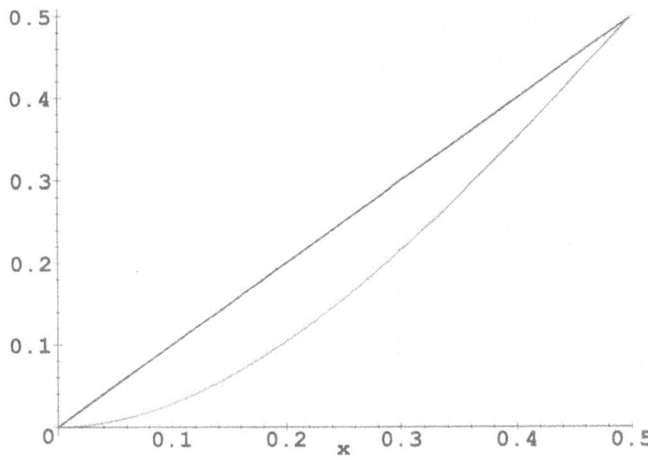

Abbildung 4.2: Graphen der Funktionen ε_s und $b(\varepsilon_s) = 3{\varepsilon_s}^2 - 2{\varepsilon_s}^3$.

zeigt die Graphen der Funktionen ε_s und $b(\varepsilon_s)$. Für ε_s nahe bei $\frac{1}{2}$ oder 0 ist der Gewinn nur klein, maximal ist er für $\varepsilon_s = \frac{1}{2} - \frac{1}{6}\sqrt{3} = 0,211\ldots$ Der Verbesserungsfaktor $\varepsilon_s/b(\varepsilon_s)$ wird bei Annäherung an 0 immer größer.

Für die Analyse ist es wichtig, Wahrscheinlichkeiten unter D durch solche unter D_2 ausdrücken zu können. Dazu überlegen wir uns, daß D_2 der Menge der Beispiele x mit $H_1(x) = C(x)$ das Gewicht $\frac{1}{2}$ zuordnet, während D ihr das Gewicht $(1 - \varepsilon_1)$ gibt. Da D_2 die relative Gewichtung von D auf dieser Menge respektiert, gilt für diese x die Beziehung $(1/2)D(x) = (1-\varepsilon_1)D_2(x)$ oder äquivalent $D(x) = 2(1 - \varepsilon_1)D_2(x)$. Ähnlich gilt für Beispiele x mit $H_1(x) \neq C(x)$ die Beziehung $D(x) = 2\varepsilon_1 D_2(x)$. Jede Teilmengen $T \subseteq X$ läßt sich dann anhand des Kriteriums $H_1 = C$ zerlegen in $\{x \mid x \in T \wedge (H_1(x) = C(x))\}$ und $\{x \mid x \in T \wedge (H_1(x) \neq C(x))\}$. Abkürzend schreiben wir dafür $[T : H_1 = C]$ beziehungsweise $[T \wedge H_1 \neq C]$. Diese Schreibweise überträgt sich in naheliegender Weise auch auf andere Mengen; sie erlaubt auch eine einfache Formulierung von bedingten Wahrscheinlichkeiten. Die Wahrscheinlichkeit von T unter D läßt sich nun durch die Wahrscheinlichkeiten der beiden Teilmengen unter D_2 wie folgt ausdrücken:

$$D\,[T] = 2(1 - \varepsilon_1)D_2\,[T \wedge H_1 = C] + 2\varepsilon_1 D_2\,[T \wedge H_1 \neq C]\ . \qquad (4.1)$$

Beweis. (Vom Lemma 4.3.) Wir zeigen zunächst, daß $\mathrm{err}_D(H)$ maximal ist, wenn die Fehler der drei Einzelhypothesen bezüglich der jeweiligen Verteilungen maximal sind, d.h. wenn $\varepsilon_1 = \varepsilon_2 = \varepsilon_3 = \varepsilon_s$ gilt. Dazu zerlegen wir den Fehler $\mathrm{err}_D(H)$ anhand der beiden möglichen disjunkten Fehlerquellen

- $H_1(x) = H_2(x) \neq C(x)$
- $H_1(x) \neq H_2(x)$ und $H_3(x) \neq C(x)$.

Dann gilt

$$
\begin{aligned}
\mathrm{err}_D(H) &= D[H \neq C] \\
&= D[H_1 = H_2 \neq C] + D[(H_3 \neq C) \wedge (H_1 \neq H_2)] \qquad (4.2)\\
&= D[H_1 = H_2 \neq C] + D[H_3 \neq C \mid H_1 \neq H_2] \cdot D[H_1 \neq H_2] \\
&= D[H_1 = H_2 \neq C] + \varepsilon_3 D[H_1 \neq H_2] \qquad (4.3)
\end{aligned}
$$

Wir haben in der letzten Gleichung benutzt, daß das Ziehen von Beispielen unter D mit der Bedingung $H_1 \neq H_2$ dasselbe ist, wie das Ziehen unter D_3. Aus (4.3) folgt, daß $\mathrm{err}_D(H)$ maximiert wird wenn $\varepsilon_3 = \varepsilon_s$. Damit wird aus (4.3)

$$
\mathrm{err}_D(H) = D[H \neq C] = \underbrace{D[H_1 = H_2 \neq C]}_{:=T_1} + \varepsilon_s \underbrace{D[H_1 \neq H_2]}_{:=T_2} \qquad (4.4)
$$

Wir behandeln die Terme T_1 und T_2 in (4.4), die von H_1 und H_2 abhängen.

Zunächst betrachten wir den Term T_2, den wir noch anhand des Kriteriums zerlegen, welche der beiden Hypothesen H_1 oder H_2 einen Fehler macht.

$$
D[H_1 \neq H_2] = D[H_1 = C \neq H_2] + D[H_1 \neq C = H_2] \qquad (4.5)
$$

Wir zerlegen den Fehler $\varepsilon_2 = D_2[H_2 \neq C]$ von H_2 anhand des Kriteriums $H_1 = C$ in $\varepsilon_2 = \lambda_1 + \lambda_2$, wobei

$$
\begin{aligned}
\lambda_1 &:= D_2[(H_1 = C) \wedge (H_2 \neq C)] = D_2[H_1 = C \neq H_2] \qquad (4.6)\\
\lambda_2 &:= D_2[(H_1 \neq C) \wedge (H_2 \neq C)] = D_2[H_1 = H_2 \neq C] \; . \qquad (4.7)
\end{aligned}
$$

Nun kann man (4.1) benutzen und erhält aus (4.6) mit $((H_1 = C) \wedge (H_1 \neq C)) = \emptyset$ und $((H_1 \neq C) \wedge (H_1 \neq C)) = (H_1 \neq C)$

$$
\begin{aligned}
D[H_1 = C \neq H_2] &= 2(1-\varepsilon_1)D_2[(H_1 = C \neq H_2) \wedge (H_1 = C)] \\
&\quad +2 * \varepsilon_1 D_2[(H_1 = C \neq H_2) \wedge (H_1 \neq C)] \\
&= 2(1-\varepsilon_1)D_2[(H_1 = C \neq H_2) \wedge (H_1 = C)] + 0 \\
&= 2(1-\varepsilon_1)D_2[(H_1 = C \neq H_2)] \\
&= 2(1-\varepsilon_1)\lambda_1 \; . \qquad (4.8)
\end{aligned}
$$

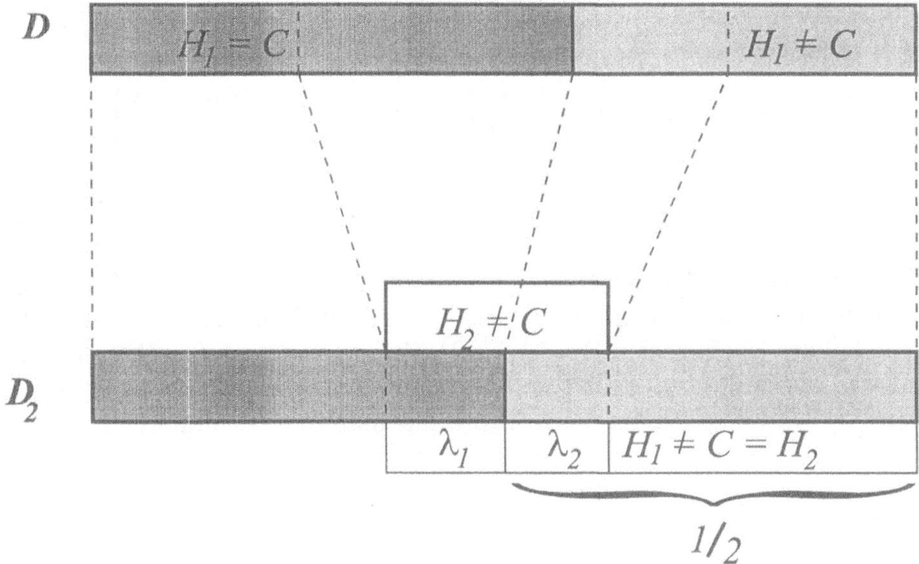

Abbildung 4.3: Übergang von D zu D_2. Horizontal ist das Universum X abgetragen. Die Menge $\{x \mid H_1(x) \neq C(x)\}$ besitzt unter D_2 das Gewicht $1/2$, unter D ein kleineres Gewicht. Für einen Teil mit Gewicht λ_2 unter D_2 an dieser Menge gilt zusätzlich $H_2(x) \neq C(x)$. Dann hat der Rest $\{x \mid H_1(x) \neq C(x) = H_2(x)\}$ unter D_2 das Gewicht $1/2 - \lambda_2$.

Weiter gilt:

$$D_2 [H_1 \neq C = H_2] = \frac{1}{2} - \lambda_2 \ . \tag{4.9}$$

Um dies einzusehen, betrachte man Abbildung 4.3. Rückrechnen von (4.9) D_2 auf D mittels (4.1) ergibt:

$$D [H_1 \neq C = H_2] = 2\varepsilon_1 \left(\frac{1}{2} - \lambda_2 \right) \ . \tag{4.10}$$

Aus (4.8), (4.10) und (4.5) ergibt sich dann

$$T_2 = D [H_1 \neq H_2] = 2(1 - \varepsilon_1)\lambda_1 + 2\varepsilon_1 \left(\frac{1}{2} - \lambda_2 \right) \ . \tag{4.11}$$

Wir wenden uns nun dem Term T_1 zu. Unter Ausnutzung von (4.1) erhält man

$$\begin{aligned} T_1 = D [H_1 = H_2 \neq C] &= 2(1 - \varepsilon_1) D_2 [(H_1 = H_2 \neq C) \wedge (H_1 = C)] \\ &\quad + 2\varepsilon_1 D_2 [(H_1 = H_2 \neq C) \wedge (H_1 \neq C)] \\ &= 0 + 2\varepsilon_1 D_2 [H_1 = H_2 \neq C] \\ &= 2\varepsilon_1 \lambda_2 \ . \end{aligned} \tag{4.12}$$

Durch Einsetzen von (4.11) und (4.12) in (4.4) erhält man die folgende Schranke für den Fehler von H:

$$\begin{aligned} \operatorname{err}_D(H) &\leq 2\varepsilon_1\lambda_2 + \varepsilon_s\left[2(1-\varepsilon_1)\lambda_1 + 2\varepsilon_1\left(\frac{1}{2}-\lambda_2\right)\right] \\ &= \varepsilon_s\varepsilon_1(1-2\lambda_1) + 2\varepsilon_1\lambda_2(1-\varepsilon_s) + 2\lambda_1\varepsilon_s \qquad (4.13) \\ &\leq {\varepsilon_s}^2 + 2\varepsilon_s(1-\varepsilon_s)(\lambda_1+\lambda_2)\ . \qquad (4.14) \end{aligned}$$

Für die letzte Ungleichung benutzen wir die Beobachtung, daß (4.13) maximiert wird, wenn ε_1 maximal ist, also $\varepsilon_1 = \varepsilon_s$ gilt. Man muß sich dazu überlegen, daß der Koeffizient $\varepsilon_s(1-2\lambda_1)+2\lambda_2(1-\varepsilon_s)$ von ε_1 in (4.13) nicht negativ ist, was wegen $0 \leq \varepsilon_s, \lambda_2$ und $\varepsilon_s, \lambda_1 < \frac{1}{2}$ gilt. Schließlich wird (4.14) maximal, wenn $\lambda_1 + \lambda_2 = \varepsilon_2$ maximal ist. Also wählt man $\varepsilon_2 = \varepsilon_s$ und erhält

$$\operatorname{err}_D(H) \leq 3{\varepsilon_s}^2 - 2{\varepsilon_s}^3 = b(\varepsilon_s)\ .$$

■

4.3.3 Effizienzanalyse von BOOST-ACC

Bis jetzt hatten wir die Laufzeit nicht betrachtet. Sicherlich gibt es keine Probleme bei der Berechnung von H_1, da die Laufzeit von A_s polynomiell ist. Probleme können aber bei der Berechnung von H_2 und H_3 auftreten. Die Verteilung D_2 wird durch Filtern der anhand von D erzeugten Beispiele mittels des Kriteriums „$H_1(x) \neq C(x)$" generiert. Wenn aber H_1 nur sehr wenige Fehler macht, muß man sehr lange auf ein x mit dieser Eigenschaft warten. Andererseits ist H_1 dann schon eine sehr gute Hypothese. Natürlich darf es uns nicht passieren, daß H_1 nur gut aussieht, aber in Wirklichkeit schlecht ist. Wir werden dies mittels eines statistischen Tests mit hoher Wahrscheinlichkeit ausschließen. Gleiches gilt für die Erzeugung von D_3.

Später wollen wir BOOST-ACC als Modul in einer rekursiven Prozedur verwenden, bei der die Hypothesen H_1, H_2 und H_3 rekursiv erzeugt werden. Sei daher $\alpha > 0$ die gewünschte Genauigkeit, die beim betrachteten rekursiven Aufruf erreicht werden soll. Wir können diese Genauigkeit (mit hoher Wahrscheinlichkeit) erreichen, wenn die Hypothesen H_1, H_2 und H_3 alle β-gut sind, wobei $\beta = b^{-1}(\alpha)$. Dies wird rekursiv sichergestellt. Die Funktion b ist streng monoton steigend und bildet das Intervall $[0, 0.5]$ auf sich ab; daher ist b invertierbar. Da wir eine Zuverlässigkeit von $(1-\delta)$ erreichen wollen, es aber mehrere Fehlerquellen gibt, verteilen wie die Unzuverlässigkeit δ auf diese Quellen (zwei Tests und drei Aufrufe von A_s) und weisen jeder $\delta_1 = \delta/5$ zu. In Abbildung 4.4 ist der Algorithmus BOOST-ACC dargestellt.

Wie oben seien $\varepsilon_1 := \text{err}_D(H_1)$, $\varepsilon_2 := \text{err}_{D_2}(H_2)$ und $\varepsilon_3 := \text{err}_{D_3}(H_3)$. Betrachten wir zunächst H_1. Mittels Statistischer Separation stellen wir sicher,

```
ALGORITHMUS BOOST-ACC
INPUT α, p(n), δ
δ1 = δ/5
IF (α ≥ 1/2 − 1/p(n))
   THEN Ziehe eine Stichprobe S_C der Größe m_s(δ1, n) unter D
        H := A(S_C);
        RETURN H;
   ELSE Ziehe Stichprobe S1 der Größe m_s(δ1, n) unter D
        H1 := A_s(S1)
        m1 := 9 ln(2/δ1)/(2α^2)
        Ziehe Stichprobe S' der Größe m1 unter D
        Berechne êrr_S'(H1)
        IF (êrr_S'(H1) ≤ 2α/3)
           THEN RETURN H1
           ELSE Sei D2 Filterverteilung bezüglich H1
                Ziehe Stichprobe S2 der Größe m_s(δ1, n) unter D2
                H2 := A_s(S2)
                m2 := 32 ln(2/δ1)/(α^2(1 − 4β + 4β^2))
                Ziehe Stichprobe S'' der Größe m2 unter D
                Berechne êrr_S''(H2)
                IF (êrr_S''(H2) ≤ α − α(1 − 2β)/8)
                   THEN RETURN H2
                   ELSE Sei D3 Filterverteilung bezüglich H1, H2
                        Ziehe Stichprobe S3 der Größe m_s(δ1, n)
                          unter D3
                        H3 := A_s(S3)
H := majority(H1, H2, H3)
RETURN H;
```

Abbildung 4.4: Der Algorithmus BOOST-ACC.

daß mit Wahrscheinlichkeit $1 - \delta_1$ die additive Abweichung zwischen ε_1 und dem *empirischen Fehler*

$$\widehat{\text{err}}\,(H_1) := \frac{|\{x_i \mid H_1(x_i) \neq C(x_i),\ i = 1, \ldots, m\}|}{m}$$

auf einer m-Stichprobe $(\langle x, C(x)\rangle)_{i=1,\ldots,m}$ höchstens $\alpha/3$ beträgt:

$$\varepsilon_1 - \frac{\alpha}{3} \leq \widehat{\text{err}}\,(H_1) \leq \varepsilon_1 + \frac{\alpha}{3}\,.$$

Aus der Hoeffding-Ungleichung (A.8) folgt, daß dies für Stichprobengröße

$$m_1 \geq \frac{9 \ln\left(\frac{2}{\delta_1}\right)}{2\alpha^2}$$

gilt. Falls nun $\widehat{\text{err}}\,(H_1) \leq 2\alpha/3$, so gilt mit Wahrscheinlichkeit $1 - \delta_1$ für den wahren Fehler $\varepsilon_1 \leq \alpha$. Wir können dann H_1 als endgültige Hypothese ausgeben und auf die Berechnung von H_2 und H_3 verzichten. Anderenfalls gilt $\widehat{\text{err}}\,(H_1) > 2\alpha/3$ und daher mit Wahrscheinlichkeit $1 - \delta_1$, daß $\varepsilon_1 \geq \alpha/3$. Dann ist die erwartete Anzahl von Beispielen, die anhand von D gezogen werden, bis eines mit $C(x) \neq H_1(x)$ auftritt, höchstens $3/\alpha$. Der Algorithmus A_s verlangt $m_s(\delta_1, n)$ Beispiele, die unter D_2 gezogen werden.

Mit der Chernoff-Schranke (A.5) schätzen wir die Anzahl der Aufrufe von $\mathsf{EX}_{D,C}$ ab, um mit Wahrscheinlichkeit $(1 - \delta_1)$ mindestens $m_s(\delta_1, n)$ Beispiele von $\mathsf{EX}_{D_2,C}$ zu erhalten. Das zugehörige Bernoulli-Experiment hat Erfolgswahrscheinlichkeit mindestens $\alpha/3$. Gesucht ist also eine Stichprobengröße m mit

$$LE\left(\frac{\alpha}{3}, m, m_s(\delta_1, n)\right) \leq \delta_1$$

Die in (A.5) angegebene Formulierung erhalten wir durch Wahl von $\beta = (\alpha\, m - 3\, m_s(\delta_1, n))/(\alpha\, m)$ und $p = (\alpha/3)$. Es ergibt sich

$$\begin{aligned} &LE\left(\frac{\alpha}{3}, m, \left(1 - \frac{\alpha\, m - 3\, m_s(\delta_1, n)}{\alpha\, m}\right) m\, \frac{\alpha}{3}\right) \\ &\leq exp\left(\frac{(\alpha\, m - 3\, m_s(\delta_1, n))^2}{\alpha\, m}\right) < \delta_1\,. \end{aligned}$$

Durch Auflösen nach m ergibt sich, daß man

$$m_2 \geq \frac{3}{\alpha}\left[m_s(\delta_1, n) + \ln\left(\frac{1}{\delta_1}\right) + \sqrt{\ln\left(\frac{1}{\delta_1}\right)\left(\ln\left(\frac{1}{\delta_1}\right) + 2\, m_s(\delta_1, n)\right)}\right]$$

Beispiele unter D ziehen muß.

Mit ähnlichen Überlegungen schätzen wir nun die Anzahl der Aufrufe von $\mathsf{EX}_{D,C}$ ab, die wir benötigen, um ein Beispiel x für die Berechnung von $\mathsf{EX}_{D_3,C}$ zu erhalten. Sei $\gamma := ((1-2\beta)/8)\alpha$. Wir wollen mit Wahrscheinlichkeit mindestens $1-\delta_1$ den Fehler von H_2 bis auf γ additiv genau schätzen. Die Wahl von γ wir später in der Analyse gerechtfertigt.

$$\mathrm{err}_D(H_2) - \gamma \leq \widehat{\mathrm{err}}\,(H_2) \leq \mathrm{err}_D(H_2) + \gamma \, .$$

Aus der Hoeffding-Ungleichung (A.8) folgt, daß dies für Stichprobengröße

$$m_3 \geq \frac{32 \ln\left(\frac{2}{\delta_1}\right)}{\alpha^2\,(1-4\,\beta+4\,\beta^2)}$$

gilt. Falls nun $\widehat{\mathrm{err}}\,(H_2) \leq (\alpha-\gamma)$, so gilt mit Wahrscheinlichkeit $1-\delta_1$, daß $\mathrm{err}_D(H_2) \leq \alpha$ und wir können H_1 verwerfen, H_2 als endgültige Hypothese ausgeben und auf die Berechnung von H_3 verzichten. Anderenfalls gilt $\widehat{\mathrm{err}}\,(H_2) > (\alpha-\gamma)$ und daher mit Wahrscheinlichkeit $(1-\delta_1)$, daß $\mathrm{err}_D(H_2) \geq \alpha - 2\gamma$. Wir zeigen nun, daß dann die Wahrscheinlichkeit unter D, ein Beispiel x zu ziehen, das das Kriterium $H_1(x) \neq H_2(x)$ erfüllt, mindestens $\alpha/24$ ist. Damit ist die erwartete Anzahl von Beispielen, die anhand von D gezogen werden, um eines unter D_3 zu simulieren, höchstens $24/\alpha$. Wir benutzen die Tatsache, daß wir nur dann H_2 berechnet haben, wenn H_1 nicht $(\alpha/3)$-gut war, also $\varepsilon_1 \geq \alpha/3$. Um $m_s(\delta_1, n)$ Beispiele von $\mathsf{EX}_{D_3,C}$ zu erhalten genügen dann mit (A.5)

$$m_4 =\geq \frac{24}{\alpha}\left[m_s(\delta_1,n) + \ln\left(\frac{1}{\delta_1}\right) + \sqrt{\ln\left(\frac{1}{\delta_1}\right)\left(\ln\left(\frac{1}{\delta_1}\right) + 2\,m_s(\delta_1,n)\right)}\right]$$

Aufrufe von $\mathsf{EX}_{D,C}$.

Behauptung 4.4 *Mit der obigen Notation gilt: Falls $\mathit{err}_D(H_1) \geq \alpha/3$ und $\mathit{err}_D(H_2) \geq (\alpha - 2\gamma)$, dann gilt*

$$D\,[H_1 \neq H_2] \geq \alpha/24 \, .$$

Beweis. Wie in (4.7) sei λ_2 der gemeinsame Fehler von H_1 und H_2 unter D_2

$$\lambda_2 := D_2\,[H_1 = H_2 \neq C] \, . \tag{4.15}$$

Wenn $\lambda_2 < 1/2$ gilt, so folgt mit (4.9)

$$D_2\,[H_1 \neq C = H_2] \geq \frac{1}{2} - \lambda_2 > 0 \, . \tag{4.16}$$

Nun folgt

$$D_2\,[H_1 \neq H_2] \geq D_2\,[H_1 \neq C = H_2] > 0\ , \tag{4.17}$$

weil das Ereignis im zweiten Term eine Einschränkung des ersten ist.

Es geht im folgenden noch darum, zu zeigen, daß (4.15) echt kleiner als 1/2 ist und dieses „echt kleiner" zu quantifizieren. Damit ist auch das „echt größer null" in (4.17) quantifiziert. Zu diesem Zweck maximieren wir λ_2 unter der Bedingung $\mathrm{err}_D(H_2) \geq (\alpha - 2\gamma)$. Zunächst überlegen wir uns, daß dazu ε_1 und ε_2 maximal seien sollten, nämlich gleich $\beta = b^{-1}(\alpha)$. Dies gilt, weil für kleinere Werte von ε_1 und ε_2 der gemeinsame Fehlerbereich von H_1 und H_2 höchstens verkleinert wird. Siehe hierzu auch Abbildung 4.5. Mit $\varepsilon_1 = \varepsilon_2 = \beta$ gilt dann:

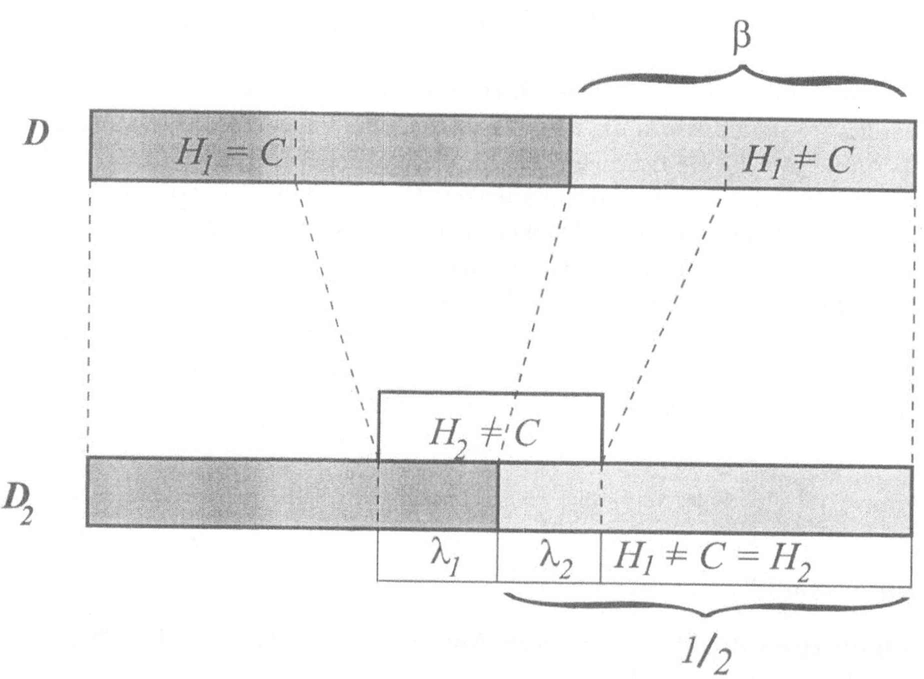

Abbildung 4.5: Übergang von D zu D_2 mit $\varepsilon_1 = \varepsilon_2 = \beta$. Man sieht, daß eine Verkleinerung des Gewichts der Menge $\{x|H_1(x) \neq C(x)\}$ unter D das Gewicht der Menge $\{x|(H_1(x) \neq C(x)) \wedge (H_2(x) \neq C(x))\}$ unter D_2 höchstens verkleinert.

$$\lambda_1 := D_2\,[H_1 = C \neq H_2] = \beta - \lambda_2 \tag{4.18}$$

Nun gilt (siehe (4.6) und (4.7))

$$\mathrm{err}_{D_2}(H_2) = \varepsilon_2 = \lambda_1 + \lambda_2\ . \tag{4.19}$$

Durch Anwendung von (4.1) auf (4.15) und (4.18) läßt sich die Gleichung (4.19) auf die Verteilung D zurückrechnen:

$$\begin{aligned} \operatorname{err}_D(H_2) &= 2\beta\lambda_2 + 2(1-\beta)(\beta-\lambda_2) \\ &= 2\lambda_2(2\beta-1) + 2\beta - 2\beta^2 . \end{aligned} \tag{4.20}$$

Die Bedingung $\operatorname{err}_D(H_2) \geq \alpha - 2\gamma$ ergibt mit der Tatsache $\alpha = b(\beta)$:

$$\begin{aligned} \operatorname{err}_D(H_2) &\geq \alpha - 2\gamma = \alpha - 2\alpha(1-2\beta)/8 \\ &= b(\beta)(1-(1-2\beta)/4) \\ &= (3\beta^2 - 2\beta^3)(3+2\beta)/4 \\ &= \beta^2(9-4\beta^2)/4. \end{aligned} \tag{4.21}$$

Die Gleichung (4.20) und die Ungleichung (4.21) liefern zusammen

$$2\lambda_2(2\beta-1) + 2\beta(1-\beta) \geq \beta^2(9-4\beta^2)/4 .$$

Dies läßt sich umformen zu

$$8\lambda_2(2\beta-1) \geq \beta(2\beta-1)(8-\beta-2\beta^2) .$$

Wegen $(2\beta-1) < 0$ ergibt sich daraus die folgende obere Schranke für λ_2

$$\lambda_2 \leq \frac{\beta}{8(8-\beta-2\beta^2)} . \tag{4.22}$$

Man faßt die rechte Seite von (4.22) als Funktion $f(\beta)$ auf. Die erste bzw. zweite Ableitung von f ist

$$\begin{aligned} f'(\beta) &= \frac{1}{4}\,\frac{4+\beta^2}{(-8+\beta+2\,\beta^2)^2} \\ f''(\beta) &= \frac{12\,\beta+\beta^3+2}{(8\beta-2\,\beta^2)^3} . \end{aligned}$$

Da beide für $\beta \in [0, 1/2]$ streng positiv sind wird f für $\beta = 1/2$ maximiert, und es gilt $f(1/2) = 7/16$. Damit ergibt sich für (4.16)

$$D_2\,[H_1 \neq H_2 = C] = \frac{1}{2} - \lambda_2 \geq 1/16 .$$

Durch Rückrechnung mittels (4.1) erhält man

$$D\,[H_1 \neq H_2 = C] \geq 2\varepsilon_1(1/16) = \varepsilon_1/8 .$$

Da $\varepsilon_1 \geq \alpha/3$ folgt

$$D[H_1 \neq H_2 = C] \geq \alpha/24 ,$$

und daher

$$D[H_1 \neq H_2] \geq \alpha/24 ,$$

was den Beweis beendet. ■

Insgesamt ergibt sich die folgende

Beobachtung 4.5 *Die erwartete Anzahl von Beispielen, die unter D gezogen werden müssen, um eines unter D_2 zu erhalten ist höchstens $3/\alpha$. Die entsprechende Anzahl für D_3 ist $24/\alpha$.*

Die Anzahl der Beispiele eines Laufes von BOOST-ACC gilt die ergibt sich als Summe der fünf einzelnen Stichprobengrößen

$$m_s(\delta_1, n) + m_1 + m_2 + m_3 + m_4 .$$

Auch die erwartete Laufzeit von BOOST-ACC ist polynomiell. Es ist nur eine Fleißaufgabe, die Laufzeit aus dem Algorithmus in Abbildung 4.4 herauszurechnen.

4.3.4 Der Algorithmus BOOST

Wir wollen nun den Algorithmus BOOST-ACC, der den Fehler von ε_s auf $b(\varepsilon_s)$ verringert, zu einem „richtigen Booster" machen, der beliebig kleine Fehlerraten erreicht. In diesem Abschnitt bezeichne ε_0 die von uns angestrebte Fehlerrate und, wie oben, $\varepsilon_s = \frac{1}{2} - \frac{1}{p_f(n)}$ die vom schwachen Algorithmus A_s garantierte. Wenn gilt $\varepsilon_0 \geq b(\varepsilon_s)$, so genügt eine Anwendung des Algorithmus BOOST-ACC, um die gewünschte Genauigkeit zu erreichen. Wenn $\varepsilon_0 < b(\varepsilon_s)$, so setzen wir BOOST-ACC rekursiv ein. Die Hypothesen H_1, H_2 und H_3 werden nicht mehr durch einen Aufruf des schwachen Lerners A_s erzeugt, sondern sind ihrerseits Resultate von rekursiven Aufrufen.

Der resultierende Algorithmus BOOST ist in Abbildung 4.6 dargestellt. Auch hier gibt es den Test, ob eine der Teilhypothesen H_1 oder H_2 schon die gewünschte Genauigkeit erreicht. Die Eingabeparameter eines rekursiven Aufrufs sind zum einen die gewünschte Genauigkeit α und die Verteilung D'. Beim ersten Aufruf ist D' die „wirkliche" Verteilung D auf X und $\alpha = \varepsilon_0$. In den rekursiven Aufrufen kann D' auch eine der induzierten Verteilungen sein, die im vorangehenden Aufruf von BOOST erzeugt werden. Jeder Aufruf BOOST (α,D') kann also Beispiele unter D' ziehen. Technisch werden diese Beispiele durch Filtern im darüberliegenden Rekursionsniveau erzeugt. Durch die rekursiven Aufrufe wird sichergestellt, daß die Hypothesen H_1, H_2 und H_3 alle $b{-}1(\alpha)$-gut sind.

```
ALGORITHMUS BOOST
INPUT α, D';
IF (α ≥ 1/2 − 1/p(n))
  THEN Ziehe eine Stichprobe S_C der Größe m_s(δ, n) unter D'
       H := A(S_C);
       RETURN H;
  ELSE β = b^{-1}(α).
       H_1 := BOOST(β, D')
       m_1 := 9 ln(2/δ_1)/2α^2
       Ziehe Stichprobe S' der Größe m_1 unter D'
       Berechne êrr_{S'}(H_1)
       IF (êrr_{S'}(H_1) ≤ 2α/3)
         THEN RETURN H_1
         ELSE Sei D_2 Filterverteilung bezüglich H_1
              H_2 := BOOST(β, D_2)
              m_3 := 32 ln(2/δ_1)/(α^2(1 − 4β + 4β^2))
              Ziehe Stichprobe S'' der Größe m_3 unter D'
              Berechne êrr_{S''}(H_2)
              IF (êrr_{S''}(H_2) ≤ α − α(1 − 2β)/8)
                THEN RETURN H_2
                ELSE Sei D_3 Filterverteilung bezüglich H_1, H_2
                     H_3 := BOOST(β, D_3)
H := majority(H_1, H_2, H_3)
RETURN H;
```

Abbildung 4.6: Der Algorithmus BOOST. Die Verteilungen D_2 und D_3 werden wie im Algorithmus BOOST-ACC durch Filtern von D' erzeugt.

4.3.5 Die Analyse von BOOST

Jeder Aufruf des Algorithmus BOOST erzeugt entweder einen Aufruf des schwachen Lerners A_s oder bis zu drei rekursive Aufrufe von BOOST. Im ersten Fall erfolgen keine weiteren rekursiven Aufrufe. Der Rekursionsbaum ist also höchstens 3-verzweigend, und die Blätter entsprechend den Aufrufen von A_s. Vom i-ten zum $(i+1)$-ten Niveau steigt der Fehler von $b(\alpha)$ auf α. Der Baum muß so tief sein, daß an der Wurzel, also auf Niveau 0, der Fehler ε_0 beträgt, wenn an den Blättern der Fehler ε_s anliegt. Die Tiefe hängt von der gewünschten Genauigkeit ε_0 und der Güte $\varepsilon_s = \frac{1}{2} - \frac{1}{p_f(n)}$ des schwachen Lernens ab; wir bezeichnen sie mit $T(\varepsilon_0, p_f(n))$.

Behauptung 4.6

$$T(\varepsilon_0, p_f(n)) = O\left(\log(p_f(n)) + \log\left(\log\left(\frac{1}{\varepsilon_0}\right)\right)\right).$$

Beweis. Wir unterscheiden die beiden Fälle, daß der angestrebte Fehler ε_0 kleinergleich beziehungsweise größer als 1/4 ist.

Fall 1: $\varepsilon_0 > 1/4$. Wie wir oben gesehen haben, gilt: Wenn der Fehler im $(i+1)$-ten Niveau einen Abstand von $a_{i+1} = 1/2-\alpha$ von 1/2 hat, dann ist dieser Abstand im i-ten Niveau $a_i := (1/2 - b(\alpha))$. Der Quotient $f(\alpha) = a_i/a_{i+1} = 1+2\alpha-2\alpha^2$ ist der multiplikative Faktor, mit sich dieser Abstand zwischen zwei aufeinanderfolgenden Niveaus ändert. Die Funktion f ist für $1/4 \leq \alpha \leq 1/2$ monoton steigend und es gilt $f(1/4) = 11/8$. Der Abstand ändert sich also um mindestens 11/8. Anfangs ist der Abstand mindestens $1/p_z(n)$. Somit genügen $\log(p_f(n)/4)$ Rekursionsschritte, um auf einen Abstand von mindestens 1/4 und damit auf einen Fehler von höchstens 1/4 zu kommen:

$$\begin{aligned}
\left(\frac{1}{p_f(n)}\right)\left(\frac{11}{8}\right)^s &\geq \frac{1}{4} \\
\left(\frac{11}{8}\right)^s &\geq \left(\frac{p_f(n)}{4}\right) \\
s &\geq \log_{11/8}\left(\frac{p_f(n)}{4}\right)
\end{aligned}$$

Fall 2: $\varepsilon_0 \leq 1/4$. Hier betrachten wir den Fehler selbst und nicht seinen Abstand zu 1/2. Der Fehler sinkt von einem Niveau zum darüberliegenden von α auf $b(\alpha) = 3\alpha^2 - 2\alpha^3 \leq 3\alpha^2$. Nach 2 Rekursionsschritten beträgt er also höchstens noch $3(3\alpha^2)^2$, nach 3 Schritten $3(3(3\alpha^2)^2)^2$ und nach s Schritten $(1/3)(3\alpha)^{2^s} \leq (3/4)^{2^s}$. Die letzte Ungleichung gilt für $\alpha \leq 1/4$. Offenbar gilt $(3/4)^{2^s} \leq \varepsilon_0$ falls $s \geq \log_2(\log_{4/3}(1/\varepsilon_0))$.

Damit ist die Behauptung bewiesen. ■

Als nächstes wollen wir die erwartete Gesamtzahl der Beispiele, die unter D gezogen werden müssen, abschätzen. Die Söhne eines Knotens im Rekursionsbaum, der eine Fehlerschranke von α übergeben bekommen hat, haben die Fehlerschranke $b^{-1}(\alpha)$. Wir wissen aus der Beobachtung 4.5, daß für die Söhne eines Knotens im Rekursionsbaum gilt: Es genügen (erwartet) $24/\alpha$ Beispiele unter D um dort ein Beispiel zu simulieren. (Wir machen eine Worst-Case-Analyse, bei der wir die Aufrufe vernachlässigen, die mit weniger auskommen). Die Enkel des Knotens bekommen dann die Fehlerschranke $b^{-2}(\alpha) :=$

$b^{-1}(b^{-1}(\alpha))$ übergeben. Hier müssen also $24/b^{-1}(\alpha)$ Beispiele vom aufrufenden Sohn bereitgestellt werden, um ein Beispiel am Enkel zu erhalten. Jedes davon benötigt wiederum $24/\alpha$ Beispiele vom Vater. Im i-ten Rekursionsniveau genügen dann für ein Beispiel

$$\left(\frac{24}{\alpha}\right)\left(\frac{24}{b^{-1}(\alpha)}\right)\cdots\left(\frac{24}{b^{-i+1}(\alpha)}\right) \tag{4.23}$$

Beispiele, die unter D am Wurzelknoten gezogen werden.

Behauptung 4.7 *Wenn an der Wurzel des Rekursionsbaumes der Fehler ε_0 erreicht werden soll, so ist die erwartete Anzahl der Beispiele, die unter D gezogen werden müssen, um ein Beispiel in Tiefe i zu erzeugen höchstens*

$$\frac{9\cdot 72^i(b^{-i}(\varepsilon_0))^2}{\varepsilon_0^2}\ .$$

Beweis. Wir benutzen die Formel (4.23) und die Beziehungen $\varepsilon_0 \leq \alpha$ und $b^{-1}(x) \geq \sqrt{x/3} \geq \sqrt{x}/3$. Letztere folgt aus $b(x) = 3x^2 - 2x^2 \leq 3x^2$. Zu zeigen ist

$$\frac{9\cdot 72^i\,(b^{-i}(\varepsilon_0))^2}{\varepsilon_0^2} \geq \left(\frac{24}{\varepsilon_0}\right)\left(\frac{24}{b^{-1}(\varepsilon_0)}\right)\cdots\left(\frac{24}{b^{-i+1}(\varepsilon_0)}\right)\ . \tag{4.24}$$

Wir benutzen Induktion. Für $i = 1$ gilt

$$\frac{9\cdot 72^1\,(b^{-1}(\varepsilon_0))^2}{\varepsilon_0^2} \geq \frac{9\cdot 72^1\,(\sqrt{\varepsilon_0}/3)^2}{\varepsilon_0^2} = \frac{72}{\varepsilon_0} \geq \frac{24}{\alpha}\ .$$

Beim Übergang von $i-1$ zu i wird die rechte Seite von (4.24) mit $24/b^{-i+1}(\varepsilon_0)$ multipliziert und die linke mit $72\,b^{-i}(\varepsilon_0)^2/(b^{-i+1}(\varepsilon_0))^2$. Es gilt

$$\frac{72\,(b^{-i}(\varepsilon_0))^2}{(b^{-i+1}(\varepsilon_0))^2} \geq \frac{72\,(\sqrt{b^{-i+1}(\varepsilon_0)/3})^2}{\varepsilon_0^2} = \frac{24}{\varepsilon_0} \geq \frac{24}{\alpha} \geq \frac{24}{b^{-i+2}(\varepsilon_0)}\ .$$

Daher bleibt die Ungleichung in (4.24) erhalten. ■

Für die restlichen Behauptungen benutzen wir die folgenden Bezeichnungen:

- $T := T(\varepsilon_0, p_f(n))$ erwartete Tiefe des Rekursionsbaumes
- $Z(\varepsilon_0, \delta, n)$ erwarte Laufzeit von BOOST
- $M(\varepsilon_0, \delta, n)$ erwartete Gesamtzahl der Beispiele, die unter D für einen Lauf von BOOST gezogen werden müssen.

- $AW(\varepsilon_0, \delta, n)$ erwartete Zeit zur Auswertung der Hypothese von BOOST.
- $\delta_1 = \frac{\delta}{5 \cdot 3^T}$.

Die entsprechenden Größen für den schwachen Lerner A_s, die nicht von ε_0 abhängen, bezeichnen wir mit $t_s(\delta, n)$, $m_s(\delta, n)$ und $aw_s(\delta, n)$. Die Wahl von δ_1 erfolgt wie bei der Analyse des Algorithmus BOOST-ACC, um die Unsicherheit auf alle Quellen gleichmäßig zu verteilen. Hier gibt es höchstens 5 Quellen pro Knoten und höchstens 3^T Knoten.

Behauptung 4.8 *Für die Zeit zur Auswertung gilt*

$$AW(\varepsilon_0, \delta, n) = O(3^T\, aw_s(\varepsilon_0, \delta, n))\ .$$

Beweis. Die endgültige Hypothese von BOOST läßt sich als 3-verzweigender Baum darstellen. An den Blättern werden Hypothesen ausgewertet, die von A_s berechnet werden. Da es nicht mehr als 3^T Blätter gibt, genügt $O(3^T\, aw_s(\delta, n))$ Zeit, um diese auszuwerten. An den inneren Knoten werden Majoritätsfunktionen gebildet. Die Auswertungen der Majoritätsfunktionen können in konstanter Zeit pro Knoten erfolgen und ergeben einen additiven Term von $O(3^T)$ der in der „Oh"-Notation vernachlässigt wird. ■

Behauptung 4.9 *Für die erwartete Anzahl der Beispiele gilt*

$$M(\varepsilon_0, \delta, n) = O\left(\frac{216^T}{\varepsilon_0^2}\left(m_s(\delta_1, n) + p_f^2(n) \log\left(\frac{1}{\delta_1}\right)\right)\right)$$

Beweis. Betrachten wir zunächst die Anzahl der Beispiele unter D, die wir für die gefilterten Verteilungen D_2 und D_3 benötigen. Die Aufrufe von A_s an den Blättern erfolgen mit dem Unzuverlässigkeitsparameter δ_1. D. h. dort werden jeweils $m_s(\delta_1, n)$ Beispiele benötigt. Mit Behauptung 4.7 folgt, daß für jedes solche Beispiel $9 \cdot 72^T (b^{-1}(\varepsilon_0))^2/\varepsilon_0^2 \leq 9 \cdot 72^T/\varepsilon_0^2$ Beispiele unter D an der Wurzel genügen. Somit genügen insgesamt $9 \cdot (72^T/\varepsilon_0^2)\, m_s(\delta_1, n)$ Beispiele.

Betrachten wir nun die Anzahl der Beispiele, die für die Tests (auch an den inneren Knoten) benutzt werden. Im i-ten Niveau des Rekursions- bzw. Auswertungsbaumes ist die Fehlerschranke $\alpha = b^{-i}(\varepsilon_0)$. Im direkt darunterliegenden Niveau $(i+1)$ ist sie $\beta = b^{-i}(\alpha) = b^{-i-1}(\varepsilon_0)$. Für die Test von H_1 und H_2 gelten die additiven Fehlerschranken $\alpha/3$ bzw. $\gamma = \alpha(1-2\beta)/8$. Die zweite Schranke fordert die höhere Stichprobengröße, weshalb wir uns nur um diese kümmern. Wegen

$$1 - 2\beta \geq 1 - 2\left(\frac{1}{2} - \frac{1}{p_f(n)}\right) = \frac{2}{p_f(n)}$$

folgt $\gamma \geq \alpha/(4p_f(n))$. Mit $i \leq T$, Beobachtung 4.7 und den Chernoff-Schranken folgt, daß im i-ten Niveau

$$O\left(\frac{(p_f(n))^2}{(b^{-i}(\varepsilon_0))^2}\log\left(\frac{1}{\delta_1}\right)\cdot\frac{72^i(b^{-1}(\varepsilon_0))^2}{\varepsilon_0^2}\right) = O\left((p_f(n))^2\log\left(\frac{1}{\delta_1}\right)\frac{72^T}{\varepsilon_0^2}\right)$$

Beispiele genügen. Die Anzahl der inneren Knoten ist höchstens 3^T, womit die Anzahl der Beispiele für die Tests höchstens

$$O\left((p_f(n))^2\log\left(\frac{1}{\delta_1}\right)\frac{216^T}{\varepsilon_0^2}\right)$$

beträgt. Damit sind beide Terme in der Behauptung nachgewiesen. ■

Für die erwartete Laufzeit von BOOST gilt

Behauptung 4.10

$$O\left(\frac{648^T}{\varepsilon_0^2}\left(m_s(\delta_1,n) + T(p_f(\delta_1,n))^2\log\left(\frac{1}{\delta_1}\right)aw_s(\delta_1,n)\right)\right)$$

Beweis. Der Beweis ist Nachrechnen unter Benutzung der vorangehenden Behauptungen. ■

Bemerkung 4.11 Wir haben oben *erwartete* Zeiten und Stichprobengrößen bestimmt. Es sei dem Leser überlassen, diese wir in Abschnitt 4.3.3 mittels der Chernoff- bzw. Hoeffding-Schranken in solche umzurechnen, die mit Wahrscheinlichkeit $1 - \delta$ gelten.

Insgesamt ergibt sich:

Satz 4.12 *Wenn es für $\mathcal{C}$ einen schwachen effizienten Lernalgorithmus gibt, der mit fester Genauigkeit ε und beliebiger Zuverlässigkeit δ lernt, so ist $\mathcal{C}$ durch $\mathcal{H}$ effizient PAC-lernbar.*

Aus den Sätzen 4.2 und 4.12 und den oben bestimmten Stichprobengrößen und Laufzeiten folgt:

Korollar 4.13 *Wenn $\mathcal{C}$ durch $\mathcal{H}$ effizient schwach PAC-lernbar ist, so ist $\mathcal{C}$ durch $\mathcal{H}$ effizient PAC-lernbar.*

Korollar 4.13 untermauert die Allgemeingültigkeit des PAC-Modells.

5 Nichtlernbarkeit

Die bisherigen Resultate waren positiv in dem Sinne, daß wir von einer Reihe von Konzeptklassen zeigen konnten, daß sie effizient lernbar sind. Auch die Tatsachen, daß Occam-Algorithmen zugleich PAC-Lerner sind und daß sich schwache Lerner effizient in PAC-Lerner konvertieren lassen, bestätigen die Wahl des PAC-Modells. In diesem Kapitel wollen wir uns nun mit den Grenzen dieses Modells beschäftigen. Zunächst zeigen wir, daß einige Konzeptklassen nicht streng, also durch sich selbst, lernbar sind. Dann werden wir Beispiele für Konzeptklassen kennenlernen, die auch durch beliebige Hypothesenklassen nicht lernbar sind. All diese Resultate gelten relativ zu gewissen komplexitätstheoretischen Annahmen wie zum Beispiel $NP \neq RP$ oder bauen auf der Sicherheit von kryptografischen Systemen auf.

Zunächst wollen wir aber zeigen, daß man aus informationstheoretischen Gründen im allgemeinen nicht aus einem einzelnen Beispieltyp lernen kann.

5.1 Lernbarkeit von k-RSE aus einem Beispieltyp

Es ist bekannt, daß man die Klassen k-DNF und k-KNF nur aus negativen beziehungsweise positiven Beispielen streng lernen kann. Ebenso kann man die Klasse $\mathcal{APR}_n$ aus positiven Beispielen alleine lernen. Wir wollen hier zunächst zeigen, daß man zum strengen Lernen der Klasse k-RSE beide Beispieltypen benötigt. Anschließend zeigen wir, daß k-RSE aus einem Beispieltyp lernbar ist, wenn man eine größere Hypothesenklasse erlaubt.

Zuvor werden wir noch zwei technische Lemmata beweisen. Für ein Boolesches Konzept $C \subseteq \{0,1\}^n$ bezeichnet $\overline{C}$ das komplementäre Konzept $\{0,1\}^n \setminus C$. Ist $\mathcal{C}$ eine Boolesche Konzeptklasse, so sei $\overline{\mathcal{C}} = \{\overline{C} \mid C \in \mathcal{C}\}$. Man beachte, daß $\overline{\mathcal{C}}$ **nicht** das Komplement von $\mathcal{C}$ als Mengensystem über X ist. Weiterhin ist positives Beispiel für C ein negatives für $\overline{C}$

Bemerkung 5.1 Sei $C \in k$-RSE, dann gilt $\overline{C} \in k$-RSE. Dies gilt, weil $\overline{C} = C \oplus 1$.

Lemma 5.2 *Seien $\mathcal{C}$, $\mathcal{C}'$ und $\mathcal{H}$ Boolesche Konzeptklassen.*

(i) Falls $C \in \mathcal{C} \Rightarrow \overline{C} \in \mathcal{C}'$, dann kann jeder PAC-Lernalgorithmus A^+, der $\mathcal{C}'$ durch $\mathcal{H}$ lernt und nur positive Beispiele benötigt, in einen PAC-

Lernalgorithmus A^- für $\mathcal{C}$ durch $\overline{\mathcal{H}}$ verwandelt werden, der nur negative Beispiele benötigt.

(ii) Wenn zusätzlich zu (i) auch $C \in \mathcal{C}' \Rightarrow \overline{C} \in \mathcal{C}$ gilt, dann kann jeder strenge PAC-Lernalgorithmus A^+, der $\mathcal{C}'$ nur aus positiven Beispielen lernt, in einen strengen PAC-Lernalgorithmus A^- für $\mathcal{C}$ verwandelt werden, der nur negative Beispiele benötigt.

Beweis. (i) Sei $C \in \mathcal{C}$, dann ist nach Voraussetzung $\overline{C} \in \mathcal{C}'$. Man konstruiert mit Hilfe von A^+ eine Hypothese $H \in \mathcal{H}$ für $\overline{C}$, indem man negative Beispiele für C als positive für $\overline{C}$ benutzt. Dann gibt man die Hypothese $\overline{H}$ aus. Weil $H \,\Delta\, \overline{C} = \overline{H} \,\Delta\, C$ gilt, ist $\overline{H}$ eine ε-gute Hypothese für C, wenn H eine ε-gute Hypothese für $\overline{C}$ ist.

(ii) Man verfährt wie in Teil (i). Wegen der strengen Lernbarkeit gilt $H \in \mathcal{C}'$, woraus $\overline{H} \in \mathcal{C}$ folgt. ■

Das nächste Lemma zeigt, daß die Mengen der positiven und negativen Beispiele einer k-RSE eine gewisse Mindestgröße haben, wenn sie nicht leer sind.

Lemma 5.3 *Sei $k \geq 1$ und $C \in k\text{-RSE}_n$. Dann trifft einer der folgenden Fälle zu:*

(i) $C(\mathbf{v}) = 0$ für alle $\mathbf{v} \in \{0,1\}^n$,

(ii) $C(\mathbf{v}) = 1$ für alle $\mathbf{v} \in \{0,1\}^n$,

(iii) $|C^{-1}(0)| \geq \frac{2^n}{2^k}$ und $|C^{-1}(1)| \geq \frac{2^n}{2^k}$.

Beim Beweis dieses Lemmas und des nächsten Satzes wird sich die folgende Definition als hilfreich erweisen:

Definition 5.4 Sei M ein nicht notwendigerweise monotones Monom über den Variablen $\{x_1, \ldots, x_n\}$. Dann ist

$$W_M = \{\mathbf{v} \in \{0,1\}^n \mid m(\mathbf{v}) = 1\} = M^{-1}(1)$$

der Subwürfel von $\{0,1\}^n$, der entsteht, wenn man alle Variablen auf 0 beziehungsweise 1 setzt, die in m negiert beziehungsweise unnegiert) vorkommen, das heißt, W_M ist die Menge der Eingaben, die von M auf 1 abgebildet werden.

Beweis. [von Lemma 5.3] Der Beweis erfolgt durch Induktion über n.

$n = k$: Wenn C nicht konstant auf $\{0,1\}^n$ ist, dann gilt $|f^{-1}(0)|, |f^{-1}(1)| \geq 1 = 2^n/2^k$.

$n > k$: Sei C nicht konstant auf $\{0,1\}^n$. Weiterhin nehmen wir an, daß der Term 1 in C nicht vorkommt; der Beweis für den Fall, daß der Term 1 in C vorkommt, ist analog. Wir unterscheiden drei Fälle.

1.Fall: Es gibt eine Variable, die in allen Monomen von C vorkommt, o.B.d.A. sei dies x_n. Wir schränken C auf Eingaben ein, die an der n-ten Position eine 0 haben. Dies ist genau die Hälfte aller Eingaben, und wir bezeichnen diese Einschränkung mit $C_{|x_n=0}$. Das Konzept $C_{|x_n=0}$ ist eine $(k-1)$-RSE. Es gilt $C_{|x_n=0} \equiv 0$, also $|C^{-1}(0)| \geq 2^{n-1} \geq 2^n/2^k$. Dabei bezeichnet von C auf Falls $C_{|x_n=1} \equiv 1$, so gilt $|C^{-1}(1)| = 2^{n-1}$ und die Behauptung folgt. Nehmen wir also an, daß $C_{|x_n=1}$ eine nicht-konstante $(k-1)$-RSE auf dem $(n-1)$-dimensionalen Subwürfel W_{x_n} ist. Dann folgt aus der Induktionsvoraussetzung $\left|C^{-1}_{|x_n=1}(1)\right| \geq 2^{n-1}/2^{k-1} = 2^n/2^k$, und somit $|C^{-1}(1)| \geq 2^n/2^k$.

2.Fall: Es gibt eine Variable, die in allen Monomen der Länge k von C vorkommt, o.B.d.A. sei dies x_n, und es gibt ein Monom der Länge echt kleiner als k, das x_n nicht enthält. Dann ist $C_{|x_n=0}$ eine nicht-konstante $(k-1)$-RSE auf $W_{\overline{x_n}}$. Nach Induktionsvoraussetzung enthalten $C^{-1}_{|x_n=0}(0)$ und $C^{-1}_{|x_n=0}(1)$ jeweils mindestens $2^{n-1}/2^{k-1} = 2^n/2^k$ Elemente.

3.Fall: Es gibt keine Variable, die in allen Monomen der Länge k vorkommt. Dann ist $C_{|x_n=0}$ ist eine nicht-konstante k-RSE auf dem $(n-1)$-dimensionalen Subwürfel $W_{\overline{x_n}}$. Also gilt nach Induktionsvoraussetzung $\left|C^{-1}_{|x_n=0}(1)\right| \geq 2^{n-1}/2^k$ und $\left|C^{-1}_{|x_n=0}(0)\right| \geq 2^{n-1}/2^k$. Gleiches gilt für $C_{|x_n=1}$ und W_{x_n}. Insgesamt folgt $|C^{-1}(0)|, |C^{-1}(1)| \geq 2 \cdot (2^{n-1}/2^k)$.

■

Satz 5.5 *Für $k \geq 1$ ist die Klasse k-RSE weder aus positiven Beispielen alleine noch aus negativen Beispielen alleine streng lernbar. Dies gilt selbst dann, wenn Genauigkeits- und Unzuverlässigkeitsparameter konstant sind.*

Beweis. Wir beschränken uns auf den Beweis, daß k-RSE nicht aus negativen Beispielen gelernt werden kann; der Satz folgt dann aus Lemma 5.2.

Sei $M := \overline{x_1}\,\overline{x_2}\ldots\overline{x_{k+1}}$ ein Monom, dann ist W_M der Subwürfel von $\{0,1\}^n$, der aus den Vektoren besteht, deren erste $(k+1)$ Einträge 0 sind. Wir betrachten die folgenden k-RSE: $C_i := x_i$, $1 \leq i \leq k+1$. Es gilt $C_i \equiv 0$ auf W_M. Für alle i, $1 \leq i \leq k+1$, definieren wir eine Verteilung D_i wie folgt: D_i gibt W_M und $C_i^{-1}(1) = W_{x_i}$ jeweils das Gewicht $1/2$ und ist dort jeweils uniform.

Wir zeigen nun, daß jede k-RSE, die nur aus negativen Beispielen gelernt wird, bezüglich eines der C_i einen großen Fehler hat. Die Idee dahinter ist, daß man mit Hilfe der negativen Beispiele nicht zwischen den verschiedenen potentiellen Zielkonzepten C_i unterscheiden kann, weil die Verteilungen D_i auf W_M identisch sind, und nur von dort negative Beispiele gezogen werden können.

Wähle $\varepsilon = 2^{-(k+2)}$, $\delta = \frac{1}{k+2}$. Angenommen es gibt einen Algorithmus, der k-RSE aus negativen Beispielen lernt. Der Algorithmus erhält eine Stichprobe für eines der Konzepte C_i, die nur aus negativen Beispielen besteht. Sei H die darauf berechnete Hypothese.

1.Fall: $H \not\equiv 0$ auf W_M, das heißt, H ist nicht konstant 0 auf W_M. Dann folgt aus Lemma 5.3, daß für einen Anteil von mindestens 2^{-k} aller $v \in W_M$ gilt: $H(v) = 1$. Dann gilt $D(H\Delta C_i) \geq D(W_M)2^k = (1/2)2^{-k} > \varepsilon$ für alle i, weil D_i uniform auf W_M ist.

2.Fall: $H \equiv 0$ auf W_M. In diesem Fall folgt aus Lemma 5.3, daß $|H^{-1}(0)| \geq 2^{n-k}$. Da $|W_M| = 2^{n-(k+1)}$, gibt es mindestens $2^{n-(k+1)}$ Elemente in $H^{-1}(0) \setminus W_M$. Dann existiert ein $i \in \{1, \ldots, k+1\}$, so daß W_{x_i} einen Element aus $H^{-1}(0)$ enthält. Aus Lemma 5.3 folgt, daß H dann sogar auf einem Anteil von mindestens 2^{-k} aller Elemente aus W_{x_i} eine 0 berechnet. Somit gibt es ein Zielkonzept C_i, so daß gilt: Die Wahrscheinlichkeit, daß der Algorithmus eine Hypothese H ausgibt, deren Fehler $D(H\Delta C_i)$ bezüglich dieses Zielkonzepts mindestens $(1/2)2^{-k} > \varepsilon$ beträgt, ist mindestens $\frac{1}{k+1} > \delta$. Wir gehen dabei davon aus, daß jedes der $(k+1)$ potentiellen Zielkonzepte gleich wahrscheinlich ist. ■

Im letzten Beweis waren die Zielkonzepte 1-RSEs, und als Hypothesen waren sogar k-RSEs zugelassen. Weiterhin wurden keinerlei Annahmen über die Laufzeit des Lernalgorithmus gemacht. Der Beweis benutzt keine komplexitätstheoretische Annahme (wie $RP \neq NP$), sondern beruht auf einem informationstheoretischen Argument. Daher folgt sofort das nächste Korollar.

Korollar 5.6 *Die Klasse* 1-RSE *ist weder aus positiven Beispielen alleine noch aus negativen Beispielen alleine durch die Klasse* k-RSE *lernbar. Dies gilt selbst dann, wenn man beliebige Laufzeit für den Lernalgorithmus und eine beliebig große Stichprobe erlaubt.*

Wir wollen nun zeigen, daß die Klasse k-RSE aus einem Beispieltyp lernbar, aber nicht streng lernbar ist. Als Hypothesen verwenden wir affine Unterräume eines geeigneten Vektorraums. Wir beweisen das Resultat nur für 1-RSE*. Die Verallgemeinerung auf beliebige k findet sich bei Fischer und Simon [FS90b].

Das nächste Lemma beschreibt die algebraische Struktur der Menge der negativen Beispiele einer 1-RSE$^*_n$. Seien $\mathbf{v}, \mathbf{b}_1, \ldots, \mathbf{b}_s \in \{0,1\}^n$. Dann ist $\mathbf{v}$ eine *Linearkombination* (über $GF(2)$) der $\mathbf{b}_i$, falls es $\alpha_i \in \{0,1\}$, $1 \leq i \leq s$, gibt, so daß $\mathbf{v} = \sum_{i=1}^{s} \alpha_i \mathbf{b}_i$. Mit $\langle \mathbf{b}_1, \ldots, \mathbf{b}_s \rangle$ bezeichnen wir den von den $\mathbf{b}_i$ aufgespannten linearen Unterraum von $\{0,1\}^n$. Sei $\mathcal{BV}_n$ die Klasse der linearen Unterräume von $\{0,1\}^n$ (Boolesche Vektorräume) und $\mathcal{BV} = \bigcup_{n \in \mathbb{N}} \mathcal{BV}_n$. Man kann leicht zeigen,daß $\text{VCdim}(\mathcal{BV}_n) = n$ gilt.

Lemma 5.7 *Für alle $C \in$ 1-RSE* ist $C^{-1}(0)$ ein linearer Unterraum von $\{0,1\}^n$.*

Beweis. Sei $C = \bigoplus_{i=1}^{n} c_i x_i \in \text{1-RSE}_n^*$, $c_i \in \{0,1\}$. Die negativen Beispiele sind genau die Vektoren, die eine gerade Anzahl von Einsen an den Positionen j haben, mit $c_j = 1$. Diese Eigenschaft gilt für den Nullvektor und bleibt bei der Addition (in $GF(2)$) von zwei oder mehr solcher Vektoren erhalten. ■

Satz 5.8 *Die Klasse 1-RSE* ist sowohl nur aus positiven als auch nur aus negativen Beispielen durch $\mathcal{BV}$ lernbar.*

Beweis. Wir beweisen nur die Lernbarkeit aus negativen Beispielen. Die Lernbarkeit aus positiven Beispielen folgt mit Lemma 5.2. Sei $C = \bigoplus_{i=1}^{n} c_i x_i \in \text{1-RSE}_n^*$, $c_i \in \{0,1\}^n$ und D eine Verteilung auf $\{0,1\}^n$.

Gegeben sei eine Stichprobe aus negativen Beispielen $\mathbf{a}_1, \ldots, \mathbf{a}_m \in C^{-1}(0)$. Daraus wählen wir eine maximale linear unabhängige Menge $\{\mathbf{b}_1, \ldots, \mathbf{b}_s\}$, $s \leq n$, aus. Die Hypothese $H \in \mathcal{BV}_n$ ist das Komplement des davon aufgespannten Unterraums $\langle \mathbf{b}_1, \ldots, \mathbf{b}_s \rangle$, das heißt

$$H(\mathbf{x}) = \begin{cases} 0 \text{ , falls } \mathbf{x} \in \langle \mathbf{b}_1, \ldots, \mathbf{b}_s \rangle \\ 1 \text{ , sonst} \end{cases}$$

Die Vektoren $\mathbf{b}_1, \ldots, \mathbf{b}_s$ stellen eine Beschreibung von H der Größe $O(n^2)$ dar. Aufgrund von Lemma 5.7 ist H konsistent auf der Stichprobe. Zusätzlich hat H einseitigen Fehler, weil $H^{-1}(0) \subseteq C^{-1}(0)$ gilt. Mit $\text{VCdim}(\mathcal{BV}_n) = n$ folgt die Lernbarkeit aus Bemerkung 2.43.

■

In [FS90b] findet sich folgende Verallgemeinerung.

Korollar 5.9 *Die Klasse k-RSE ist sowohl aus positiven als auch aus negativen Beispielen lernbar, $k \geq 1$.* ■

Man kann Satz 5.8 für die uniforme Verteilung auf strenge Lernbarkeit der Klasse 1-RSE verschärfen. Man erhält so ein verteilungsspezifisches Resultat.

Satz 5.10 *Die Klasse 1-RSE ist unter uniformer Verteilung sowohl aus positiven als auch aus negativen Beispielen streng lernbar.*

Beweis. Wir beginnen mit der Beobachtung, daß für lineare Unterräume U und U' von $\{0,1\}^n$, mit $U' \subset U$ die folgende Beziehung der Kardinalitäten gilt: $|U'| \leq \frac{1}{2}|U|$.

Sei zunächst $C \in$ 1-RSE$^*_n$, das heißt C enthält den Term 1 nicht. Wegen Lemma 5.2 genügt es, die Lernbarkeit aus negativen Beispielen zu zeigen. Wir nehmen daher an, daß die Verteilung D ihr ganzes Gewicht auf den negativen Beispielen hat und dort uniform ist.

Sei $\delta > 0$ und $(\langle \mathbf{a}_1, 0\rangle, \ldots, \langle \mathbf{a}_m, 0\rangle)$ eine Stichprobe aus negativen Beispielen für C. Wir konstruieren eine linear unabhängige Menge $M = \{\mathbf{b}_{i_1}, \ldots, \mathbf{b}_{i_s}\}$, indem wir die Stichprobe durchlaufen und linear unabhängige Vektoren $\mathbf{a}_i$ zu M hinzufügen.

Da die $\mathbf{a}_j$ anhand der uniformen Verteilung auf $C^{-1}(0)$ gezogen wurden, ist die Wahrscheinlichkeit, daß ein $\mathbf{a}_j$ nicht im aktuellen Unterraum $\langle M\rangle$ liegt, mindestens $1/2$, solange M noch nicht maximal linear unabhängig ist.

Die erwartete Anzahl der Vektoren, die man betrachten muß, ehe M maximal ist, beträgt somit höchstens $2n$. Aus der Markov-Ungleichung (A.14) folgt, daß $\lceil 1/\delta\rceil \cdot 2n$ negative Beispiele genügen, damit M mit Zuverlässigkeit $(1-\delta)$ maximal ist. Sei dazu V die Zufallsvariable „Anzahl der Beispiele, bis M maximal ist". Dann gilt:

$$\Pr[V > (\lceil 1/\delta\rceil \cdot 2n)] \leq \frac{1}{\lceil 1/\delta\rceil} \leq \delta\,.$$

Wir zeigen nun, wie man aus den Vektoren in M eine 1-RSE$^*_n$ als Hypothese konstruieren kann. Aus Lemma 5.7 wissen wir, daß die negativen Beispiele einen linearen Unterraum bilden. Wir wollen feststellen, ob die Variable x_i als Term in C vorkommt. Dazu testen wir für jeden kanonischen Basisvektor $\mathbf{e}_i \in \{0,1\}^n$, ob $\mathbf{e}_i \in \langle M\rangle$. Falls M maximal ist, ist x_i ein Term von C genau dann, wenn $\mathbf{e}_i \notin \langle M\rangle$.

Betrachten wir nun den Fall, daß das Zielkonzept C den Term 1 enthält. Die negativen Beispiele für C enthalten dann eine ungerade Anzahl von 1-Einträgen an den relevanten Positionen. Dies gilt auch für jede Summe von ungerade vielen negativen Beispielen. Wir nennen eine Summe von ungerade vielen negativen Beispielen eine *ungerade Linearkombination.*

Ein Vektor mit einer geraden Anzahl von 1-Einträgen an den relevanten Positionen ist ein positives Beispiel. Ähnlich wie oben kann man eine Repräsentation des „Raumes" der ungeraden Linearkombinationen von negativen Beispielen konstruieren.

Um festzustellen, ob das Zielkonzept den Term 1 enthält, ziehen wir einige zusätzliche negative Beispiele und prüfen, ob eines davon eine gerade Linearkombinationen der alten Beispiele ist. Wenn das so ist, wissen wir, daß der

Term 1 in C vorkommt. Anderenfalls nehmen wir an, daß der Term 1 nicht vorkommt. Durchschnittlich genügen dazu 2 zusätzliche Beispiele, womit sich eine Stichprobengröße von $\lceil 1/\delta \rceil \cdot (2n+2)$ ergibt. ■

Bemerkung 5.11 Das Ergebnis des letzten Satzes läßt sich nicht ohne weiteres auf die Klasse k-RSE, $k \geq 2$ übertragen. Man könnte wie im Beweis von Satz 2.46 aus jedem negativen Beispiel $\mathbf{a}$ einen Vektor bauen, der für jedes Monom M der Länge höchstens k einen Eintrag $M(\mathbf{a})$ hat. Diese Vektoren sollen dann die negativen Beispiele aus der Analyse der 1-RSE ersetzen. Allerdings induziert die uniforme Verteilung auf $\{0,1\}^n$ nicht die uniforme Verteilung auf diesen Vektoren, so daß die obigen Schlüsse nicht mehr gezogen werden können.

5.2 k-Term-DNF ist nicht streng PAC-lernbar

Wir beschreiben nun Situationen, in denen strenge Lernbarkeit auch aus beiden Beispieltypen nicht möglich ist. Das Korollar 2.39 nennt zwei Bedingungen, die zusammen effiziente PAC-Lernbarkeit implizieren: Endlichkeit der Vapnik-Chervonenkis-Dimension und Existenz eines konsistenten Hypothesenfinders. Hier werden wir nun eine Konzeptklasse kennenlernen, bei der die erste Bedingung erfüllt ist, die zweite aber für den Fall der strengen Lernbarkeit ($\mathcal{H} = \mathcal{C}$) die Konsequenz $RP = NP$ hätte, also höchstwahrscheinlich nicht erfüllt ist[1]. Wie in der Komplexitätstheorie üblich, benutzen wir dazu *Reduktionen*, die die Lösung eines Entscheidungsproblems auf die eines anderen zurückführen. Wir formulieren daher die Existenz eines konsistenten Hypothesenfinders als ein solches.

Definition 5.12 Das *Konsistenzproblem* für eine Konzeptklasse $\mathcal{C}$ über X ist wie folgt definiert: Gegeben eine Stichprobe $(\langle x_1, \ell_1 \rangle, \ldots, \langle x_m, \ell_m \rangle)$, $x_i \in X$, $\ell_i \in \{0,1\}$, gibt es ein Konzept $C \in \mathcal{C}$, das auf dieser Stichprobe konsistent ist?

Der folgende Satz findet sich bei Kearns, Li, Pitt und Valiant [KLPV87] sowie bei Pitt und Valiant [PV88].

[1] Ein Entscheidungsproblem $\mathcal{L}$ liegt in RP falls es einen polynomiellen randomisierten Algorithmus A gibt, so daß für alle $L \in \mathcal{L}$ gilt $\Pr[A(L) = 1] > \frac{1}{2}$ und für alle $L \notin \mathcal{L}$ gilt $\Pr[A(L) = 0] = 1$. Die Wahrscheinlichkeit wird über die Randomisierung (Münzwürfe) von A gebildet.

Satz 5.13 *Falls $RP \neq NP$ gilt, so ist $\mathcal{C}$ nicht effizient streng PAC-lernbar, wenn das Konsistenzproblem für $\mathcal{C}$ NP-vollständig ist.*

Beweis. Sei das Konsistenzproblem für $\mathcal{C}$ NP-vollständig. Wenn $\mathcal{C}$ effizient streng PAC-lernbar ist, so gibt es mit Satz 2.41 einen randomisierten konsistenten Hypothesenfinder mit polynomieller Laufzeit. Also gilt $RP = NP$. ∎

Die Klasse, die wir untersuchen wollen, enthält spezielle Boolesche Formeln.

Definition 5.14 Es sei k-Term-DNF$_n$ die Klasse der Booleschen Funktionen über n Variablen, die sich durch eine disjunktive Normalform darstellen lassen, die aus höchstens k Monomen (beliebiger Länge) bestehen. Wieder sei k-Term-DNF $:= \bigcup_{n=0}^{\infty} k$-Term-DNF$_n$.

Satz 5.15 (Kearns, Li, Pitt und Valiant [KLPV87]) *Falls $RP \neq NP$, so sind die Klassen* k-Term-DNF *und* k-Term-KNF *nicht effizient streng PAC-lernbar.*

Beweis. Wir zeigen, daß das Konsistenzproblem für k-Term-DNF NP-hart ist, indem wir das k-Färbbarkeits-Problem für Hypergraphen darauf reduzieren. Da letzteres NP-hart ist, siehe Garey und Johnson [GJ79], folgt das Ergebnis aus Satz 5.13. Der Beweis für die Klasse k-Term-KNF ist ähnlich.

Eine Eingabe für das *k-Färbbarkeits-Problem für Hypergraphen* besteht aus der Knotenmenge $V = \{1, \ldots, n\}$ und einer Menge $E = \{K_1, \ldots, K_m\}$ von Hyperkanten, mit $K_j \subset \{1, \ldots, n\}$ und $|K_j| \geq 2$. Weiter gilt: $f : \{1, \ldots, n\} \mapsto \{1, 2, \ldots, k\}$ ist eine *k-Färbung* (der Knoten) des Hypergraphen $G := (V, E)$, wenn jede Hyperkante mindestens zwei Farben enthält, das heißt

$$\forall K_j \in E \, \exists x, y \in K_j \; : \; f(x) \neq f(y) \; .$$

Wir konstruieren aus G eine Stichprobe S und zeigen, daß G genau dann k-färbbar ist, wenn es eine auf dieser Stichprobe konsistente k-Term-DNF gibt. Die Stichprobe S besteht aus den folgenden positiven beziehungsweise negativen Beispielen $\mathbf{p}_i, \mathbf{n}_j \in \{0,1\}^n$:

- $\mathbf{p}_i = (1, \ldots, 1, 0, 1, \ldots, 1)$, $1 \leq i \leq n$, wobei die einzige 0 an der i-ten Stelle steht.

- $\mathbf{n}_j = \chi(\overline{K_j})$, $1 \leq j \leq m$, wobei $\chi(\overline{K_j})$ der charakteristische Vektor des Komplements $V \setminus K_j$ der Hyperkante K_j ist, das heißt die t-te Komponente $n_{j,t}$ von $\mathbf{n}_j$ ist genau dann 0, wenn $t \in K_j$.

Im folgenden werden wir manchmal sagen „die Variable x_i wird mit j gefärbt“, wenn wir meinen „der Knoten i wird mit j gefärbt“. Zunächst zeigen wir, daß eine k-Färbung von (V, E) in eine k-Term-DNF$_n$ umgewandelt werden kann, die konsistent auf der Stichprobe ist. Für $s \in \{1, \ldots, k\}$ sei M_s dasjenige Monom, das aus allen Variablen x_i besteht, die *nicht* mit s gefärbt wurden:

$$M_s = \bigwedge_{f(i) \neq s} x_i \ .$$

Sei $R = M_1 \vee M_2 \cdots \vee M_k$. Jedes positive Beispiel $\mathbf{p}_i$ erfüllt genau ein Monom, nämlich das, das x_i nicht enthält. Somit gilt $R(\mathbf{p}_i) = M_1(\mathbf{p}_i) \vee M_2(\mathbf{p}_i) \cdots \vee M_k(\mathbf{p}_i) = 1$.

Wir behaupten, daß alle negativen Beispiele keines der k Monome erfüllen. Das zur Hyperkante K_j gehörende negative Beispiel $\mathbf{n}_j$ enthält genau an den Positionen eine 0, die den Knoten in K_j entsprechen. Da G k-färbbar ist, enthält K_j Knoten aus mindestens zwei Farbklassen, also auch zwei 0-Einträge. Bei jedem Monom M_r sorgt (mindestens) einer dieser 0-Einträge dafür, daß M_r nicht erfüllt ist. Somit gilt $R(\mathbf{n}_j) = M_1(\mathbf{n}_j) \vee M_2(\mathbf{n}_j) \vee \cdots \vee M_k(\mathbf{n}_j) = 0$.

Sei nun $R = M_1 \vee M_2 \cdots \vee M_k$ eine k-Term-DNF, die konsistent auf der Stichprobe ist. Wir können annehmen, daß alle Monome monoton sind, also nur unnegierte Variablen enthalten. Würde M_r mindestens zwei negierte Variablen enthalten, so würde es von keinem positiven Beispiel $\mathbf{p}_i$ erfüllt, wäre also überflüssig und könnte gelöscht werden. Enthält M_r genau eine negierte Variable x_t so kann man es durch $M_r' = \bigwedge_{i \neq t} x_i$ ersetzen. Man beachte, daß M_r' nur von dem positiven Beispiel $\mathbf{p}_r$ und dem Einsvektor $(1, 1, \ldots, 1)$ erfüllt wird.

Eine k-Färbung f läßt sich daraus wie folgt konstruieren. Wir färben Knoten i mit der Farbe des ersten Monoms, das x_i nicht enrhält.

$$f(i) := \min \{r \mid \text{Variable } x_i \text{ ist nicht in } M_r\}$$

Die Färbung f ist wohldefiniert: Da jedes $\mathbf{p}_i$ die Formel R erfüllt, erfüllt $\mathbf{p}_i$ mindestens ein Monom M_r. Da die Monome monoton sind, muß es mindestens eines geben, das x_i nicht enthält.

Es bleibt zu zeigen, daß keine Hyperkante K_j einfarbig ist. Wegen der Konsistenz von R gilt $R(\mathbf{n}_j) = M_1(\mathbf{n}_j) \vee M_2(\mathbf{n}_j) \cdots \vee M_k(\mathbf{n}_j) = 0$ und somit $M_r(\mathbf{n}_j) = 0$, für alle j. Wenn K_j einfarbig ist, sagen wir ganz mit r gefärbt, so ist M_r für alle $x_i \in K_j$ das erste Monom, das x_i nicht enthält. Das heißt., daß alle $x_i \in K_j$ in M_r fehlen. Dann berechnet aber M_r auf $\mathbf{n}_j$ eine 1 im Widerspruch zur Konsistenz.

Die angegebene Reduktion ist offensichtlich polynomiell. ■

Die Klasse k-Term-DNF und k-Term-KNF sind aber durch stärkere Hypothesenklassen lernbar.

Satz 5.16

- *Die Klasse* k-Term-DNF *ist durch* k-KNF *effizient PAC-lernbar.*
- *Die Klasse* k-Term-KNF *ist durch* k-DNF *effizient PAC-lernbar.*

Beweis. Durch Ausmultiplizieren (d.h. durch Ausnutzen der Distributivität des logischen ODERs über das logische UND) wird aus einer k-Term-DNF$_n$ C eine k-KNF$_n$ C', die dieselbe Boolesche Funktion berechnet. Die Formel C' läßt sich gemäß Korollar 2.17 lernen. Die zweite Aussage des Satzes folgt aus der Dualität von UND und ODER. ∎

Die Klasse k-KNF$_n$ ist eine echte Oberklasse von k-Term-DNF$_n$. Die Größe der zum Lernen notwendigen Stichprobe ist von der Vapnik-Chervonenkis-Dimension der Hypothesenklasse abhängig. Es ist dem Leser als Übung überlassen, die Vapnik-Chervonenkis-Dimension der beiden Klassen zu bestimmen und zu vergleichen.

Eine weitere Klasse, die nicht streng effizient PAC-lernbar ist, bilden die Booleschen Schwellwertfunktionen.

Definition 5.17 Mit BTF$_n$bezeichnen wir die Klasse der *Booleschen Schwellwertfunktionen* (*Threshold-Funktionen*) über n Variablen. Das sind Funktionen von der Form

$$f_{\mathbf{w},\tau}(x_1,\ldots,x_n) = \begin{cases} 1 & \text{falls } w_1x_1+\ldots+w_nx_n \geq \tau \\ 0 & \text{falls } w_1x_1+\ldots+w_nx_n < \tau \end{cases}$$

wobei $\mathbf{w} = (w_1,\ldots,w_n) \in \{0,1\}^n$ der *Gewichtsvektor* und $\tau \in \{0,1,\ldots,n+1\}$ der *Schwellwert* ist. Wie üblich definieren wir $\text{BTF} = \bigcup_{n\in\mathbb{N}} \text{BTF}_n$.

Satz 5.18 – *Die Klasse* BTF *ist nicht effizient streng PAC-lernbar, falls* $NP \neq RP$.

- *Die Klasse* BTF *ist effizient PAC-lernbar durch die Klasse der Halbräume im* $\mathbb{R}^n$.

Beweis. Die erste Aussage wird durch eine Reduktion auf das NP-vollständige Problem ZERO-ONE-INTEGER-PROGRAMMING bewiesen, wir verweisen dazu auf [PV88].

Für die zweite Aussage bettet man den Booleschen Würfel kanonisch in den $\mathbb{R}^n$ ein und beobachtet, daß die positiven Beispiele (in $\{0,1\}^n$) von den negativen durch eine $(n-1)$-dimensionale Hyperebene getrennt werden können. Zu einer gegebenen Stichprobe läßt sich eine solche *separierende Hyperebene* mittels Linearer Programmierung in polynomieller Zeit finden.

Die verwendeten Algorithmen von Khachiyan und Karmarkar sind zwar polynomiell, allerdings von so hohem Grad, daß eine praktische Anwendung allenfalls für sehr kleine Probleme möglich ist. Der Simplex-Algorithmus von Danzig dagegen ist im Worst-Case zwar exponentiell, zeigt in der Praxis aber ein lineares Verhalten. ■

5.3 Repräsentations-unabhängige Nichtlernbarkeitsresultate

Die Nichtlernbarkeitsresultate des letzten Abschnitts gelten nur dann, wenn die Hypothesenklasse fest vorgegeben ist. In den vorgestellten Beispielen war dies jeweils die Zielklasse. Wir hatten gesehen, daß sich in allen Fällen Hypothesenklassen finden ließen, mit deren Hilfe man effizient PAC-lernen kann. Es drängt sich also die Frage auf, ob dies stets der Fall ist. Genauer: Geben eine Zielklasse $\mathcal{C}$, gibt es stets eine Hypothesenklasse $\mathcal{H}$ mit $\mathcal{C} \subseteq \mathcal{H}$, so daß $\mathcal{C}$ durch $\mathcal{H}$ effizient lernbar ist? Wir werden in diesem Abschnitt zeigen, daß dies wahrscheinlich nicht der Fall ist. Auch diese Ergebnisse sind, wie auch die aus dem vorigen Abschnitt, relativ. Das heißt, sie gelten, wenn eine andere, noch unbewiesenen komplexitätstheoretische Aussage gilt. Hier ist es nicht die Vermutung, daß $RP \neq NP$ gilt, sondern es ist eine Vermutung, die die Sicherheit der populärsten Verschlüsselungssystems mit öffentlichen Schlüsseln impliziert.

Die Vorgehensweise ist wie folgt: Man konstruiert ein Universum X und eine Konzeptklasse $\mathcal{C}$, so daß gilt: Wenn es eine Hypothesenklasse $\mathcal{H} \supseteq \mathcal{C}$ gibt, so daß $\mathcal{C}$ durch $\mathcal{H}$ effizient PAC-lernbar ist, so kann man das RSA-Verschlüsselungssystem brechen. Die Resultate dieses Kapitels stammen im Wesentlichen von Kearns und Valiant [KV89].

Wir stellen nun das RSA-Verschlüsselungssystem vor und zeigen einige Eigenschaften die wir im folgenden benötigen. Anschließend konstruieren wir eine Konzeptklasse, deren Lernbarkeit implizieren würde, daß das RSA-System unsicher wäre.

5.3.1 Das RSA-Verschlüsselungssystem

Allgemein lassen sich die Anforderungen an ein *Verschlüsselungssystem mit öffentlichem Schlüssel* (*public-key cryptosystem*)so beschreiben:

Jeder Teilnehmer A am System berechnet einen *öffentlichen Schlüssel* k^A_{pub}, den er veröffentlicht. Dabei verwendet er geheime die Information k^A_{priv}, die er für sich behält. Die geheime Information k^A_{priv} darf sich nicht effizient aus der öffentlichen k^A_{pub} berechnen lassen. Dabei heißt „nicht effizient", daß eine solche Berechnung soviele Rechenschritte benötigt, daß sie selbst bei rasantem Fortschritt der Technik unvertretbar lange dauert. Speziell darf die Entschlüsselungszeit nicht polynomiell in der Länge der beiden Schlüssel k^A_{priv} und k^A_{pub} sein.

Mit Hilfe des Schlüssels k^A_{pub} kann jeder andere Teilnehmer B eine Nachricht n verschlüsseln und die verschlüsselte Nachricht y an A senden. Andere Teilnehmer, die y lesen, dürfen nicht in der Lage sein, diese effizient zu entschlüsseln. Nur A kann aus y mit Hilfe des nur ihm bekannten Schlüssels k^A_{priv} die ursprüngliche Nachricht n effizient zurückgewinnen.

Die Sicherheit solcher Systeme beruht auf der Tatsache, daß sich k^A_{priv} nicht effizient aus k^A_{pub} berechnen läßt. Bei den heute verwenden Verschlüsselungssystem mit öffentlichem Schlüssel, von denen RSA das bekannteste ist, ist diese Sicherheit nicht mathematisch bewiesen. Sie beruht vielmehr auf der Überzeugung, daß der Rückschluß von k^A_{priv} auf k^A_{pub} schwer sei. Man spricht in diesem Zusammenhang auch von einer *Falltürfunktion* (englisch *trapdoor function*). Mit Hilfe der geheimen Information k^A_{priv} kann A eine Falltür öffnen durch die ihm die entschlüsselte Nachricht entgegen fällt. Auch der Begriff *Einbahnstraßenfunktion* (englisch *one-way function*) ist gebräuchlich. Er bezeichnet Funktionen, die (wie die Verschlüsselungsfunktion) leicht zu berechnen sind, deren Umkehrfunktion (die Entschlüsselungsfunktion) aber nicht effizient berechenbar ist.

Das RSA-System wurde von Rivest, Shamir und Adleman [RSA78] entwickelt. Es beruht auf zahlentheoretischen Prinzipien. Seine Sicherheit hängt davon ab, daß es (wahrscheinlich) schwer ist Zahlen, die das Produkt von zwei großen Primzahlen sind, zu faktorisieren. Wir beschreiben nun die Arbeitsweise dieses Systems.

Für Natürliche Zahlen a und b bezeichnet $ggT(a, b)$ den *größten gemeinsamen Teiler* von a und b und $a \bmod b$ den ganzzahligen Rest der Division von a/b. Gilt $ggT(a, b) = 1$, so nennen wir a und b *relativ prim*. Mit $\Phi(b)$ bezeichnen wir den Wert der *Euler-Funktion* von b. Dies ist die Anzahl der zu b relativ primen kleineren Zahlen: a, $1 \leq a < b$ mit $ggT(a, b) = 1$.

Wir beschreiben zunächst die Arbeitsweise des Systems und zeigen dann, daß die einzelnen Schritte effizient durchführbar sind. Der Benutzer A erzeugt zwei verschiedene große Primzahlen p und q, jeweils etwa 100 Dezimalstellen lang, und berechnet ihr Produkt $N = pq$ und $\Phi(N)$. Dann wählt er zufällig eine Zahl e, $2 \leq e \leq \Phi(N) - 1$ mit der Eigenschaft $ggT(e, \Phi(N)) = 1$, man nennt e den *Verschlüsselungsexponenten* (englisch *encoding exponent*). Weiterhin berechnet A den *Entschlüsselungsexponenten* (englisch *decoding exponent*) d so, daß $1 \leq d \leq N$ und $ed = 1 \bmod \Phi(N)$.

Der öffentliche Schüssel besteht aus N und e, d.h $k^A_{pub} = (N, e)$, der geheime ist $k^A_{priv} = (p, q, d)$. Da man jeden Text (beispielsweise über die ASCII-Darstellung der Zeichen) als Ziffernfolge interpretieren kann, können wir annehmen, daß die Nachrichten solche Ziffernfolgen sind. Will nun der Benutzer B eine Nachricht an A senden, so zerlegt er diese in Teile. Die Ziffernfolge jeden Teiles bildet dann eine Zahl. Die Zerlegung erfolgt so, daß für jede so gebildete Zahl x gilt $1 \leq x \leq N - 1$, wobei man in der Praxis x möglichst groß wählt.

Zur Verschlüsselung benutzt B die RSA-Verschlüsselungsfunktion $RSA_{N,e}$, die so definiert ist:

$$RSA_{N,e}(x) := x^e \bmod N \ . \tag{5.1}$$

Wenn A eine verschlüsselte Nachricht $y := RSA_{N,e}(x)$ erhält, so wendet er darauf seine Entschlüsselungsfunktion $\overline{RSA}_d$ an, die so definiert ist

$$\overline{RSA}_d(y) := y^d \bmod N \ . \tag{5.2}$$

Sowohl Ver- als auch Entschlüsselung werden durch entsprechende Potenzierung den Nachricht beziehungsweise des Kryptogramms berechnet.

Wir zählen nun einige Resultate auf, die zeigen, daß das beschriebenen Verfahren eine korrekte Ver- und Entschlüsselung beschreibt und die benötigten Operationen effizient durchführbar sind. Eine detailierte Beschreibung findet sich zum Beispiel bei [MM82].

- Addition, Subtraktion, Multiplikation und ganzzahlige Division von ganzen Zahlen sind effizient (das heißt polynomiell in der Länge der Zahlen) durchführbar.

- Es gibt einen effizienten probabilistischen Primzahltest, siehe Solovay und Strassen [SS77]. Die Wahrscheinlichkeit, daß eine zusammengesetzte Zahl bei diesem Test nicht als solche erkannt wird kann beliebig klein gemacht werden; Primzahlen werden immer korrekt erkannt.

- Nach dem Primzahlsatz ist der Anteil der Primzahlen an den ersten n natürlichen Zahlen $n/\ln(n)$. Wenn man also Zufallszahlen daraufhin testet, ob sie Primzahlen sind, müssen im Durchschnitt nicht viele solcher Test durchgeführt werden, bis man eine Primzahl gefunden hat.

– Wenn p und q Primzahlen sind und $N = pq$, so gilt für die Euler-Funktion

$$\Phi(N) = (p-1)(q-1) \ , \tag{5.3}$$

das heißt, $\Phi(N)$ ist effizient berechenbar.

– Der Verschlüsselungsexponent e ist effizient (probabilistisch) berechenbar. Es genügt eine Zahl zu finden, die relativ prim zu $\Phi(N)$ ist. Dies gilt speziell für Primzahlen, die größer als $\max\{p, q\}$ sind. Nach dem Primzahlsatz sind diese hinreichend häufig.

– Der Entschlüsselungsexponent d ist effizient berechenbar. Die Gleichung $de = 1 \bmod \Phi(N)$ hat eine Lösung, weil $ggT(e, \Phi(N)) = 1$ gilt. Zur Lösung muß man also das multiplikativ Inverse zu e (modulo $\Phi(N)$) bestimmen. Dazu ist die Kenntnis von $\Phi(N)$ hilfreich, die nur A hat. Eine effiziente Bestimmung einer Lösung d erfolgt mit Hilfe des Euklidischen Algorithmus für den größten gemeinsamen Teiler.

– Für $x \in \mathbb{N}$ läßt sich $x^e \bmod N$ effizient berechnen. Man berechnet zunächst die sogenannten *Basispotenzen*

$$x \bmod N,\ x^2 \bmod N,\ x^4 \bmod N,\ \ldots,\ x^{2^i} \bmod N,\ \ldots, x^{2^{\lfloor \log_2(N) \rfloor}} \bmod N$$

durch fortgesetztes Quadrieren. Um x^e zu bestimmen multipliziert man dann die geigneten Potenzen. Wenn $(e_t e_{t-1} \cdots e_1 e_0)$ die Binärdarstellung von e ist so gilt

$$x^e \equiv \prod_{e_i=1} x^{2^i} \bmod N \ .$$

– Die Euler-Funktion hat die folgende Eigenschaft: Für $1 \leq x \leq N-1$ gilt

$$x^{\Phi}(N) \equiv 1 \bmod N \ .$$

– Für $1 \leq x \leq N-1$ gilt

$$(x^e)^d \equiv x \bmod N \ . \tag{5.4}$$

Hier benutzen wir, daß für N das Produkt von zwei Primzahlen p und q ist. Dann gilt die Kongruenz $x^{ed} \equiv x^{\phi(N)+1} \equiv x \bmod N$ für alle $1 \leq x \leq N-1$. Bei beliebigem N müßte man dazu zusätzlich $ggT(x, N) = 1$ fordern, was die zulässigen Nachrichten einschränken würde.

Insgesamt folgt, daß die Verschlüsselung und Entschlüsselung effizient durchführbar sind, vorausgesetzt natürlich, die entsprechenden Schlüssel k_{pub}^A beziehungsweise k_{priv}^A sind bekannt. Soweit probabilistische Algorithmen zum Einsatz kommen, ist ihre erfolgreiche Terminierung mit beliebig hoher Wahrscheinlichkeit sichergestellt.

Allgemein gilt ein Verschlüsselungssystem als gebrochen, wenn man aus jeder verschlüsselten Nachricht y in einer Zeit, die polynomiell in der Länge von y ist, die Originalnachricht x rekonstruieren kann. Die Sicherheit des RSA-Systems beruht wesentlich darauf, daß es schwer ist die Faktorisierung von N in p und q zu berechnen. Einen Beweis, daß dies nicht effizient möglich ist, gibt es nicht. Könnte man die Zahl N, die ja Teil des öffentlichen Schlüssels ist, effizient faktorisieren, so kann man $\Phi(N)$ effizient bestimmen. Mit dem Euklidischen Algorithmus und dem ebenfalls bekannten Verschlüsselungsexponenten e kann man dann den Entschlüsselungsexponenten d bestimmen. Das System wäre dann sogar in einem sehr starken Sinn gebrochen, da man dann alle weiteren Nachrichten sofort entschlüsseln kann. Man kann natürlich einwenden, daß die Faktorisierung von N zwar hilft, das System zu brechen, daß es aber völlig andere Methoden geben kann, die das System ebenfalls brechen. Dies ist zwar richtig, aber unwahrscheinlich. So hat Rabin [Rab79] gezeigt, daß die Kenntnis von $\Phi(N)$ die von p und q nach sich zieht. Im folgenden beschreiben wir nun wie ein lerntheoretischer Angriff auf das RSA-System aussehen könnte.

5.3.2 Kryptographie und Lernen

Um die Sicherheit des RSA-Systems zu Lernproblemen in Beziehung zu setzen, benutzen wir ein Resultat von Alexi, Chor, Goldreich, Schnorr [ACGS88], das zeigt, daß schon das Entschlüsseln eines einzelnen Bits so schwierig ist, wie die Entschlüsselung der gesamten Nachricht. Für $x \in \mathbb{N}$ bezeichnet $LSB(x)$ das niederwertigste Bit in der Binärdarstellung von x.

Satz 5.19 ([ACGS88]) *Seien N, e und x wie oben. Angenommen, es gibt ein Polynom r und einen probabilistischen polynomiell zeitbeschränkten Algorithmus, der bei Eingabe $(e, N, RSA_{N,e}(x))$ mit Wahrscheinlichkeit mindestens $1/2 + 1/(r(\log(N))$ das Bit $LSB(x)$ bestimmt. Dann gibt es eine Algorithmus der bei Eingabe $(e, N, RSA_{N,e}(x))$ mit Wahrscheinlichkeit mindestens $2/3$ die Nachricht x berechnet.*

Die Wahrscheinlichkeiten werden über die möglichen Eingaben x aus der Menge $\{0, 1, \ldots, N-1\}$ unter uniformer Verteilung und über die Münzwürfe des jeweiligen Algorithmus gebildet.

Wir definieren nun eine Konzeptklasse, die das RSA-System beinhaltet. Die Definition ist umfangreicher als zum Beweis des Satzes 5.20 notwendig, sie wird aber bei der Erweiterung auf weitere Klassen, speziell auf $\mathcal{NC}_1$ helfen.

Sei $n \in \mathbb{N}$. Sei ℓ die größte Natürliche Zahl, für die $4\ell^2+8\ell+2 \leq n$ gilt. Dann enthält die Klasse $\mathcal{RSA}_n$ genau die Konzepte $R_{p,q,e}$, wobei p und q Primzahlen mit Bitlänge jeweils genau ℓ sind und e ein Verschlüsselungsexponent ist, das heißt $N = pq$ und $2 \leq e \leq N-1$ und $ggT(e, \Phi(N)) = 1$. Das Konzept $R_{p,q,e} \subseteq \mathbb{N}^{2\lfloor \log_2(N) \rfloor+2}$ ist definiert durch die Menge der positiven Beispiele:

$$R_{p,q,e} := \left\{ \left\langle \left(y \bmod N, y^2 \bmod N, \ldots, y^{2^{\lfloor \log_2(N) \rfloor}} \bmod N, N, e \right); LSB(x) \right\rangle \right. \quad (5.5)$$
$$\left. \mid y \equiv x^e \bmod N,\ 0 \leq x \leq N-1, LSB(x) = 1 \right\} .$$

Negative Beispiele sind alle Tupel der Form

$$\left\langle \left(y \bmod N, y^2 \bmod N, \ldots, y^{2^{\lfloor \log_2(N) \rfloor} \bmod N}, N, e \right); LSB(x) \right\rangle \quad \text{mit } LSB(x) = 0\,, \quad (5.6)$$

sowie alle Tupel die zwar die richtige Anzahl von Einträgen haben, aber nicht von der in (5.5) oder (5.6) beschriebenen Form sind, zum Beispiel solche bei denen die ersten Einträge nicht von den Basispotenzen gebildet werden. Die Länge der Binärdarstellung von N ist höchstens $2\ell+1$, also $\lfloor \log_2(N) \rfloor \leq 2\ell+1$. Formal ist ein Beispiel für $R_{p,q,e}$ also ein $(2\ell+3)$-Tupel wobei jeder Eintrag höchstens $2\ell+1$ Bits lang ist. Die Gesamtlänge eines Beispiels für ein Konzept aus $\mathcal{RSA}_n$ ist also höchstens n Bits. Mit $\mathcal{RSA}$ bezeichnen wir wie üblich die Klasse $\bigcup_{n \geq 0} \mathcal{RSA}_n$.

Betrachten wir nun ein RSA-System. Sei $k_{pub}^A = (N, e)$ der öffentliche und $k_{priv}^A = (p, q, d)$ der private Schlüssel von A. Wir wollen nun zeigen, daß die Existenz eines schwachen PAC-Lerners für die Klasse $\mathcal{RSA}$ impliziert, daß das RSA-System gebrochen werden kann. Nehmen wir also an, es gäbe einen schwachen PAC-Lernalgorithmus A_s der die Klasse $\mathcal{RSA}$ durch irgendeine Hypothesenklasse $\mathcal{H}$ effizient lernt. Genauer: es gibt ein Polynom p_f, so daß A_s für alle $0 < \delta \leq 1$ und alle Zielkonzepte $R \in \mathcal{RSA}_n$ mit Wahrscheinlichkeit mindestens $1-\delta$ eine Hypothese $H \in \mathcal{H}_n$ berechnet mit $\text{err}(H) \leq 1/2 - p_f(n)$. Da A_s effizient ist, ist seine Laufzeit durch ein Polynom in n und δ beschränkt.

Mit Kenntnis von k_{pub}^A erzeugen wir Beispiele gemäß der folgenden Verteilung. Zu gegebenem Konzept $R_{p,q,e}$ definieren wir die Verteilung $D_{p,q,e}$ so, daß sie den positiven Beispielen und den in (5.6) beschriebenen negativen jeweils das Gewicht $1/2$ gibt und dort jeweils uniform ist. Das Gewicht der anderen negativen Beispiele ist 0.

Wir lassen den schwachen Lerner A_s nun laufen. Wann immer A_s ein Beispiel anfordert, entscheiden wir durch einen fairen Münzwurf, ob es ein negatives oder positives sein soll. Abhängig davon wählen wir dann (jeweils anhand uniformer Verteilung) ein x mit $LSB(x) = 1$ bzw $LSB(x) = 0$. Dann berechnen wir $y := RSA_{N,e}(x)$ und erzeugen wir das Beispiel

$$\left\langle \left(y \bmod N, y^2 \bmod N, \ldots, y^{2^{\lfloor \log_2(N) \rfloor}} \bmod N, N, e \right); LSB(x) \right\rangle ,$$

das wir an A_s geben. Auf diese Weise simulieren wir die Verteilung $D_{p,q,e}$. Es sei H die von A_s berechnete Hypothese. Sei $y := RSA_{N,e}(x)$ eine verschlüsselte Nachricht an A. Da A_s ein schwacher PAC-Lerner ist, gilt mit Wahrscheinlichkeit mindestens $1/2 + 1/p_f(n)$, daß H das letzte Bit der Originalnachricht korrekt berechnet.

$$H\left(\left(y \bmod N, y^2 \bmod N, \ldots, y^{2^{\lfloor \log_2(N) \rfloor}} \bmod N, N, e) \right) \right) = LSB(x) \ . \quad (5.7)$$

Da n und ℓ polynomiell voneinander abhängen, gibt es ein Polynom p'_f, so daß die Wahrscheinlichkeit für (5.7) mindestens $1/2 + 1/p'_f(n)$ ist. Damit ist A_s ein Algorithmus, der die Voraussetzung von Satz 5.19 erfüllt, und das RSA-System ist gebrochen.

Der folgenden Satz faßt die bisherigen Ergebnisse zusammen.

Satz 5.20 *Wenn die Klasse $\mathcal{RSA}$ durch irgendeine Hypothesenklasse $\mathcal{H}$ effizient schwach PAC-lernbar ist, so kann das RSA-Verschlüsselungssystem gebrochen werden.*

Man kann natürlich einwenden, daß die Klasse $\mathcal{RSA}$ künstlich konstruiert ist und die Tatsache, daß sie repräsentations-unabhängig nicht effizient lernbar ist, daher nicht sehr bedeutend ist. Es ist aber so, daß eine Reihe wichtiger Klassen Oberklassen von $\mathcal{RSA}$ sind. Die effiziente PAC-Lernbarkeit einer dieser Klassen würde ebenfalls implizieren, daß das RSA-System zu brechen ist. Wir definieren diese Klassen nun. Dazu sei $p = p(n)$ ein Polynom.

$\mathcal{NC}_{1,n}$ ist die Klasse der Schaltkreise über n Booleschen Variablen, deren Tiefe $O(\log(n))$ ist, und in denen alle Gatter Fan-In 2 haben. Sei $\mathcal{NC}_1 = \bigcup_{n \geq 0} \mathcal{NC}_{1,n}$.

$\mathcal{BF}_n^{p(n)}$ ist die Klasse der Booleschen Formeln über n Variablen, deren Länge (Anzahl der Booleschen Operationen) höchstens $p(n)$ ist. Sei $\mathcal{BF}^p = \bigcup_{n \geq 0} \mathcal{BF}_n^{p(n)}$.

$\mathcal{TC}_{n,d}$ ist die Klasse der Schwellwert-Schaltkreise (Schaltkreise, bei denen alle Gatter Boolesche Schwellwert-Funktionen realisieren) über n Booleschen Variablen, die Tiefe höchsten d haben. Sei $\mathcal{TC}_d = \bigcup_{n \geq 0} \mathcal{TC}_{n,d}$.

$\mathcal{ADFA}_n^{p(n)}$ ist die Klasse der endlichen Automaten mit höchstens $p(n)$ Zuständen, die nur Wörter der Länge genau n akzeptieren. Sei $\mathcal{ADFA}^p = \bigcup_{n \geq 0} \mathcal{ADFA}_n^{p(n)}$.

Für eine gegebene Formel, einen Schaltkreis beziehungsweise einen Automaten besteht das zugehörige Konzept genau aus den Eingaben, die zu 1 ausgewertet werden beziehungsweise aus den Wörtern, die akzeptiert werden.

Satz 5.21 *Sei p eine Polynom.*

(i) Wenn $\mathcal{NC}_1$ schwach PAC-lernbar ist, so kann das RSA-System gebrochen werden.

(ii) Wenn $\mathcal{BF}^p$ schwach PAC-lernbar ist, so kann das RSA-System gebrochen werden.

(iii) Wenn $\mathcal{TC}_d$ schwach PAC-lernbar ist, so kann das RSA-System gebrochen werden.

(iv) Wenn $\mathcal{ADFA}^p$ schwach PAC-lernbar ist, so kann das RSA-System gebrochen werden.

Beweis. Die Beweise beruhen darauf, daß man entweder direkt zeigt, daß die RSA-Funktion mit den entsprechenden Schaltkreisen realisierbar ist, oder indem man eine probabilistische polynomiell zeitbeschränkte Reduktion auf eine der anderen Klassen angibt. Details findet man in der bereits erwähnten Arbeit [KV89] sowie bei Pitt und Warmuth [PW93], Chandra, Stockmeyer und Vishkin [CSV84], Beame, Cook und Hoover [BCH86], Reif [Rei87].

Wir skizzieren den Bewies für $\mathcal{NC}_1$, wobei wir ausnutzen, daß in den Beispielen nicht nur das Kryptogramm $y \bmod N$ enthalten ist sondern auch die Potenzen $y^2 \bmod N$, $y^4 \bmod N$ und so weiter. Sei $n \in \mathbb{N}$. Für ein festes Konzept $R_{p,q,e} \in \mathcal{RSA}_n$ skizzieren wir, wie ein $\mathcal{NC}_1$-Schaltkreis arbeitet, der genau auf den positiven Beispielen für $R_{p,q,e}$ eine 1 berechnet. Der Schaltkreis hat n Eingänge. Ein Teil des Schaltkreises prüft, ob die Eingabe wirklich ein positives Beispiel für $R_{p,q,e}$ ist. Dazu muß man vor allem prüfen, ob die Basispotenzen korrekt sind. Hier zu quadriert der Schaltkreis y^{2^i} und testet $\left(y^{2^i}\right)^2 \equiv y^{2^{(i+1)}} \bmod N$. Die Berechnungen werden für $i = 1, \ldots, \lfloor \log_2(N) \rfloor - 1$ parallel durchführt und benötigen nur logarithmische Tiefe.

Ist die Eingabe korrekt, so muß der Schaltkreis noch die Entschlüsselungsfunktion $\overline{RSA}_d(y) = y^d \bmod N$ berechnen. Da alle Basispotenzen vorliegen, genügt es die richtigen auszuwählen und zu multiplizieren. Der Entschlüsselungsexponent d ist auf diese Weise in den Schaltkreis hineinkodiert. Es sind maximal $\lfloor \log_2(N) \rfloor$ Basispotenzen zu multiplizieren. Beame, Cook und Hoover [BCH86] haben gezeigt, daß dies in logartihmischer Tiefe möglich ist. ■

6 Lernen aus verrauschten Beispielen

Bisher sind wir immer davon ausgegangen, daß die Beispiele, die wir zum Lernen benutzt haben, fehlerfrei waren. In der Praxis ist dies häufig nicht der Fall. Durch Meß- oder Übertragungsfehler können einige der Beispiele verfälscht werden. In diesem Kapitel untersuchen wir hauptsächlich zwei Modelle für diese Situation und zeigen, welche Strategien dann noch ein erfolgreiches Lernen erlauben. Wir werden genaue Schranken für die Größe des noch gerade tolerierbaren Rauschens angeben. Ein drittes Modell, das eingeschränkte Versionen der beiden anderen kombiniert, wird abschließend kurz diskutiert.

Das erste Modell ist das des *Rauschen auf den Klassifikationen*. Das bedeutet, daß nur die Klassifikationen der Beispiele zufällig geändert werden dürfen. Wir werden sehen, daß man in diesem Falle lernen kann, solange der Anteil der veränderten Beispiele kleiner als $1/2$ ist.

Das zweite, stärkere Modelle geht von einem Gegenspieler aus, der einige zufällig ausgewählte Beispiele durch beliebige andere ersetzen darf. Neben den Klassifikationen darf er also auch die Instanzen ändern. Da die veränderten Beispiele vom Gegenspieler böswillig ausgewählt werden, spricht man von *böswilligem Rauschen*. Dabei darf der Anteil der verfälschten Beispiele nicht größer sein als der erlaubte Fehler ε; er muß sogar noch etwas kleiner sein.

Wir werden am Ende des Kapitels noch auf die Frage eingehen, warum gerade diese Rauchmodelle im Bereich des PAC-Lernens betrachtet werden und warum andere Rauchmodelle (z.B. überlagerte stochastische Störungen) hier nicht geeignet sind.

Für das Lernen aus verrauschten Beispielen ist das sogenannte *Fehlerminimierungs-Problem* (*Minimum disagreement problem (MD)*) von wesentlicher Bedeutung, das wir nun formulieren.

Definition 6.1 Sei X eine Menge, $\mathcal{H} \subseteq 2^X$ eine Konzeptklasse über X. Sei $S = (\langle x_i, \ell_i \rangle)_{i=1,\dots,m}$ eine Folge von Paaren mit $x_i \in X$ und $\ell_i \in \{0,1\}$. Hier ist S nicht notwendigerweise konsistent, d.h. für $i \neq j$ kann gelten: $x_i = x_j$ und $\ell_i \neq \ell_j$. Für $H \in \mathcal{H}$ sei

$$\mathrm{dis}_S(H) = \mathrm{dis}(H) := |\{i \mid H(x_i) \neq \ell_i\}|$$

die Anzahl der Mißklassifikationen, die H auf S vornimmt. Die *Entscheidungsversion des Fehlerminimierungs-Problem s* ist wie folgt definiert: Gegeben ist

$S \in (X \times \{0,1\})^+$ und $K \in \mathbb{N}$. Entscheide, ob ein $H \in \mathcal{H}$ existiert, so daß $\mathrm{dis}_S(H) \leq K$ gilt. Wir bezeichnen das Problem auch mit MD ($\mathcal{H}$).
Die *Optimierungsversion des Fehlerminimierungs-Problem s* ist wie folgt definiert: Gegeben $S \in (X \times \{0,1\})^+$, finde ein $H \in \mathcal{H}$, so daß dis (H) minimal ist.
Das *approximative Fehlerminimierungs-Problem* ist wie folgt definiert: Sei $r \geq 1$ und sei $S \in (X \times \{0,1\})^+$ eine Stichprobe. Sei $K_S := \min\{\mathrm{dis}_S(H) \mid H \in \mathcal{H}\}$. Gesucht ist ein $H \in \mathcal{H}$, so daß $\mathrm{dis}(H) \leq r\,K_S$. Man gibt sich also mit einer Lösung zufrieden, die nur bis auf einen Faktor r optimal ist. Wir bezeichnen das Problem mit $\mathrm{aMD}_r(\mathcal{H})$.

Das Fehlerminimierungs-Problem ist (in beiden Formulierungen) manchmal, aber nicht immer, effizient lösbar.

Satz 6.2 *Sei* $\mathcal{I} := \{[a,b] \mid 0 \leq a \leq b \leq 1\}$ *die Klasse der abgeschlossenen Intervalle in* $[0,1]$. *Dann ist* MD ($\mathcal{I}$) *effizient lösbar. Gleiches gilt für* MD ($\mathcal{APR}_2$).

Beweis. Ein Algorithmus, der das erste Problem in linearer Zeit löst, findet sich zum Beispiel bei Bentley [Ben86]. Für $MD(\mathcal{APR}_2)$ gibt es einen $O(n^2 \log(n))$ Algorithmus von Chen und Maass [CM92]. ■

Satz 6.3 MD (k-DNF) *und* MD (k-KNF) *sind (in der Entscheidungsversion) NP-vollständig.*

Beweis. Man reduziert das als NP-vollständig bekannte Problem VERTEX COVER (siehe [GJ79]) auf MD (1-DNF), siehe [AL88]. Für MD (1-KNF) gibt es eine ähnliche Transformation. Die Vollständigkeit für $k > 1$ folgt aus der Beziehung 1-DNF $\subseteq$ k-DNF und 1-KNF $\subseteq$ k-KNF.

■

Wir werden sowohl zur Erzeugung des Rauschens als auch für die Lernalgorithmen einen 0-1-wertigen Zufallszahlengenerator benötigen, der Einsen mit Wahrscheinlichkeit η und Nullen mit Wahrscheinlichkeit $1 - \eta$, für $\eta \in [0,1]$, erzeugt. Da man sich einen solchen Generator als unfaire Münze vorstellen kann, benutzen wir den Begriff *η-Münze* und identifizieren 1 mit „Kopf" und 0 mit „Zahl".

6.1 Rauschen auf den Klassifikationen

Wir beschreiben nun das Modell des *Rauschens auf den Klassifikationen* oder *Klassifikationsrauschen* (*classification noise*). Auch in diesem Kapitel gilt die übliche Notation des PAC-Lernens. Insbesondere ist X das Universum, $\mathcal{C}$ und $\mathcal{H}$ bezeichnen die Ziel- bzw. Hypothesenklasse, C das Zielkonzept, D die Verteilung, ε die Genauigkeit und δ die Unzuverlässigkeit. Neu ist der Parameter η, die sogenannte *Rauschrate* (*noise rate*). Es gilt $0 \leq \eta < \frac{1}{2}$. Die Rauschrate ist der erwartete Anteil von verfälschten Beispielen in einer Stichprobe. Das Ziel ist dasselbe wie im PAC-Modell aus Kapitel 2, nämlich das PAC-Kriterium, siehe Seite 21, zu erfüllen. Falls $\eta > 1/2$ ist und der Lerner dies weiß, können wir durch invertieren der Klassifikationen (d.h. ℓ wird ersetzt durch $1 - \ell$) eine Rauschrate $\eta < 1/2$ erreichen. Falls $\eta = 1/2$ ist, sind richtige und falsche Klassifizierungen gleich wahrscheinlich und jede Information über das Zielkonzept wird ausgelöscht; Lernen ist dann unmöglich. Der Wert $1/2$ ist also eine *informationstheoretische Schranke* für die Rauschrate in diesem Modell, da sie selbst bei beliebiger Berechnungskraft des Lerners und beliebig großer Stichprobe ihre Gültigkeit behält.

Für Rauschrate η wird ein Beispiel in diesem Modell wie folgt erzeugt. Zunächst wird die Instanz x anhand von D aus X gezogen. Dann wird eine η-Münze geworfen. Bei „Zahl" wird das korrekte Beispiel $\langle x, C(x)\rangle$ an den Lerner weitergegeben. Bei „Kopf" erhält der Lerner das *verfälschte Beispiel* $\langle x, 1 - C(x)\rangle$. Für die Beispiele, die so erzeugt werden, benutzen wir Bezeichnung $\langle x, \ell\rangle$ oder $\langle x, \ell(x)\rangle$. Das zugehörige Orakel bezeichnen wir mit $\mathsf{EX}_{D,C}^{\eta,clas}$. Man beachte, daß nicht notwendigerweise $\ell = C(x)$ gilt, und daß sowohl $\langle x, 0\rangle$ als auch $\langle x, 1\rangle$ in einer Stichprobe vorkommen können. Eine auf diese Art erzeugt Stichprobe nennen wir *verrauscht*. Um die Tatsache zu betonen, daß die Klassifikationen zufällig und nicht durch einen Gegenspieler geändert werden, spricht man manchmal auch von *zufälligem Klassifikationsrauschen* (*random classification noise*).

Wir gehen im folgenden immer davon aus, daß wir die Rauschrate η oder zumindest eine obere Schranke η_b dafür kennen.

Die Idee, die dem Lernen unter Klassifikationsrauschen zugrunde liegt, ist die folgende. Betrachten wir eine Instanz $x \in X$ mit positiver Wahrscheinlichkeit unter D (d.h. $D(x) > 0$), die in der Stichprobe „häufig" vorkommt. Da die Rauschrate η echt kleiner als $1/2$ ist, können wir erwarten, die korrekte Klassifikation eines Beispiels x häufiger zu sehen als die falsche. In einer genügend großen Stichprobe manifestiert sich diese Erwartung mit hoher Wahrscheinlichkeit, und wir können die korrekte Klassifikation erkennen. Man wählt dann eine Hypothese H, die jeweils die häufigere Klassifikation wählt. Diese minimiert den empirischen Fehler

$$\widehat{\mathrm{err}}\,(H) := \frac{|\{j \mid H(x_j) \neq \ell(x_j)\}|}{m}$$

auf der Stichprobe; wir lösen also das Fehlerminimierungs-Problem für $\mathcal{H}$. Wir werden sehen, daß diese *Fehlerminimierungs-Strategie* PAC-Lernen erlaubt.

Für unendliche oder auch nur superpolynomiell große Universen muß man das obige Argument natürlich entsprechend anpassen, da es die endliche Kardinalität des Universums explizit ausnutze. Trotzdem ist es lehrreich, zunächst den Fall eines eineindeutigen Universums $X = \{x\}$ und der zugehörigen Potenzmenge als Ziel- und Hypothesenklasse zu betrachten, d.h., $\mathcal{C} = \{\emptyset, \{x\}\}$. Mit p_0 beziehungsweise p_1 bezeichne wir die erwartete Häufigkeit der 0- beziehungsweise 1-Klassifikationen.

Sei $S = (\langle x, \ell_i \rangle)_{i=1,\ldots,m}$ eine verrauschte Stichprobe. Es bezeichne $\Delta := 1/2 - \eta$ den Abstand der Rauschrate von 1/2. Es bezeichnen $\widehat{p_0} := |\{i \mid \ell_i = 0\}| / m$ und $\widehat{p_1} := |\{i \mid \ell_i = 1\}| / m$ den relativen Anteil von 0- bzw. 1-Klassifizierungen in der Stichprobe. Wir können o.B.d.A. annehmen, daß 0 die richtige Klassifikation von x ist. Dann ist die erwartete Frequenz der 0-Klassifikationen in einer Stichprobe $(1-\eta)$, die der 1-Klassifikationen ist η. Wir wenden statistische Separation an. Wenn die Schätzungen $\widehat{p_0}$ und $\widehat{p_1}$ jeweils auf Δ additiv genau sind, so gilt $\widehat{p_1} < 1/2 < \widehat{p_0}$. Wendet man die Fehlerminimierungs-Strategie an, so wird die Hypothese $H = \emptyset$ gewählt, welche Fehler 0 hat. Unser Ziel ist es also, die Stichprobengröße so zu bestimmen, daß

$$\Pr_{D^m}\left[\, |\eta - \widehat{p_1}| \geq \Delta \,\right] \leq \delta$$

gilt. Mit der Hoeffding-Ungleichung (A.8) folgt, daß dazu

$$m = \frac{2 \ln\left(\frac{2}{\delta}\right)}{\Delta^2}$$

Beispiele ausreichen.

Bemerkung 6.4 Die invers-quadratische Abhängigkeit der Stichprobengröße von der Distanz $\Delta = 1/2 - \eta$ der Rauschrate zur informationstheoretischen Schranke ist essentiell für das Lernen aus verrauschten Beispielen. Wir werden sehen, daß diese Größe in beiden Rauschmodellen eine unter Schranke für die Anzahl der benötigten Beispiele darstellt und werden Lernalgorithmen für spezielle Klassen kennenlernen, die damit auch auskommen.

Im folgenden wollen wir eine einfache Analyse für den Fall einer endlichen Konzeptklasse $\mathcal{C}$ bei strengem Lernen ($\mathcal{H} = \mathcal{C}$) vorstellen, die aber nicht zu ganz optimalen Resultaten führt. Sei $N := |\mathcal{C}|$, sei C das Zielkonzept und H eine Hypothese und $\gamma = \mathrm{err}(H)$ der wahre Fehler von H. Wir nehmen dabei an, daß wir eine obere Schranke $\eta_0 < 1/2$ für die Rauschrate η kennen. Wir betrachten den erwarteten empirischen Fehler $\mathbb{E}[\widehat{\mathrm{err}}(H)]$ auf einer Stichprobe.

Das Ereignis „$\ell(x) \neq H(x)$“ zerfällt in zwei disjunkte Teilereignisse

$$\begin{aligned} E_1 : &\quad (x \in H \,\Delta\, C) \wedge (\ell(x) = C(x)) \quad \text{und} \\ E_2 : &\quad (x \notin H \,\Delta\, C) \wedge (\ell(x) \neq C(x)) \,. \end{aligned}$$

Offensichtlich gilt

$$\begin{aligned} \Pr_D[E_1] &= D(H \,\Delta\, C) \cdot (1-\eta) = \mathrm{err}(H) \cdot (1-\eta) = \gamma(1-\eta) \\ \Pr_D[E_2] &= (1 - D(H \,\Delta\, C)) \cdot \eta = (1 - \mathrm{err}(H)) \cdot \eta = (1-\gamma) \cdot \eta \,. \end{aligned}$$

Wir erläutern die erste Gleichung kurz. Damit E_1 eintritt, muß x aus $H \,\Delta\, C$ stammen, was mit Wahrscheinlichkeit $D(H \,\Delta\, C)$ der Fall ist, und zusätzlich darf die Klassifikation nicht verändert werden, was mit Wahrscheinlichkeit $(1-\eta)$ eintritt. Nun folgt durch Umformen:

$$\mathbb{E}[\widehat{\mathrm{err}}(H)] = \Pr_D\left[E_1 \,\dot\cup\, E_2\right] = \eta + \gamma \cdot (1-2\eta) \geq \eta + \gamma \cdot (1 - 2\eta_0) \,.$$

Dies ergibt eine Separation von mindestens $\gamma(1-2\eta_0)$ zwischen den erwarteten empirischen Fehlern des Zielkonzepts C und einer γ-schlechten Hypothese H:

$$\begin{aligned} \mathbb{E}[\widehat{\mathrm{err}}(C)] &= \eta + 0 \cdot (1-2\eta) = \eta \\ \mathbb{E}[\widehat{\mathrm{err}}(H)] &= \eta + \mathrm{err}(H) \cdot (1-2\eta) \geq \eta + \gamma \cdot (1-2\eta) \geq \eta + \gamma \cdot (1-2\eta_0) \,. \end{aligned}$$

Wir müssen die Stichprobe so groß wählen, daß diese Separation (mit hoher Wahrscheinlichkeit) auch empirisch erreicht wird. Sei $S = S_C = (\langle x_i, \ell_i \rangle)_{i=1,\ldots,m}$ eine verrauschte Stichprobe für C. Wenn gilt:

$$\widehat{\mathrm{err}}_S(H) \geq \eta + \frac{\varepsilon(1-2\eta_0)}{2} \quad \text{für alle } \varepsilon\text{-schlechten Hypothesen } H \text{ und} \tag{6.1}$$

$$\widehat{\mathrm{err}}_S(C) < \eta + \frac{\varepsilon(1-2\eta_0)}{2} \,, \tag{6.2}$$

so wird die Fehlerminimierungs-Strategie keine ε-schlechte Hypothese wählen. Man wählt nun die Stichprobengröße m so, daß (6.1) und (6.2) jeweils mit Wahrscheinlichkeit mindestens $1 - \delta/2$ gelten. Damit

$$\Pr_{D^m}\left[\widehat{\mathrm{err}}(C) \geq \eta + \frac{\varepsilon(1-2\eta_0)}{2}\right] \leq \frac{\delta}{2}$$

gilt, ist es mit (A.6) ausreichend wenn

$$m_1 \geq \frac{2 \ln\left(\frac{2}{\delta}\right)}{\varepsilon^2 (1 - 2\,\eta_0)^2}$$

ist. Da es höchstens $N = |\mathcal{C}|$ ε-schlechte Hypothesen gibt, beschränken wir die Wahrscheinlichkeit dafür, daß eine spezielle (6.1) nicht erfüllt, durch $\delta/(2N)$. Wie oben ist

$$\Pr_{D^m}\left[\widehat{\text{err}}\,(H) \le \eta + \frac{\varepsilon(1-2\eta_0)}{2}\right] \le \frac{\delta}{2N}$$

erfüllt, wenn

$$m_2 \ge \frac{2\,\ln\left(\frac{2N}{\delta}\right)}{\varepsilon^2(1-\eta_0)^2}$$

gilt. Insgesamt genügt eine Stichprobe der Größe

$$m = m_1 + m_2 = O\left(\frac{\ln\left(\frac{N}{\delta}\right)}{\varepsilon^2(1-2\eta_0)^2}\right),$$

damit die Bedingungen (6.1) und (6.2) beide mit Wahrscheinlichkeit mindestens $1-(\delta/2+N(\delta/(2N))) = 1-\delta$ erfüllt sind. Das Ergebnis läßt sich so formulieren:

Satz 6.5 *Die Fehlerminimierungs-Strategie ist ein strenger PAC-Lernalgorithmus für* **endliche** *Konzeptklassen $\mathcal{C}$ bei Klassifikationsrauschen. Wenn* MD ($\mathcal{C}$) *effizient lösbar ist, so ist $\mathcal{C}$ bei Klassifikationsrauschen effizient PAC-lernbar. Eine Stichprobe der Größe*

$$O\left(\frac{\ln\left(\frac{|\mathcal{C}|}{\delta}\right)}{\varepsilon^2(1-2\eta_0)^2}\right)$$

ist ausreichend.

Für unendliche Klassen gilt ein entsprechender Satz, den wir hier ohne Beweis zitieren. Der interessierte Leser findet ihn im Buch von Laird [Lai88]. Wie auch im rauschfreien Fall übernimmt die Vapnik-Chervonenkis-Dimension Rolle von $\log_2(|\mathcal{C}|)$. Weiterhin zeigt sich, daß die invers-quadratische Abhängigkeit der Stichprobengröße von ε, die in Satz 6.5 angegeben ist, eine zu pessimistische Schranke ist. Ein lineare Abhängigkeit ist ausreichend.

Satz 6.6 (**[Lai88]**) *Die Fehlerminimierungs-Strategie ist ein strenger PAC-Lernalgorithmus für Konzeptklassen $\mathcal{C}$ mit endlicher Vapnik-Chervonenkis-Dimension d bei Klassifikationsrauschen. Wenn* MD ($\mathcal{C}$) *effizient lösbar ist, so ist $\mathcal{C}$ bei Klassifikationsrauschen effizient PAC-lernbar. Eine Stichprobe der Größe*

$$O\left(\frac{d}{\varepsilon(1-2\eta_0)^2}\ln\left(\frac{1}{\delta}\right)\right)$$

ist ausreichend.

Die Bedingung, daß MD ($\mathcal{C}$) effizient lösbar ist, ist zwar hinreichend, aber nicht notwendig zum effizienten PAC-Lernen von $\mathcal{C}$ bei Klassifikationsrauschen. Satz 6.3 besagt, daß MD (k-DNF) NP-vollständig ist. Wir werden aber zeigen, wie diese Klasse bei Klassifikationsrauschen doch gelernt werden kann. Dazu genügt es, mit hoher Wahrscheinlichkeit eine ε-gute Hypothese zu finden, die aber nicht notwendigerweise das Fehlerminimierungs-Problem löst.

Satz 6.7 *Sei $\eta_0 < 1/2$. Die Klasse k-DNF ist bei Klassifikationsrauschen mit Rauschrate $\eta \leq \eta_0$ effizient streng PAC-Lernbar. Die dazu ausreichende Stichprobengröße für ein Zielkonzept aus k-DNF$_n$ ist:*

$$m = \left\lceil \frac{K\,L^2}{\varepsilon^2(1-2\eta_0)^2} \ln\left(\frac{6L}{\delta}\right) \right\rceil ,$$

wobei K eine geeignete Konstante und L die Anzahl der Monome der Länge höchstens k über n Booleschen Variablen ist.

Beweis. Seien $k, n \in \mathbb{N}$ und $C \in k$-DNF$_n$ das Zielkonzept. Mit $\mathcal{M}$ bezeichnen wir die Menge der Monome der Länge höchstens k über den Literalen $\{x_1, \overline{x_1}, \ldots, x_n, \overline{x_n}\}$. Sei $L := |\mathcal{M}|$. Wir fassen Monome als Boolesche Funktionen auf und schreiben $M(\mathbf{a})$ für den Wert aus $\{0,1\}$, den das Monom M auf der Eingabe $\mathbf{a} \in \{0,1\}^n$ berechnet. O.B.d.A. nehmen wir an, daß C *maximal konsistent* ist, d.h. C enthält alle Monome $M \in \mathcal{M}$ mit $\forall \mathbf{a} \in \{0,1\}^n : C(\mathbf{a}) = 0 \Rightarrow M(\mathbf{a}) = 0$. Das Hinzufügen eines solchen Monoms ändert an der Funktion, die C berechnet, nichts. Alle Monome, die im folgenden Beweis verwendet werden, stammen aus $\mathcal{M}$; wir verzichten daher auf die Erwähnung dieser Tatsache. Für ein Monom M und $r, s \in \{0,1\}$ definieren wir:

$$\begin{aligned} p_{rs}(M) &:= \Pr_{\mathbf{a}\sim D}\left[\,(M(\mathbf{a}) = r) \wedge (C(\mathbf{a}) = s)\,\right] \\ p_r(M) &:= \Pr_{\mathbf{a}\sim D}\left[\,M(\mathbf{a}) = r\,\right] = p_{r0} + p_{r1} \\ p_r &:= \Pr_{\mathbf{a}\sim D}\left[\,\ell(\mathbf{a}) = r\,\right] . \end{aligned}$$

Wir sagen ein Monom M ist *wichtig*, wenn

$$p_1(M) \geq R_w := \frac{\varepsilon}{16L^2}$$

gilt. Es ist *schädlich* wenn

$$p_{10}(M) \geq R_s := \frac{\varepsilon}{2L}$$

gilt. Insbesondere ist jedes schädliche Monom wichtig. Die beiden Definitionen lassen sich so motivieren: Ein nicht-wichtiges Monom wertet fast alle Eingaben, die unter D gezogen werden, zu 0 aus; fügt man es zur Hypothese H hinzu, so ändert sich die von H berechnete Funktion kaum. Für jedes schädliche Monom gilt erstens: Es bildet viele Eingaben auf 1 ab. Zweitens: Das Zielkonzept bildet einem hohen Anteil dieser Eingaben auf 0 ab. Fügt man ein schädliches Monom zur Hypothese H hinzu, so induziert das viele Fehler.

Behauptung 6.8 $H \in k\text{-DNF}_n$ *enthalte alle wichtigen Monome, die auch in* C *vorkommen, und kein schädliches. Dann gilt:*

$$err(C, H) < \varepsilon .$$

Beweis. Der Fehler $D(H \neq C)$ läßt sich zerlegen in $(C = 1) \wedge (H = 0)$ und $(C = 0) \wedge (H = 1)$. Wir definieren die folgenden Mengen von Monomen (der Länge höchstens k)

$$\begin{aligned} \mathcal{M}(H \setminus C) &:= \{M \mid M \text{ ist in } H \ \wedge \ M \text{ ist nicht in } C\} \ , \\ \mathcal{M}(C \setminus H) &:= \{M \mid M \text{ ist in } C \ \wedge \ M \text{ ist nicht in } H\} \ . \end{aligned}$$

Mit der Tatsache, daß kein Monom aus $\mathcal{M}(H \setminus C)$ schädlich ist, gilt dann

$$\begin{aligned} \Pr_{a\sim D}[C(\mathbf{a}) = 0 \wedge H(\mathbf{a}) = 1] &\le \sum_{M \in \mathcal{M}(H\setminus C)} p_{10}(M) \\ &\le |\mathcal{M}(H \setminus C)|\, R_s < |\mathcal{M}|\, R_s = L \cdot R_s = \frac{\varepsilon}{2} . \end{aligned}$$

Mit der Tatsache, daß alle Monome aus $\mathcal{M}(C \setminus H)$ nicht-wichtig sind, folgt

$$\begin{aligned} \Pr_{a\sim D}[C(\mathbf{a}) = 1 \wedge H(\mathbf{a}) = 0] &\le \sum_{M \in \mathcal{M}(C\setminus H)} p_1(M) \\ &\le |\mathcal{M}(C \setminus H)|\, R_w < |\mathcal{M}|\, R_w = L \cdot R_w < \frac{\varepsilon}{2} . \end{aligned}$$

Insgesamt gilt

$$\Pr_{a\sim D}[C(\mathbf{a}) \neq H(\mathbf{a})] < \frac{\varepsilon}{2} + \frac{\varepsilon}{2} = \varepsilon.$$

□

Nach dieser Behauptung genügt es, die wichtigen und schädlichen Monome mit hoher Wahrscheinlichkeit mit Hilfe einer Stichprobe zu erkennen. Für diese statistische Identifikation definieren wir

$$q_{10}(M) = \Pr_{a\sim \mathsf{EX}_{C,D}^{\eta,clas}}[M(\mathbf{a}) = 1 \wedge \ell(\mathbf{a}) = 0] \ ,$$

die Wahrscheinlichkeit, daß M nicht die (möglicherweise falsche) Klassifikation 0 berechnet. Die Größe $q_{10}(M)$ zerfällt wie folgt in einen rauschfreien und einen verrauschten Teil:

$$\begin{aligned} q_{10}(M) &= (1-\eta)\,p_{10}(M) + \eta\, p_{11}(M) && (6.3)\\ &= \eta\,(p_{11}(M) + p_{10}(M)) + (1-2\eta)\,p_{10}(M) \\ &= \eta\, p_1(M) + (1-2\eta)\,p_{10}(M)\,. && (6.4)\end{aligned}$$

Die Gleichung 6.3 läßt sich so erklären: Wenn wir ein Beispiel $\mathbf{a}$ mit $M(\mathbf{a}) = 1 \wedge \ell(\mathbf{a}) = 0$ beobachten, so kann dies zwei Ursachen haben: Erstens, ein Beispiel $\langle \mathbf{a}, 0\rangle$ wurde unter D gezogen, was mit Wahrscheinlichkeit $p_{10}(M)$ geschieht, und es wurde nicht gefälscht, was mit Wahrscheinlichkeit $1-\eta$ der Fall ist. Zweitens, ein Beispiel $\langle \mathbf{a}, 1\rangle$ wurde unter D gezogen, was mit Wahrscheinlichkeit $p_{11}(M)$ geschieht, und es wurde gefälscht, was mit Wahrscheinlichkeit η der Fall ist.

Wegen $\eta < 1/2$ folgt aus 6.4, falls $p_1(M) > 0$

$$t(M) := \frac{q_{10}(M)}{p_1(M)} = \eta + \frac{p_{10}(M)}{p_1(M)}(1-2\eta) \geq \eta\,. \qquad (6.5)$$

Die Größe $t(M) = \frac{q_{10}(M)}{p_1(M)}$ ist der erwartete Anteil der Instanzen in einer Stichprobe, die M erfüllen und die die (möglicherweise falsche) Klassifikation 0 haben. Falls M im Zielkonzept C vorkommt, gilt $p_{10}(M) = 0$ und (6.5) wird zu

$$t(M) = \frac{q_{10}(M)}{p_1(M)} = \eta\,.$$

Dies spiegelt wider, daß ein solches Monom M nur dann von der Klassifikation der verrauschte Stichprobe abweicht, wenn die Klassifikation von 1 auf 0 gefälscht wurde. Es gilt andererseits $p_1(M) \leq 1$. Falls $p_1(M) > 0$, so folgt aus (6.5)

$$t(M) = \frac{q_{10}(M)}{p_1(M)} \geq \eta + p_{10}(M)(1-2\eta)\,.$$

Für ein schädliches Monom M gilt somit:

$$t(M) = \frac{q_{10}(M)}{p_1(M)} \geq \eta + R_s(1-2\eta)\,. \qquad (6.6)$$

Aus (6.6) und (6.6) folgt, daß es eine Separation von mindestens $s := R_s(1-2\eta)$ zwischen den Größen $q_{10}(M)/p_1(M)$ von schädlichen Monomen und solchen, die in C vorkommen, gibt. (Wir nehmen C als maximal konsistent an.) Da wir η nicht kennen, wohl aber eine obere Schranke η_0, verwenden wir zum

Scheiden von guten und schädlichen Monomen die (kleinere) Separation $s_0 := R_s(1-2\eta_0) \leq R_s(1-2\eta)$.

Der Algorithmus IMPORTANT-MONOMIALS aus Abbildung 6.1 bestimmt Schätzungen $\hat{\eta}$ für die Rauschrate η, $\widehat{p_1}(M)$ für $p_1(M)$ und $\hat{t}(M)$ für $t(M)$. Die (anscheinend) wichtigen Monome werden in der Menge $\widehat{\mathcal{M}_w}$ gesammelt. Dann bildet man die Hypothese, die aus genau den Monomen aus $\widehat{\mathcal{M}_w}$ besteht, für die $\hat{t}(M) \leq \hat{\eta} + (s_0/2)$ gilt, die also unschädlich erscheinen.

ALGORITHMUS IMPORTANT-MONOMIALS
INPUT δ
$K := 2^{10}$
$L := |\mathcal{M}|$
$m := \left\lceil \frac{KL^2}{\varepsilon^3(1-2\eta_0)^2} \ln\left(\frac{6L}{\delta}\right) \right\rceil$
Ziehe verrauschte Stichprobe $S = (\langle \mathbf{a}_i, \ell_i \rangle)_{i=1,\ldots,m}$ der Größe m.
FOR $M \in \mathcal{M}$ **DO**
    $\widehat{p_1} := |\{j \mid \ell_j = 1\}| / m$
    $\widehat{p_1}(M) := |\{j \mid M(vecta_j) = 1\}| / m$
    $\widehat{q_{10}}(M) := |\{j \mid M(vecta_j) = 1 \wedge \ell_j = 0\}| / m$
    IF $(\widehat{p_1}(M) > 0)$
        THEN $\hat{t}(M) := \widehat{q_{10}}(M)/\widehat{p_1}(M)$
        ELSE $\hat{t}(M) := 0$
$\hat{\eta}_1 := \widehat{p_1}$
$\widehat{\mathcal{M}_w} := \{M \mid \widehat{p_1}(M) \geq R_w/2\}$
$\hat{\eta}_2 := \min\left\{\hat{t}(M) \mid M \in \widehat{\mathcal{M}_w}\right\}$
$\hat{\eta} := \min\{\hat{\eta}_1, \hat{\eta}_2\}$
(* Bilde die Hypothese: *)
$H := \bigvee_{\substack{M \in \widehat{\mathcal{M}_w} \\ \hat{t}(M) \leq \hat{\eta} + s_0/2}} M$

Abbildung 6.1: Der Algorithmus IMPORTANT-MONOMIALS.

Die Korrektheit und Effizienz des Algorithmus IMPORTANT-MONOMIALS wird durch die folgenden Behauptungen bewiesen.

Behauptung 6.9 IMPORTANT-MONOMIALS *ist polynomiell in* $1/\varepsilon$, n^k, $1/\delta$ *und* $1/(1-2\eta_0)$.

Beweis. Der Beweis erfolgt durch Überprüfen der Zeiten für einzelnen Schritte in Abbildung 6.1 und Ausnutzen der Beziehung $L = O(n^k)$. □

Wie schon in anderen Beweisen verteilen wir die Unzuverlässigkeit δ auf die möglichen Fehlerquellen, als da sind:

- Ein wichtiges Monom wird nicht erkannt.
- Die Schätzung $\hat{\eta}$ weicht sehr von η ab.
- Ein schädliches Monom macht ungewöhnlich wenige Fehler auf den negativen Beispielen, wird nicht als solches erkannt und wird in H aufgenommen.
- Ein Monom M aus C macht ungewöhnlich viele Fehler auf den negativen Beispielen und wird nicht in H aufgenommen.

Behauptung 6.10 *Mit Wahrscheinlichkeit mindestens* $1-(\delta/6)$ *gilt bei Stichprobengröße* $m = \left\lceil \frac{KL^2}{\varepsilon^3(1-2\eta_0)^2} \ln\left(\frac{6L}{\delta}\right) \right\rceil$:

$$\widehat{\mathcal{M}_w} \supseteq \{M \mid M \text{ ist Monom in } C \wedge p_1(M) \geq R_w\}$$

Beweis. Ein festes Monom $M \in \mathcal{M}$ wird nicht in $\widehat{\mathcal{M}_w}$ aufgenommen falls $\widehat{p_1}(M) < R_w/2$. Sei M so, daß $p_1(M) \geq R_w$; dann folgt $\mathbb{E}[\widehat{p_1}(M)] \geq R_w$. Wir schätzen mit der Chernoff-Schranke (A.3) die Wahrscheinlichkeit ab, daß trotzdem $\widehat{p_1}(M) \leq R_w/2$ gilt.

$$\Pr\left[R_w - \widehat{p_1}(M) \geq \frac{R_w}{2}\right] = \Pr\left[\widehat{p_1}(M) \leq \left(1 - \frac{1}{2}\right)\frac{R_w}{2}\right] \leq e^{\frac{m}{2}\left(\frac{1}{2}\right)^2 \frac{R_w}{2}}$$

Diese Wahrscheinlichkeit ist kleiner als $\delta/(6L)$, wenn m größer ist als $\frac{16}{R_w} \ln\left(\frac{6L}{\delta}\right)$. Durch Einsetzen der Definition von R_w und Wahl $K \geq 256$ erhält man

$$m_1 := \left\lceil \frac{256L^2}{\varepsilon} \ln\left(\frac{6L}{\delta}\right) \right\rceil .$$

□

Bemerkung 6.11 Wendet man die Hoeffding-Schranke (A.7) direkt auf $\Pr\left[R_w - \widehat{p_1}(M) \geq \frac{R_w}{2}\right]$ an, so erhält man eine schlechtere Stichprobengröße, in der R_w^2 und damit L^4 auftritt.

Wie Abbildung 6.1 zeigt, ist $\hat{\eta}$ das Minimum von zwei Größen $\hat{\eta}_1$ und $\hat{\eta}_2$. Wie behandeln diese nun separat.

Behauptung 6.12 *Bei Stichprobengröße* $m_2 := (8/s_0^2)\ln(6/\delta)$ *gilt mit Wahrscheinlichkeit mindestens* $1 - \delta/6$

$$\hat{\eta}_1 \geq \eta - \frac{s_0}{4} .$$

Beweis. Oben haben wir $p_1 = \Pr_{a \sim \mathsf{EX}_{D,C}^{\eta,clas}}[\,\ell(\mathbf{a}) = 1\,]$ definiert. Wir spalten diese Größe in einen unverfälschten und einen verrauschten Teil auf:

$$\begin{aligned} p_1 &= (1-\eta)D(C^{-1}(1)) + \eta\,(1 - D(C^{-1}(1))\,) \\ &= \eta + D(C^{-1}(1))\,(1-2\eta) \geq \eta\,. \end{aligned} \tag{6.7}$$

Der Erwartungswert von p_1 ist also mindestens η. Mit $\hat{\eta}_1 = \widehat{p_1}$ und der mit der Hoeffding-Schranke (A.6) folgt die Behauptung. □

Behauptung 6.13 *Wenn* $\widehat{\mathcal{M}_w}$ *alle wichtigen Monome enthält, so gilt bei einer Stichprobengröße von* $m_3 = (8/s_0^2)\ln(6L/\delta)$ *mit Wahrscheinlichkeit mindestens* $1 - \delta/6$

$$\hat{\eta}_2 \geq \eta - \frac{s_0}{4} .$$

Beweis. Die Größe $\hat{\eta}_2$ ist nur dann zu klein, wenn für ein Monom M gilt

$$\frac{\widehat{q_{10}}(M)}{\widehat{p_1}(M)} < \eta - \frac{s_0}{4} .$$

Aus Gleichung (6.5) folgt, für den Erwartungswert $q_{10}(M)/p_1(M) \geq \eta$. Aus der Hoeffding-Schranke (A.6) folgt, daß die Wahrscheinlichkeit einer Verschätzung (für festes M) um mehr als $s_0/4$ bei $(8/s_0^2)\ln(6L/\delta)$ Beispielen höchstens $\delta/(6L)$ ist. Summiert man über alle Monome, so folgt die Behauptung. □

Behauptung 6.14 *Wenn* $\widehat{\mathcal{M}_w}$ *alle wichtigen Monome enthält, so gilt bei einer Stichprobengröße von* $m_4 = (8/s_0^2)\ln(6L/\delta)$ *mit Wahrscheinlichkeit mindestens* $1 - \delta/6$

$$\hat{\eta}_1 \leq \eta + \frac{s_0}{4} \quad \textit{oder} \quad \hat{\eta}_2 \leq \eta + \frac{s_0}{4},$$

Beweis. Wir unterscheiden zwei disjunkte Fälle.

Fall 1. Es gibt ein $M \in \widehat{\mathcal{M}_w}$, das auch im C vorkommt (unter der Annahme, daß maximal konsistent ist). Dann gilt für den Erwartungswert nach Gleichung (6.5) das folgende: $q_{10}(M)/p_1(M) \geq \eta$. Mit der Hoeffding-Schranke (A.6) folgt, daß für festes Monom eine Überschätzung um mehr als $s_0/4$ bei Stichprobengröße $(8/s_0^2)\ln(6L/\delta)$ eine Wahrscheinlichkeit von höchstens $\delta/(6L)$ hat. Eine Mittelung über alle L Monome liefert die Behauptung.

Fall 2. Es gibt in $\widehat{\mathcal{M}_w}$ kein Monom, das auch im C vorkommt (unter der Annahme, daß maximal konsistent ist). In der Gleichung (6.7) wird p_1 durch $D(C^{-1}(1))$ ausgedrückt. Letztere Größe läßt sich abschätzen durch

$$D(C^{-1}(1)) := \sum_{M istin C} p_1(M) \tag{6.8}$$

$$< \sum_{M istin C} R_w \tag{6.9}$$

$$< LR_w = \frac{R_s}{8} .$$

Beim Schritt von (6.8) auf (6.9) haben wir die Voraussetzung für diesen Fall benutzt, nämlich, daß kein Monom in C wichtig ist. Somit erhält man aus (6.7) die folgende obere Schranke für den Erwartungswert p_1

$$p_1 < \eta + \frac{R_s(1-2\eta)}{8} = \eta + s/8 .$$

Wieder folgt mit der Hoeffding-Schranke (A.6), daß bei der angegebenen Stichprobengröße eine Überschätzung um $s_0/8$ nur mit Wahrscheinlichkeit höchstens $\delta/6$ eintritt.

□

Behauptung 6.15 *Wenn $\widehat{\mathcal{M}_w}$ alle wichtigen Monome enthält, so gilt bei einer Stichprobengröße von $m_5 = m_2 + m_3 + m_4$ mit Wahrscheinlichkeit mindestens $1 - \delta/2$*

$$|\eta - \hat{\eta}| \leq \frac{s_0}{4} .$$

Beweis. Die Aussage folgt aus den Behauptungen 6.12, 6.13 und 6.14. □

Behauptung 6.16 *Wenn $\widehat{\mathcal{M}_w}$ alle wichtigen Monome enthält und $|\eta - \hat{\eta}| \leq s_0/4$ gilt, so folgt: Bei Stichprobengröße $m_6 = (8/s_0^2)\ln(6L/\delta)$ enthält H mit Wahrscheinlichkeit mindestens $1 - \delta/6$ kein schädliches Monom.*

Beweis. Ein schädliches Monom M wird nur dann von IMPORTANT-MONOMIALS in H aufgenommen, wenn

$$\hat{t}(M) = \frac{\widehat{q_{10}}(M)}{\widehat{p_1}(M)} \leq \hat{\eta} + \frac{s_0}{2} .$$

Es gilt wegen $|\eta - \hat{\eta}| \leq s_0/4$

$$\hat{\eta} + \frac{s_0}{2} \leq \eta + \frac{3s_0}{4} .$$

Andererseits gilt für schädliche Monome für den Erwartungswert

$$t(M) = \frac{q_{10}(M)}{p_1(M)} \geq \eta + s_0 .$$

Nur wenn die Schätzung $\hat{t}(M)$ um mindestens $s/4$ vom Erwartungswert $t(M)$ abweicht, kann das M in H aufgenommen werden. Mit den Hoeffding-Schranken (A.6) und daraus, daß es nur L Monome gibt, folgt, daß dies bei der angegebenen Stichprobengröße mit Wahrscheinlichkeit mindestens $1 - \delta/6$ für kein schädliches Monom eintritt. □

Behauptung 6.17 *Wenn $\widehat{\mathcal{M}_w}$ alle wichtigen Monome enthält und $|\eta - \hat{\eta}| \leq s_0/4$ gilt, so folgt: Bei Stichprobengröße $m_7 = (8/s_0^2)\ln(6L/\delta)$ enthält H mit Wahrscheinlichkeit mindestens $1 - \delta/6$ alle wichtigen Monome aus C.*

Beweis. Für alle Monome M, die im C vorkommen gilt $q_{10}(M)/p_1(M) = \eta$. Nur dann wird M nicht in H aufgenommen, wenn die Schätzung $\hat{t}(M)$ um mindestens $s_0/4$ zu groß ist. Bei der angegebenen Stichprobengröße tritt dies mit Wahrscheinlichkeit mindestens $1 - \delta/6$ für kein Monom ein. □

Der Satz folgt aus den Behauptungen 6.9, 6.10, 6.10, 6.15, 6.16 und 6.17. Die Stichprobengröße ergibt sich durch Addition von m_1, m_5, m_6 und m_7 und Einsetzen der Definition von s_0. ■

Zum Abschluß dieses Abschnitts geben wir einen Algorithmus an, der für endliche Klassen eine obere Schranke η_0 für die Rauschrate η bestimmt. Wir setzen voraus, daß η kleiner als 1/2 ist. Das Bestimmen einer oberen Schranke ist dann problematisch, wenn die Rauschrate dicht bei 1/2 liegt. Wir starten daher eine Binäre Suche bei 1/4.

Die unterliegende Idee ist, daß das Zielkonzept eine erwartete Fehlerrate von η auf verrauschten Stichproben zeigt, da es nur auf den verfälschten Beispielen nicht mit der Klassifizierung übereinstimmt. Für ein Konzept H, das einen (wahren) Fehler von $\mathrm{err}_D(H) = \gamma > 0$ besitzt, ist der erwartete Fehler auf verrauschten Stichproben größer als η. Auf den unverfälschten Beispielen, die einen Anteil von $(1 - \eta)$ an der Stichprobe haben, ist er γ. Auf den verfälschten Beispielen, die einen Anteil von η an der Stichprobe haben, ist er $(1 - \gamma)$, denn auf letztgenannten Beispielen kehren sich ja richtige und falsche Klassifikationen um. Also ergibt sich für den erwarteten Fehler:

$$\mathbb{E}[\widehat{\mathrm{err}}(H)] = (1-\eta)\gamma + \eta(1-\gamma) = \eta + \gamma(1-2\eta) \geq \eta\,.$$

Der Algorithmus benutzt eine binäre Suche nach der Schranke η_0. Beginnend mit 1/4 werden die Werte 3/8, 7/16, 15/32 usw. daraufhin getestet, ob sie als η_0 in Frage kommen. Der Test besteht darin, festzustellen, ob es eine Hypothese H gibt, deren empirischer Fehler kleiner ist. Der Algorithmus ist in Abbildung 6.2 dargestellt; N ist die Kardinalität der Klasse $\mathcal{C}$. Natürlich muß die Stichprobe größer werden, je näher die Suche an 1/2 kommt.

ALGORITHMUS ESTIMATE-NOISE-RATE
INPUT δ
$\hat{\eta}_0 := 1/4$
$z := 1$
$stop := false$
WHILE (**NOT** stop) **DO**
  $m_z := \left\lceil 2^{2z+3} \ln\left(\frac{N2^{z+2}}{\delta}\right)\right\rceil$
  Ziehe verrauschte Stichprobe $S = (\langle a_i, \ell_i\rangle)_{i=1,\dots,m}$ der Größe m_z.
  FOR alle $H \in \mathcal{C}$ **DO**
    $\widehat{\mathrm{err}}(H) := |\{j \mid H(a_j) \neq \ell_j\}| / m$
  $\widehat{\mathrm{err}}_{min} := \min\{\widehat{\mathrm{err}}(H) \mid H \in \mathcal{C}\}$
  IF $(\widehat{\mathrm{err}}_{min} < \hat{\eta}_0 - 2^{-(z+2)})$
    THEN $stop := true$
    ELSE $z := z + 1$
      $\hat{\eta}_0 := 1/2 - 2^{-(z+1)}$
RETURN $\hat{\eta}_0$

Abbildung 6.2: Der Algorithmus ESTIMATE-NOISE-RATE.

Satz 6.18 *Mit Wahrscheinlichkeit mindestens* $(1 - \delta)$ *gilt: der Algorithmus* ESTIMATE-NOISE-RATE *hält nach höchstens* $z_0 := 1 + \lceil \log_2(1/(1-2\eta)) \rceil$ *Durchläufen durch die While-Schleife und liefert* $\hat{\eta}_0 > \eta$.

Beweis. Wir beziehen uns auf die Bezeichnungen aus Abbildung 6.2. Die Stichprobengröße m_z ist so gewählt, daß mit der Hoeffding-Schranke (A.8) mit Wahrscheinlichkeit mindestens $1 - \delta$ gilt

$$P_{H,z} := \Pr\left[\,|\widehat{\mathrm{err}}\,(H) - \mathrm{err}_{\,D}(H)| \geq 2^{-(z+2)}\,\right] \leq \frac{\delta}{2N2^z}\,.$$

Summation über alle $H \in \mathcal{C}$ und $z \geq 1$ liefert

$$\sum_{z\geq 1}\sum_{H\in C} P_{H,z} \leq \sum_{z\geq 1}\frac{\delta}{2\cdot 2^z} = \frac{\delta}{2}\,.$$

D.h., die Wahrscheinlichkeit, daß es einen Durchlauf durch die While-Schleife und eine Hypothese H gibt, deren Fehler $\widehat{\mathrm{err}}\,(H)$ nicht auf $2^{-(z+2)}$ genau geschätzt wird, ist höchstens $\delta/2$.

Nun zeigen wir, daß mit Wahrscheinlichkeit mindestens jeweils $1 - \delta/2$ gilt:

- ESTIMATE-NOISE-RATE hält spätestens nach z_0 Durchläufen durch die While-Schleife und
- wenn ESTIMATE-NOISE-RATE hält, so gilt $\hat{\eta}_0 > \eta$.

Beim z_0-ten Durchlauf durch die While-Schleife gilt wegen der Wahl von z_0 die Beziehung $\eta \leq 1/2 - 2^{-z_0}$. Weiterhin ist m_{z_0} so groß, daß (wegen $\mathbb{E}\,[\mathrm{err}\,(C) = \eta]$) mit Wahrscheinlichkeit mindestens $1 - \delta/2$ gilt:

$$\widehat{\mathrm{err}}_{\,min} \leq \eta + \frac{1}{2^{z_0+2}}\,.$$

Weiterhin gilt

$$\begin{aligned}
\hat{\eta}_0 - \frac{1}{2^{z_0+2}} &= \left(\frac{1}{2} - \frac{1}{2^{z_0+1}}\right) + \frac{1}{2^{z_0+2}} \\
&> \left(\frac{1}{2} - \frac{1}{2^{z_0}}\right) + \frac{1}{2^{z_0+2}} \\
&\geq \left(\frac{1}{2} - \left(\frac{1}{2} - \eta\right)\right) + \frac{1}{2^{z_0+2}} \\
&= \eta + \frac{1}{2^{z_0+2}} \\
&\geq \widehat{\mathrm{err}}_{\,min}\,.
\end{aligned}$$

Die Haltebedingung ist dann erfüllt.

Falls ESTIMATE-NOISE-RATE nach $z \leq z_0$ Durchläufen durch die While-Schleife hält, so gilt wegen der Wahl von m_z mit Wahrscheinlichkeit mindestens $1 - \delta/2$:

$$\widehat{\text{err}}_{min} \geq \eta - \frac{1}{2^{z+2}} .$$

Aus der Tatsache, daß das Stoppkriterium erfüllt ist, folgt dann

$$\eta - \frac{1}{2^{z+2}} \leq \widehat{\text{err}}_{min} < \hat{\eta}_0 - \frac{1}{2^{z+2}} ,$$

Woraus sofort

$$\eta < \hat{\eta}_0$$

folgt. ■

6.2 Böswilliges Rauschen

Dieses Modell stellt höhere Anforderungen an den Lerner, weil das Rauschen nicht mehr nur zufällig ist, sondern von einem Gegenspieler gesteuert wird, was das Lernen besonders erschwert.

Wir werden zunächst zeigen, unter welchen Bedingungen wir das PAC-Kriterium dann noch erfüllen können. Speziell geben wir eine informationstheoretische Schranke für die Rauschrate an, ab der ein Lernen im Sinne von Kapitel 2 nicht mehr möglich ist. Wir werden dann sehen, daß die Verwendung von probabilistischen Hypothesen seitens der Lerners eine wirkungsvolle Gegenmaßnahme darstellt. Es wird sich zeigen, daß die erwähnte informationstheoretische Schranke nur für die bisher betrachteten deterministischen Hypothesen gilt und durch eine neue, größere ersetzt werden muß, sobald man probabilistische Hypothesen einsetzt.

Die bisher untersuchten Hypothesen ordnen jeder Instanz x einen festen Wert $H(x)$ aus $\{0,1\}$ zu, sind also Funktionen. Eine *randomisierte* oder *probabilistische Hypothese* H ist eine Abbildung

$$H : X \mapsto [0,1] .$$

Der Wert $H(x)$ ist die Wahrscheinlichkeit dafür, daß x die Klassifikation 1 erhält. Entsprechend ist $1 - H(x)$ die Wahrscheinlichkeit dafür, daß x die Klassifikation 0 erhält. Ein und dieselbe Instanz x kann also von H einmal als positiv, ein anderes mal als negativ klassifiziert werden[1]. Wir verwenden oft auch den Begriff *Vorhersageregel* oder kurz *Regel* für probabilistische Hypothesen. Die zugehörigen Hypothesenklassen sind meistens nur implizit definiert.

Die Stichprobenerzeugung geht bei böswilligem Rauschen so vonstatten: Zunächst wird eine Instanz $x \in X$ anhand von D gezogen. Dann wird eine η-Münze geworfen. Bei „Zahl" erhält der Lerner das korrekte Beispiel $\langle x, C(x)\rangle$. Bei „Kopf" erhält der Lerner ein vom Gegenspieler ausgesuchtes Beispiel $\langle x', \ell'\rangle$. Das entsprechende Orakel bezeichnen wir mit $\mathsf{EX}_{C,D}^{\eta,mal}$. Der Gegenspieler besitzt unbeschränkte Berechnungskraft, kennt die Rauschrate η, das Zielkonzept C, die Verteilung D, die Strategie des Lerners und dessen Hypothesenklasse. Unbekannt sind ihm nur die Ergebnisse der Münzwürfe des Lerners, falls dieser eine randomisierte Strategie oder probabilistische Hypothesen verwendet.

Es gibt zwei Möglichkeiten, die Stichproben-Erzeugung zu modifizieren, indem man dem Gegenspieler unterschiedliche Einsicht in die Stichprobe gibt. Der *On-Line-Gegenspieler* muß das verfälschte Beispiel sofort erzeugen, wenn die Münze „Kopf" zeigt. Der mächtigere *Off-Line-Gegenspieler* kann die ganze Stichprobe und alle Würfe der η-Münze abwarten, und dann die Beispiele ersetzen, bei denen „Kopf" gefallen ist.

Das Lernziel bleibt unverändert. Man möchte das PAC-Kriterium erfüllen, also mit hoher Wahrscheinlichkeit eine gute Hypothese finden. Allerdings wird diese Wahrscheinlichkeit nun nicht mehr nur über die Stichproben gebildet, sondern zusätzlich über die Randomisierung des Lernalgorithmus oder den Probabilismus der Regel.

6.2.1 Eine Schranke für die Rauschrate bei deterministische Hypothesen

Als erstes Resultat in diesem Modell zeigen wir eine von der gewünschten Genauigkeit ε abhängige obere Schranke für die Rauschrate η, unter der noch gelernt werden kann. Für den Beweis muß die Klasse nicht-trivial sein, siehe Definition 2.32 auf Seite 2.32.

Satz 6.19 *Für alle nicht-trivialen Konzeptklassen $\mathcal{C}$ und $\varepsilon < 1/2$ gilt: $\mathcal{C}$ ist bei böswilligem Rauschen nicht PAC-lernbar, wenn für die Rauschrate η gilt:*

[1] Für manche Anwender ist dieses Verhalten von probabilistischen Hypothesen ein Grund zur Skepsis. Ein Objekt, daß sich scheinbar keine klare Meinung bildet, erscheint unzuverlässig. Wir werden aber sehen, daß probabilistische Hypothesen deterministischen in Situationen überlegen sind, in denen man einem Gegenspieler gegenübersteht.

$$\eta \geq \eta_{det} := \frac{\varepsilon}{1+\varepsilon} .$$

Diese Schranke gilt für beide Arten des Gegenspielers.

Beweis. Weil $\mathcal{C}$ nicht-trivial ist, gibt es $C_1, C_2 \in \mathcal{C}$ und $a, b \in X$, die (2.32) erfüllen. Wie im Beweis von Satz 2.31 wählen wir eine „gemeine" Verteilung D wie folgt

$$\begin{aligned} D(a) &= 1-\varepsilon \\ D(b) &= \varepsilon D(x) = 0 \text{ , falls } x \notin \{a,b\} . \end{aligned}$$

Durch diese Wahl können wir das Universum auf $\{a, b\}$ reduzieren und die Konzeptklasse auf $\{C_1, C_2\}$. Weiterhin darf eine Hypothese keine der Instanzen a, b falsch klassifizieren, wenn sie ε-gut seien will. In dieser Umgebung untersuchen wir die folgende Strategie des Gegenspielers, die durch das verfälschende Orakel $\mathsf{EX}_{C,D}^{\eta,mal}$ beschrieben ist:

- falls C_1 das Zielkonzept ist, so gibt das Orakel $\mathsf{EX}_{C,D}^{\eta,mal}$ bei jedem Beispiel, das gefälscht werden darf, $\langle b, 1\rangle$ an den Lerner.
- falls C_2 das Zielkonzept ist, so gibt $\mathsf{EX}_{C,D}^{\eta,mal}$ bei jedem Beispiel, das gefälscht werden darf, $\langle b, 0\rangle$ an den Lerner.

Dies induziert zwei Verteilungen D_{η,C_1} und D_{η,C_2} auf den verrauschten klassifizierten Beispielen; eine für den Fall, daß C_1 das Zielkonzept ist und eine für C_2. Diese Verteilungen erzeugen aus Sicht des Lerners die Beispiele. Die folgende Tabelle gibt die Wahrscheinlichkeiten für das Auftreten eines Beispiels unter der jeweiligen Verteilung an.

Beispiel	Wahrscheinlichkeit unter D_{η,C_1}	Wahrscheinlichkeit unter D_{η,C_2}
$\langle a, 0\rangle$	0	0
$\langle a, 1\rangle$	$(1-\eta)(1-\varepsilon)$	$(1-\eta)(1-\varepsilon)$
$\langle b, 0\rangle$	$(1-\eta)\varepsilon$	η
$\langle b, 1\rangle$	η	$(1-\eta)\varepsilon$

Schlecht für den Lerner wäre es zum Beispiel, wenn er nicht unterscheiden könnte, ob die Beispiele, die er sieht, unter D_{η,C_1} oder D_{η,C_2} gezogen wurden. Dann hat er aus informationstheoretischen Gründen keine Chance, das Zielkonzept zu identifizieren. Selbst wenn er zufällig eines der beiden möglichen Konzepte C_1 oder C_2 wählt, ist dies mit Wahrscheinlichkeit 1/2 das falsche, und der Fehler ist dann ε. Damit dies eintritt, müssen die Wahrscheinlichkeiten der Beispiele unter beiden Verteilungen gleich sein. Wie man durch Gleichsetzen der Einträge in den Zeilen – insbesondere in den beiden letzten – der obigen Tabelle sieht, ist dies der Fall, wenn

$$\eta = \eta_{det} := \frac{\varepsilon}{1+\varepsilon} \tag{6.10}$$

gilt.

Falls die Rauschrate η größer als η_{det} ist, so verfälscht der Gegenspieler trotzdem nur η_{det} der Beispiele, und das Resultat gilt weiter. ■

6.2.2 Lernen bei niedrigen Rauschraten

Der einfacheren Darstellung wegen betrachten wir im folgenden unstrukturierte und oft auch endliche Konzeptklassen; der Beweis überträgt sich jeweils mit unterschiedlichem Mehraufwand auf strukturierte, unendliche Klassen. Wir untersuchen zunächst den Fall einer kleinen Rauschrate, das heißt es gilt $\eta < c\varepsilon$, für $c < 1/4$. Der folgende Satz zeigt, daß es dann genügt, das approximative Fehlerminimierungsproblem zu lösen, um das PAC-Kriterium zu erfüllen.

Satz 6.20 *Sei $|\mathcal{H}| < \infty$. Sei $\eta \leq \varepsilon/4$. Sei A ein Algorithmus, der aus jeder Stichprobe S des Orakels $\mathsf{EX}_{C,D}^{\eta,mal}$ der Größe m eine Hypothese $H \in \mathcal{H}$ berechnet mit $\mathrm{diss}_S(H) \leq m\varepsilon/2$. Dann ist A ein PAC-Lernalgorithmus für $\mathcal{H}$ mit Stichprobenkomplexität*

$$m = O\left(\frac{1}{\varepsilon}\left(\ln\left(\frac{1}{\delta}\right) + \ln(|\mathcal{H}|)\right)\right) .$$

Beweis. Sei $H \in \mathcal{H}$ ε-schlecht. Dann ist die Wahrscheinlichkeit, daß H ein von $\mathsf{EX}_{C,D}^{\eta,mal}$ erzeugtes Beispiel richtig klassifiziert, höchstens

$$(1-\eta)(1-\varepsilon) + \eta \leq 1 - \frac{3\varepsilon}{4} . \tag{6.11}$$

Der erste Faktor im ersten Term der linken Seite ist die Wahrscheinlichkeit ein unverfälschtes Beispiel zu sehen, der zweite die, daß H keinen Fehler macht. Der zweite Term ist die Wahrscheinlichkeit, ein verfälschtes Beispiel zu sehen. Wir nehmen an, daß wir verfälschte Beispiele stets korrekt klassifizieren, was die Schranke höchstens größer macht. Dann ist die Wahrscheinlichkeit, daß H höchstens einen Anteil von $\varepsilon/2$ einer m-Stichprobe falsch klassifiziert höchstens

$$LE\left(\frac{3\varepsilon}{4}, m, \frac{m\varepsilon}{2}\right) = LE\left(\frac{3\varepsilon}{4}, m, \left(1-\frac{1}{3}\right)\frac{3m\varepsilon}{4}\right) \leq e^{-m\varepsilon/24} .$$

Die Wahrscheinlichkeit, daß es eine ε-schlechte Hypothese in $\mathcal{H}$ mit dieser Eigenschaft gibt, ist dann höchstens

$$|\mathcal{H}|\, e^{m\varepsilon/24}\,.$$

Setzt man $|\mathcal{H}|\, e^{-m\varepsilon/24} \leq \delta$ und löst nach m auf, so erhält man

$$m \geq \frac{24}{\varepsilon}\left(\ln\left(\frac{1}{\delta}\right) + \ln(|\mathcal{H}|)\right)$$

■

Wir zeigen nun, wie man einen PAC-Lernalgorithmus in einen Algorithmus konvertieren kann, der unter böswilligem Rauschen lernt. Allerdings ist eine starke Einschränkung der Rauschrate notwendig.

Satz 6.21 *Sei A ein effizienter PAC-Lernalgorithmus für $\mathcal{C}$ durch $\mathcal{H}$ mit Stichprobenkomplexität $m_A(\varepsilon, \delta)$. Sei $\varepsilon \leq 1/2$ und $s = m_A(\varepsilon/8, 1/2)$. Dann ist $\mathcal{C}$ unter böswilligem Rauschen effizient PAC-lernbar, wenn für die Rauschrate η gilt*

$$\eta = O\left(\frac{\ln(s)}{s}\right) \quad \textit{und} \quad \eta < \frac{\varepsilon}{8}\,.$$

Beweis. Wir beschreiben einen Meta-Algorithmus CONVERT-PAC-TO-NOISE, der $\mathcal{C}$ unter böswilligem Rauschen effizient lernt und einen PAC-Lernalgorithmus als Subroutine verwendet. Er ist in Abbildung 6.3 dargestellt. Der Algorithmus zieht zunächst so viele Stichproben, daß eine davon mit hoher Wahrscheinlichkeit unverrauscht ist. Auf allen Stichproben berechnet man eine Hypothese. Auf der unverrauschten berechnet der Lerner mit Wahrscheinlichkeit 1/2 eine $\varepsilon/8$-gute Hypothese. Für die Güten der Hypothesen, die auf den anderen Stichproben berechnet werden, gibt es keine Garantie. Es geht nun nur noch darum, eine ε-gute Hypothese aus allen berechneten herauszufinden. Dazu wird eine Teststichprobe gezogen, auf der alle Hypothesen empirisch evaluiert werden. Man wählt dann eine Hypothese, die dabei die minimale viele Fehler macht.

Die Unzuverlässigkeit δ verteilen wir gleichmäßig auf die drei möglichen Fehlerquellen.

Für jede der r Stichproben S_C, die CONVERT-PAC-TO-NOISE erzeugt, ist die Wahrscheinlichkeit, daß sie keine verfälschten Beispiele enthält, $(1-\eta)^s$. Wenn $\eta \leq \ln(s)/s$, so gilt

$$(1-\eta)^s \geq \left(1 - \frac{\ln(s)}{s}\right)^s \geq \frac{1}{s^2}\,.$$

ALGORITHMUS CONVERT-PAC-TO-NOISE
INPUT ε, δ
$r := \lceil 2s^2 \ln(3/\delta) \rceil + 1$
FOR $i := 1$ **TO** r **DO**
  Ziehe Stichprobe S_C der Größe $m_A(\varepsilon/8, 1/2)$
  $H_i := A(S_C)$
OD
Ziehe Stichprobe $S_{C,test} = (\langle x_j, \ell_j \rangle)$ der Größe $O(1/\varepsilon \ln(3/\delta))$
FOR $i := 1$ **TO** r **DO**
  $F_i := |\{j \mid H_i(x_j) \neq \ell_j\}|$
OD
$i^* := \operatorname{argmin}\{F_i \mid i = 1, \ldots, r\}$
RETURN H_{i^*}

Abbildung 6.3: Der Algorithmus CONVERT-PAC-TO-NOISE.

Die letzte Ungleichung folgt aus der Abschätzung (A.17) durch die Ersetzung $t = -\ln(s)$; man kann sie zu $\frac{1}{s^\alpha}$ für beliebiges $\alpha > 1$ verschärfen. Die Wahrscheinlichkeit, daß A auf einer solchen Stichprobe eine $(\varepsilon/8)$-gute Hypothese berechnet, ist mindestens $1/2$. Die Wahrscheinlichkeit, daß beides eintritt, ist mindestens $(1/2)\,(1/s^2) = 1/(2s^2)$. Die Wahrscheinlichkeit, daß dies bei r Durchläufen durch die For-Schleife nie passiert, ist für $r > 2s^2 \ln(3/\delta)$ höchstens

$$\left(1 - \frac{1}{2s^2}\right)^r < \left(1 - \frac{1}{2s^2}\right)^{2s^2 \ln(3/\delta)} \leq e^{-\ln(3/\delta)} = \frac{\delta}{3} .$$

Betrachten wir eine der von CONVERT-PAC-TO-NOISE erzeugten Hypothesen, sagen wir H_i. Wenn H_i bezüglich D ε-schlecht ist, d.h. $\operatorname{err}_D(H_i) > \varepsilon$, so ist die Wahrscheinlichkeit, daß H_i auf einem festen Beispiel x einer verrauschten Stichprobe keinen Fehler ($H_i(x) = \ell$) macht, höchstens $(1-\eta)(1-\varepsilon) + \eta$, siehe (6.11). Für $\eta \leq \varepsilon/8$, was in Satz 6.21 gefordert wird, ist diese Größe höchstens $1 - 3\varepsilon/4$. Die Wahrscheinlichkeit, daß H_i weniger als $m\varepsilon/2$ Fehler auf einer verrauschte Stichprobe macht, ist somit

$$LE\left(\frac{3\varepsilon}{4}, m, \frac{m\varepsilon}{2}\right) = LE\left(\frac{3\varepsilon}{4}, m, \left(1 - \frac{1}{3}\right)\frac{3m\varepsilon}{4}\right) \leq e^{-m\varepsilon/24} .$$

Die Wahrscheinlichkeit, daß mindestens eine der r Hypothesen diese Eigenschaft hat, ist dann höchstens

$$re^{-m\varepsilon/24}\,. \tag{6.12}$$

Wenn $m > \frac{24}{\varepsilon}\cdot\ln\left(\frac{s\ln\left(\frac{3}{\delta}\right)}{6\delta}\right)$ gilt, wobei $s = m_A(\varepsilon/8, 1/2)$, so ist (6.12) kleiner als $\delta/3$. Man beachte, daß $s = m_A(\varepsilon/8, 1/2)$ polynomiell in $1/\varepsilon$ ist. Wiederum mit der Chernoff-Schranke (A.4) und $\eta \leq \varepsilon/8$ folgt, daß eine $(\varepsilon/8)$-gute Hypothese mit Wahrscheinlichkeit mindestens $1-\delta/3$ weniger als $\varepsilon/2$ Fehlerrate auf einer verrauschten Stichprobe der Größe m hat.

Insgesamt folgt, daß eine Hypothese, die auf der Testfolge $S_{C,test}$ eine minimale Fehlerrate produziert, ε-gut ist (mit Wahrscheinlichkeit $1-\delta$). ■

Der nächste Satz zeigt, wie eng die Beziehung zwischen dem kombinatorischen Fehlerminimierungs-Problem und dem Lernen unter böswilligem Rauschen ist.

Satz 6.22 *Sei $\mathcal{C}$ eine endliche Konzeptklasse und sei $r \geq 1$ die Approximationsgüte. Sei A ein effizienter Algorithmus zum Lösen des approximativen Fehlerminimierungs-Problem* $\mathrm{aMD}_r\,(\mathcal{C})$ *für $\mathcal{C}$. Dann ist $\mathcal{C}$ effizient streng PAC-lernbar, wenn für die Rauschrate gilt*

$$\eta \leq \varepsilon/(8r)$$

Beweis. Sei S eine verrauschte Stichprobe der Größe $m = O(1/\varepsilon(\ln(1/\delta) + \ln(|\mathcal{C}|)))$ für das Zielkonzept C. Mit der Chernoff-Schranke (A.5) folgt, daß C auf S höchstens $4\eta m$ Fehler macht (mit Wahrscheinlichkeit $1-\delta$). Dann gilt $K := \inf\{\mathrm{dis}_S\,(H) \mid H \in \mathcal{C}\} \leq 4\eta m$ und A liefert eine Hypothese H_0 mit $\mathrm{dis}\,(H_0) \leq r4\eta m \leq m\varepsilon/2$. Satz 6.20 besagt, daß H_0 dann mit hoher Wahrscheinlichkeit ε-gut ist. ■

6.3 Lernen mit deterministischen Hypothesen bei hohen Rauschraten

Im vorangehenden Abschnitt haben wir Algorithmen zum Lernen unter böswilligem Rauschen kennengelernt, die aber wesentlich davon abhängen, daß die Rauschrate weit unter der informationstheoretischen Schranke η_{det} liegt. In diesem Abschnitt untersuchen wir das Verhalten der Stichprobengröße für den Fall, daß sich die Rauschrate der informationstheoretischen Schranke η_{det}

annähert. Wir werden untere und obere Schranken für die Stichprobengröße kennenlernen, die zum Lernen unter böswilligem Rauschen notwendig sind bzw. ausreichen. Wir beginnen mit einer unteren Schranke für die Fehlerminimierungs-Strategie. Im Anschluß daran beweisen wir eine allgemeine untere Schranke, die für alle Lernstrategien gilt, und kleiner ist als die für die Fehlerminimierungs-Strategie. Wir werden dann sehen, daß die zweite Schranke „die richtige" ist, denn es gibt Lernverfahren für spezielle Klassen, die mit entsprechend vielen (oder wenigen) Beispielen auch auskommen. Die Fehlerminimierungs-Strategie ist also nicht optimal, was die Stichprobengröße betrifft.

6.3.1 Eine untere Schranke für die Fehlerminimierungs-Strategie

In diesem Abschnitt benutzen wir die folgenden Aussagen aus der Wahrscheinlichkeitstheorie. Seien X_i unabhängige Bernoulli-Versuchen mit Erfolgswahrscheinlichkeit jeweils p. das heißt, $X_i \in \{0,1\}$ und $\mathbb{E}[()X_i) = p$. Sei $Y_{N,p} = \sum_{i=1}^{N} X_i$ die Zufallsvariable, die die Anzahl der Erfolge in N unabhängigen Realisierungen der X_i zählt. Eine reelle Zahl s heißt der *Median* einer Zufallsvariablen S, falls $\Pr[S \leq s] \geq 1/2$ und $\Pr[S \geq s] \geq 1/2$.

Beobachtung 6.23 ([JS68]) *Für alle $0 \leq p \leq 1$ und alle $N \geq 1$ ist der Median von $Y_{N,p}$ entweder $\lfloor Np \rfloor$ oder $\lceil Np \rceil$.*
Somit gilt $\Pr[Y_{N,p} \leq \lceil Np \rceil] \geq \frac{1}{2}$ und $\Pr[Y_{N,p} \geq \lfloor Np \rfloor] \geq \frac{1}{2}$.

Die folgende Beobachtung gibt eine untere Schranke für die Größe der Randbereiche („tails") der Binomialverteilung.

Beobachtung 6.24 *Seien $0 < p < 1$ und $q := (1-p)$. Dann gilt für alle $N \geq \frac{37}{pq}$:*

$$\begin{aligned} \Pr\left[Y_{N,p} \geq \lfloor Np \rfloor + \left\lfloor \sqrt{Npq - 1} \right\rfloor\right] &> \frac{1}{19} \\ \Pr\left[Y_{N,p} \leq \lceil Np \rceil - \left\lfloor \sqrt{Npq - 1} \right\rfloor\right] &> \frac{1}{19}. \end{aligned} \tag{6.13}$$

Beweis. Den recht technischen Beweis findet man bei Cesa-Bianchi, Dichterman, Fischer und Simon [CBDFS96].

■

Beobachtung 6.25 *Für jede Zufallsvariable S mit Werten in $[0, N]$, Erwartungswert αN und für alle $0 < \beta < \alpha \leq 1$ gilt,*

$$\Pr[S \geq \beta N] > (\alpha - \beta)/(1 - \beta) .$$

Beweis. Man setzt $z = \Pr[S \geq \beta N]$ und löst

$$\alpha N = \mathbb{E}[S] = \mathbb{E}[S|S < \beta N](1 - z) + E[S|S \geq \beta N]\, z < \beta N(1 - z) + Nz$$

nach z auf. ■

Beobachtung 6.23 stammt von Jogdeo und Samuels [JS68]. Die Aussage von Beobachtung 6.24 folgt für $N \to \infty$ aus dem Zentralen Grenzwertsatz, weil eine normalverteilte Zufallsvariable mit Wahrscheinlichkeit jeweils mindestens 0.15 um mehr als die Standardabweichung σ vom Mittelwert nach oben bzw. unten abweicht und die Binomialverteilung gegen eine Normalverteilung konvergiert. Für Werte von p nahe 0 bzw. 1 wird die Konvergenz der Binomialverteilung gegen die Normalverteilung allerdings beliebig langsam. Da wir jedoch Resultate für kleine Werte von N benötigen, ist ein technisch aufwendiger Beweis ohne die Verwendung der Normalverteilung nötig.

Mit Δ bezeichnen wir den Abstand der Rauschrate η von der informationstheoretischen Schranke η_{det}.

$$\boxed{\Delta := \eta_{det} - \eta = \frac{\varepsilon}{1 + \varepsilon} - \eta}$$

Satz 6.26 *Sei C eine Konzeptklasse mit Vapnik-Chervonenkis-Dimension $d \geq 3$ über X. Seien $0 < \varepsilon \leq 1/38$, $0 < \delta \leq 1/74$. Weiter sei $0 < \Delta = o(\varepsilon)$ und $\eta = \frac{\varepsilon}{1+\varepsilon} - \Delta$ die Rauschrate, die von einem Off-Line Gegenspieler ausgenutzt wird. Dann benötigt die Fehlerminimierungs-Strategie zum Lernen mit Genauigkeit ε und Zuverlässigkeit $1 - \delta$ mindestens*

$$\frac{4(1 - \eta)(1 - \varepsilon)\lceil (d - 1)/38 \rceil \varepsilon}{37(1 + \varepsilon)^2 \Delta^2} = \Omega\left(\frac{d\varepsilon}{\Delta^2}\right)$$

Beispiele.

Beweis. Wir beginnen mit einer informalen Beschreibung. Für den Beweis benutzen wir eine Menge $\{x_1, x_2, \ldots, x_d\}$ von d Punkten, die von C zerschmettert wird. Wir wählen eine Verteilung D so, daß die Punkte $x_2, \ldots, x_d$, die *leichten* Punkte, jeweils dieselbe kleine Wahrscheinlichkeit μ haben, während x_1

die Restwahrscheinlichkeit aufnimmt. Wenn die leichten Punkte in einer verrauschten Stichprobe mindestens mit der erwarteten Frequenz μ auftauchen würden, so hätte der Gegenspieler keine Chance, die Fehlerminimierungs-Strategie hereinzulegen. Sein *Betrugskapital*, die Rauschrate, η reicht nicht aus, um bei leichten Punkten mit einem Gesamtgewicht von mehr als ε durch falsche Klassifizierungen eine falsche Entscheidung der Fehlerminimierungs-Strategie zu erzwingen. Wir nehmen hier an, daß die wirkliche Rauschrate mindestens gleich der erwarteten ist. Nach unseren Annahmen über das verrauschte Orakel gilt dies mit Wahrscheinlichkeit 1/2 für jeden Lauf des Lernalgorithmus.

Wenn jedoch einige leichte Punkte im wahren Gesamtgewicht von mindestens ε in einer verrauschten Stichprobe weit weniger häufig auftauchen als erwartet, so hat der Gegenspieler die Chance, diese häufiger mit den falschen Klassifizierungen zu präsentieren und die Fehlerminimierungs-Strategie zu einer falschen Entscheidung zu zwingen. Wir werden sehen, daß bei einer zu kleinen Stichprobe diese Situation aufgrund statistischer Fluktuationen mit konstanter Wahrscheinlichkeit eintritt. Siehe dazu auch Abbildung 6.4. Wir präzisieren diese Idee nun.

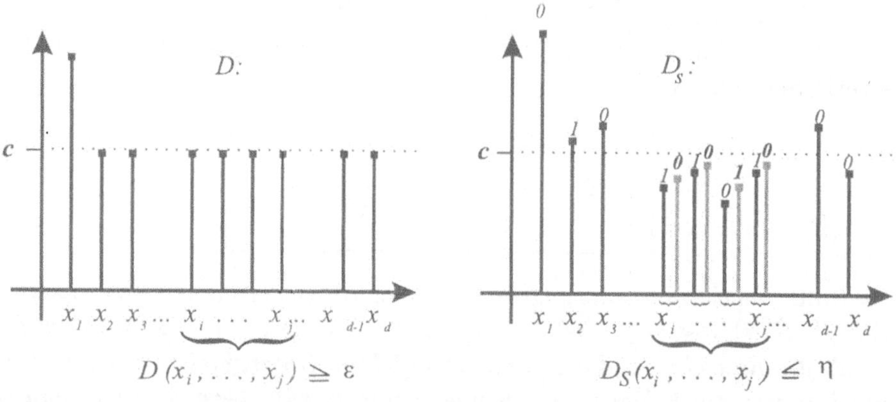

Abbildung 6.4: Das linke Bild zeigt die Verteilung D, die allen Punkten bis auf den ersten das gleiche Gewicht gibt. Die Höhe eines Stabes entspricht dem Gewicht, das D dem jeweiligen Punkt gibt. Die Punkte x_i bis x_j haben insgesamt ein Gewicht von mindestens ε. Das rechte Bild zeigt die empirische Verteilung D_S der Punkte in der Stichprobe S. Die Höhe der schwarzen Stäbe entspricht der relativen Häufigkeit im unverfälschten Teil der Stichprobe; die Zahlen darüber geben die wahren Klassifikationen an. Eine mögliche empirische Wahrscheinlichkeit der Punkte x_i bis x_j ist wesentlich kleiner als die erwartete. Dies gibt dem Gegenspieler die Möglichkeit, diese Punkte häufiger mit den falschen Klassifikationen zu zeigen (graue Stäbe). Da die Fehlerminimierungs-Strategie sich immer für die häufigere Klassifikation entscheidet, klassifiziert sie all diese Punkt falsch, macht also einen Fehler von mindestens ε.

Aus technischen Gründen benötigen wir für den Beweis die folgende Annahme:

$$m \geq \frac{37\lceil (d-1)/38 \rceil}{\varepsilon(1-\varepsilon)(1-\eta)} = O\left(\frac{d}{\varepsilon}\right) . \qquad (6.14)$$

(Wir werden sehen, daß diese Annahme durch die allgemeine Schranke, die wir weiter unten in Satz 6.30 zeigen, sichergestellt wird. Sie folgt aus der Schranke $\Omega(d/\Delta)$ in diesem Satz mit der Wahl $\Delta \leq \varepsilon/K$ und genügend großes K.)

Für einen Widerspruch nehmen wir an, daß

$$m \leq \frac{4(1-\eta)(1-\varepsilon)\lceil (d-1)/38 \rceil \varepsilon}{37(1+\varepsilon)^2 \Delta^2} \qquad (6.15)$$

Beispiele genügen, um das PAC-Kriterium zu erfüllen.

Sei BAD_1 das Ereignis, daß mindestens $\lfloor \eta m \rfloor$ Beispiele verfälscht wurden. Aus Beobachtung 6.23 folgt, daß BAD_1 Wahrscheinlichkeit mindestens 1/2 besitzt. Sei $t = d-1$ und $X_0 = \{x_1, \ldots, x_d\}$ eine Menge, die von $\mathcal{C}$ zerschmettert wird. Die Verteilung D ist definiert durch

$$\begin{aligned} D(x_1) &= 1 - t\lceil t/38 \rceil^{-1} \varepsilon , \\ D(x_2) &= \cdots = D(x_d) = \lceil t/38 \rceil^{-1} \varepsilon. \end{aligned}$$

Die Punkte $x_2, \ldots, x_d$ heißen *leicht*. Sei x_i ein fester leichter Punkt. Die Wahrscheinlichkeit, x_i mit der korrekten Klassifikation zu sehen, ist

$$p = \lceil t/38 \rceil^{-1} \varepsilon(1-\eta) = \lceil t/38 \rceil^{-1}(\eta + \Delta(1+\varepsilon)). \qquad (6.16)$$

Sei T_i die Anzahl der Beispiele, die x_i mit der korrekten Klassifizierung zeigen. Wir nennen x_i *selten*, falls

$$T_i \leq \lceil pm \rceil - \lfloor \sqrt{mp(1-p)} - 1 \rfloor . \qquad (6.17)$$

Aus der Ungleichung (6.14) und $p = \lceil t/38 \rceil^{-1} \varepsilon(1-\eta)$ (aus (6.16)) folgt $m \geq \frac{37}{p(1-p)}$. Mit Behauptung 6.24 folgt, daß x_i mit Wahrscheinlichkeit mindestens 1/19 selten ist. Aus

$$\begin{aligned} \Pr[\, x_i \text{ ist selten} \,] &= \Pr[\, x_i \text{ ist selten} \mid BAD_1 \,] \Pr[\, BAD_1 \,] \\ &\quad + \Pr[\, x_i \text{ ist selten} \mid \neg BAD_1 \,] (1 - \Pr[\, BAD_1 \,]) \end{aligned}$$

und

$$\Pr[\, x_i \text{ ist selten} \mid BAD_1 \,] \geq \Pr[\, x_i \text{ ist selten} \mid \neg BAD_1 \,],$$

folgt

$$\Pr[\, x_i \text{ ist selten} \mid BAD_1 \,] \geq \Pr[\, x_i \text{ ist selten} \,] > \frac{1}{19}. \qquad (6.18)$$

Ungleichung (6.18) gilt, weil eher weniger Beispiele verfälscht werden, wenn das Ereignis BAD_1 nicht eintritt und verfälschte Beispiele bei diesem Gegenspieler seltenen Punkte sind. Unter der Annahme, daß BAD_1 eintritt, sei T die (bedingte) Zufallsvariable, die die Anzahl der seltenen Punkte angibt. Der Erwartungswert von T ist größer als $t/19$. Mit Beobachtung 6.25 (mit $\alpha = 1/19$ und $\beta = 1/38$) folgt, daß die Wahrscheinlichkeit, daß mindestens $t/38$ leichte Punkte auch selten sind, größer als 1/37 ist. Da BAD_1 mit Wahrscheinlichkeit mindestens 1/2 eintritt, gilt insgesamt, daß eine Stichprobe der Größe m mit Wahrscheinlichkeit größer als $\delta = 1/74$ mindestens $\lfloor \eta m \rfloor$ verfälschte Beispiele und mindestens $\lceil t/38 \rceil$ seltene Punkte enthält. Wir setzen dies im folgenden voraus.

Das Gesamtgewicht der $\lceil t/38 \rceil$ seltenen Punkte ist $\lceil t/38 \rceil \lceil t/38 \rceil^{-1} \varepsilon = \varepsilon$. Also genügt es, zu zeigen, daß das Betrugskapital η ausreicht, um diese Punkte häufiger mit den falschen als den richtigen Klassifikationen zu präsentieren. Da es sich um einen Off-Line Gegenspieler handelt, kann dieser die gesamte Stichprobe analysieren, bevor er die Beispiele verfälscht. Er kann daher auch sehen, welche Punkte selten sind. Mit der Definition (6.17) von„selten" und mit (6.16) folgt, daß die Anzahl der unverfälschten Beispiele, die einen seltenen Punkt zeigen, höchstens

$$\begin{aligned} &\lceil t/38 \rceil \cdot \left(\lceil pm \rceil - \lfloor \sqrt{mp(1-p) - 1} \rfloor \right) \\ &\qquad \le \eta m + \Delta(1+\varepsilon)m + 2\lceil t/38 \rceil - \lceil t/38 \rceil \sqrt{\frac{m\varepsilon(1-\eta)(1-\varepsilon)}{\lceil t/38 \rceil} - 1} \end{aligned}$$

ist. Andererseits ist die Anzahl der Beispiele, die der Gegenspieler fälschen darf, mindestens $\eta m - 1$ und sollte die der korrekten um mindestens $\lceil t/38 \rceil$, die Anzahl der seltenen Punkte, übertreffen. Der Gegenspieler kann also eine falsche Entscheidung auf den seltenen Beispielen (und damit eine Hypothese mit Fehler größer ε) erzwingen, wenn das folgende gilt

$$\eta m - 1 \ge \eta m + \Delta(1+\varepsilon)m + 3\lceil t/38 \rceil - \lceil t/38 \rceil \sqrt{\frac{m\varepsilon(1-\eta)(1-\varepsilon)}{\lceil t/38 \rceil} - 1}\,.$$

Äquivalent dazu ist

$$\lceil t/38 \rceil \sqrt{\frac{m\varepsilon(1-\eta)(1-\varepsilon)}{\lceil t/38 \rceil} - 1} \ge \Delta(1+\varepsilon)m + 3\lceil t/38 \rceil + 1. \tag{6.19}$$

Wir zerlegen diese Ungleichung in leichter zu behandelnde Teile. Die rechte Seite von (6.19) zerfällt in drei Terme

$$z_1 = 3\lceil t/38 \rceil\,, \quad z_2 = 1\,, \quad z_3 = \Delta(1+\varepsilon)m\,.$$

Die linke Seite Z von (6.19) zerlegen wir in drei Teile, und erhalten so die hinreichende Bedingung $Z/2 \geq z_1, Z/6 \geq z_2, Z/3 \geq z_3$. Durch Einsetzen und Vereinfachen ergibt sich

$$\begin{aligned}
\sqrt{\frac{m\varepsilon(1-\eta)(1-\varepsilon)}{\lceil t/38 \rceil}} - 1 &\geq 6 \\
\lceil t/38 \rceil \sqrt{\frac{m\varepsilon(1-\eta)(1-\varepsilon)}{\lceil t/38 \rceil}} - 1 &\geq 6 \\
\lceil t/38 \rceil \sqrt{\frac{m\varepsilon(1-\eta)(1-\varepsilon)}{\lceil t/38 \rceil}} - 1 &\geq 3\Delta(1+\varepsilon)m
\end{aligned}$$

Diese Bedingungen werden von den Annahmen (6.14) und (6.15) impliziert, wie einfaches Nachrechnen zeigt. ■

Es ist ein offenes Problem, ob eine ähnlich Schranke auch für den On-Line-Gegenspieler gilt.

6.3.2 Eine allgemeine unter Schranke

In diesem Abschnitt leiten wir eine allgemeine untere Schranke für die Anzahl der Beispiele, die zum Lernen unter böswilligem Rauschen notwendig sind, her. „Allgemein“ bedeutet dabei, daß die Schranke für alle Algorithmen gilt und nicht nur für einen speziellen, wie die Schranke im vorigen Abschnitt. Diese Schranke besteht aus zwei Termen. Abhängig von der Rauschrate dominiert der eine oder der andere Term. Der erste beschreibt das Verhalten bei Annäherung von η an η_{det}. Der andere gilt, wenn die Rauschrate η weit unterhalb der informations-theoretische Schranken η_{det} liegt.

Satz 6.27 *Für jede nicht-triviale Konzeptklasse $\mathcal{C}$, alle $0 < \varepsilon < 1$, $0 < \delta \leq 1/38$ und $0 < \Delta = o(\varepsilon)$, benötigt man zum PAC-Lernen unter böswilliger Rauschrate $\eta = \varepsilon/(1+\varepsilon) - \Delta$ mindestens*

$$\frac{9\eta(1-\eta)}{37\Delta^2} = \Omega\left(\frac{\eta}{\Delta^2}\right)$$

Beispiele.

Beweis. Wie im Beweis von Satz 6.19 gilt: Weil $\mathcal{C}$ nicht-trivial ist, gibt es zwei Instanzen $a, b \in X$ und zwei Konzepte C_1, C_2 mit $C_1(a) = C_2(a) = 1$, $C_1(b) = 0$, und $C_2(b) = 1$. Wir definieren eine „gemeine“ Verteilung D wie folgt: $D(a) = 1 - \varepsilon$ und $D(b) = \varepsilon$. Wie in Abschnitt 6.2.1 induziert dies $X = \{a, b\}$, $\mathcal{C} = \{C_1, C_2\}$. Auch die Strategie des Gegenspielers besteht wie im Beweis von Satz 6.19 darin, dem Lerner die Instanz b mit der falschen Klassifizierung zu zeigen.

Sei A ein (möglicherweise randomisierter) Lernalgorithmus für $\mathcal{C}$ mit Stichprobenkomplexität $m = m(\varepsilon, \delta, \eta)$. Wir betrachten das folgende Zufallsexperiment, das einem Lauf von A gegen den Gegenspieler entspricht:

1. Mittels einer (1/2)-Münze wähle das Zielkonzept $C \in \{C_1, C_2\}$ zufällig aus.

2. Falls A randomisiert ist, erzeuge mittels einer (1/2)-Münze genügend viele Zufalls-Bits für A.

3. Immer wenn A ein Beispiel anfordert, ziehe $x \in \{a, b\}$ anhand von D und wirf eine η-Münze. Falls „Kopf" fällt, dann gib $\langle b, 1 - C(b)\rangle$ aus, anderenfalls das korrekte Beispiel $\langle x, C(x)\rangle$.

Nehmen wir nun an, daß A die Klasse $\mathcal{C}$ gegen den gerade beschriebenen Gegenspieler lernt. Im folgenden bezeichnet $H \neq C$ das Ereignis, daß H ungleich C ist (und nicht die Menge $\{x \mid H(x) \neq C(x)\}$). Sei

$$p_A(m) = \Pr_{D^m}[A(S) \neq C] \ ,$$

wobei $A(S)$ die Hypothese ist, die A aus einer Stichprobe S der Größe $m = m(\varepsilon, \delta, \eta)$ berechnet, die von $\mathsf{EX}_{C,D}^{\eta,mal}$ erzeugt wurde. Aus $A(S) \neq C$ folgt, daß $A(S)$ nicht ε-gut ist. Wenn A wie angenommen ein PAC-Lerner ist, so folgt $p_A(m) \leq \delta \leq 1/38$. Bei der beschriebenen Strategie des Gegenspielers gilt: Die Wahrscheinlichkeit, b mit der falschen Klassifikation zu sehen, ist η. Die Wahrscheinlichkeit b mit der korrekten Klassifikation zu sehen, ist geringfügig höher: Die Wahrscheinlichkeit, ein unverfälschtes Beispiel zu ziehen ist $1 - \eta$, die Wahrscheinlichkeit, b zu ziehen ist ε, zusammen ergibt sich $(1-\eta)\varepsilon$. Dieser Ausdruck läßt sich wie folgt umformen

$$\begin{aligned}(1-\eta)\varepsilon &= \left(1 - \frac{\varepsilon}{1-\varepsilon} + \Delta\right)\varepsilon \\ &= \left(\frac{1}{1-\varepsilon} + \Delta\right)\varepsilon \\ &= \frac{\varepsilon}{1-\varepsilon} + \Delta\,\varepsilon \\ &= \eta + \Delta + \varepsilon\Delta \ .\end{aligned}$$

Sei B die *Bayes Strategie*, die C_2 ausgibt, wenn das Beispiel $\langle b, 1\rangle$ häufiger in der Stichprobe auftritt als $\langle b, 0\rangle$, und C_1 sonst. Die Bayes Strategie wählt die

Hypothese mit höherer a posteriori Wahrscheinlichkeit. Man kann leicht zeigen, daß B die Wahrscheinlichkeit die falsche Hypothese zu wählen, unter allen Klassifikationsstrategien minimiert, siehe zum Beispiel Duda und Hart [DH73]. Daher gilt $p_B(m) \leq p_A(m)$ für alle m. Wir zeigen nun, daß die Wahl $m \leq 9\eta(1-\eta)/(37\Delta^2)$ impliziert, daß $p_B(m) > 1/38$. Dazu definieren wir Ereignisse $BAD_1(m)$ und $BAD_2(m)$, die bei Läufen von B auf Stichproben der Größe m auftreten können, wie folgt:

$BAD_1(m)$ ist das Ereignis, daß mindestens $\lceil(\eta+\Delta)m\rceil + 1$ Beispiele verfälscht sind.

$BAD_2(m)$ ist das Ereignis, daß b höchstens $\lceil(\eta+\Delta)m\rceil$-mal mit der korrekten Klassifikation auftaucht.

Offensichtlich impliziert $BAD_1(m)$, daß b mindestens $\lceil(\eta+\Delta)m\rceil + 1$ mal mit der falschen Klassifizierung von b auftritt. Wenn $BAD_1(m)$ und $BAD_2(m)$ beide eintreten, so ist die Hypothese der Bayes-Strategie falsch. Die folgenden Behauptungen zeigen, daß $\Pr[\,BAD_1(m) \wedge BAD_2(m)\,] > 1/38$ gilt, die Bayes-Strategie also mit konstanter Wahrscheinlichkeit eine ε-schlechte Hypothese liefert.

Behauptung 6.28 *Für alle* $m \geq 1$,

$$\Pr[\,BAD_2(m) \mid BAD_1(m)\,] \geq 1/2\ .$$

Beweis. Wenn $BAD_1(m)$ eintritt, so gibt es weniger als $(1-\eta-\Delta)m$ unverfälschte Beispiele. Jedes davon zeigt mit Wahrscheinlichkeit ε den Punkt b (natürlich mit der korrekten Klassifikation). Daher wird (in der Erwartung) die korrekte Klassifikation weniger als $(1-\eta-\Delta)\varepsilon m = (1-\eta_{det})\varepsilon m = \eta_{det} m = (\eta+\Delta)m$ mal gezeigt. Die Behauptung folgt dann mit Beobachtung 6.23. □

Behauptung 6.29 *Falls* $\frac{37}{\eta(1-\eta)} \leq m \leq \frac{9\eta(1-\eta)}{37\Delta^2}$ *gilt, so folgt*

$$\Pr[\,BAD_1(m)\,] > \frac{1}{19}$$

Beweis. Sei $S_{m,\eta}$ die Anzahl der verfälschten Beispiele. Aus Beobachtung 6.24 folgt, daß für alle $m \geq \frac{37}{\eta(1-\eta)}$ gilt,

$$\Pr\left[S_{m,\eta} \geq \lfloor m\eta \rfloor + \left\lfloor \sqrt{m\eta(1-\eta)-1} \right\rfloor\right] > \frac{1}{19}.$$

Dann gilt die Behauptung, falls

$$\lfloor m\eta \rfloor + \left\lfloor \sqrt{m\eta(1-\eta)-1} \right\rfloor > \lceil \eta m + \Delta m \rceil + 1.$$

Letzteres gilt, falls

$$m\eta + \sqrt{m\eta(1-\eta) - 1} \geq \eta m + \Delta m + 3 ,$$

was seinerseits aus

$$\frac{1}{2}\sqrt{m\eta(1-\eta) - 1} \geq 3 \qquad (6.20)$$

und

$$\frac{1}{2}\sqrt{m\eta(1-\eta) - 1} \geq \Delta \qquad (6.21)$$

folgt. Die Bedingungen (6.20) und (6.21) folgen sofort aus der oberen und unteren Schranke für m in der Behauptung. □

Aus den beiden letzten Behauptungen folgt, daß für $\frac{37}{\eta(1-\eta)} \leq m \leq \frac{9\eta(1-\eta)}{37\Delta^2}$ gilt: $p_B(m) > 1/38$. Wir müssen aber noch sicherstellen, daß der angegebene Bereich für m auch eine natürliche Zahl enthält. Dazu beobachtet man, daß dies der Fall ist, wenn $\Delta \leq \varepsilon/K$ (für eine ausreichend große Konstante K).

Da die Bayes-Strategie optimal (bzgl. des Fehlers) ist, kann sie nicht schlechter sein als eine Strategie, die Stichprobenelemente ignoriert. Die Fehlerwahrscheinlichkeit $p_B(m)$ steigt also nicht mit wachsendem m. Man kann daher die Bedingung $m \geq \frac{37}{\eta(1-\eta)}$ fallenlassen. ■

Wir wenden uns nun dem zweiten Term der allgemeinen unteren Schranke zu. Der Beweis kombiniert Techniken, wie sie im Beweis der unteren Schranke im Fundamentalsatz benutzt wurden mit einem Argument über statistische Ununterscheidbarkeit. Die Ununterscheidbarkeit wird benutzt, um mit Wahrscheinlichkeit 1/2 einen Fehler auf einem speziellen Punkt x zu erzwingen, der Gewicht $D(x) = \eta/(1-\eta)$ hat. Damit der Lerner mit Wahrscheinlichkeit mehr als δ eine ε-schlechte Hypothese ausgibt, sorgen wir dafür, daß t weitere Punkte so selten sind, daß ein großer Teil von ihnen nicht in der Stichprobe auftaucht. Der Lerner kann die Klassifikationen dieser Punkte bestenfalls raten.

Satz 6.30 *Für alle Konzeptklassen C mit Vapnik-Chervonenkis-Dimension $d \geq 3$, und für alle $0 < \varepsilon \leq 1/8$, $0 < \delta \leq 1/12$, alle $0 < \Delta < \varepsilon/(1+\varepsilon)$, benötigt jeder Algorithmus, der C unter böswilligem Rauschen mit Rate η PAC-lernt, mindestens*

$$\frac{d-2}{32\Delta(1+\varepsilon)} = \Omega\left(\frac{d}{\Delta}\right)$$

Beispiele, wobei $\Delta = \eta_{det} - \eta$.

Falls $\Delta = \varepsilon/(1+\varepsilon)$ gilt, d.h. $\eta = 0$, entspricht diese Schranke der für den rauschfreien Fall.

Beweis. Sei $t = d - 2$ und sei $X_0 = \{x_0, x_1, \ldots, x_t, x_{t+1}\}$ eine Menge von d Punkten, die von $\mathcal{C}$ zerschmettert wird. O.B.d.A. können wir annehmen, daß $\mathcal{C}$ die Potenzmenge auf X_0 ist. Wir definieren eine „gemeine" Verteilung D wie folgt:

$$
\begin{aligned}
D(x_0) &= 1 - \frac{\eta}{1-\eta} - 8\left(\varepsilon - \frac{\eta}{1-\eta}\right), \\
D(x_1) &= \cdots = D(x_t) = \frac{8\left(\varepsilon - \frac{\eta}{1-\eta}\right)}{t}, \\
D(x_{t+1}) &= \tfrac{\eta}{1-\eta}, \\
D(x) = 0, \quad \text{falls} \quad & x \notin X_0
\end{aligned}
$$

Wegen $\varepsilon \leq 1/8$ folgt $D(x_0) \geq 0$. Die Strategie des Gegenspielers besteht darin, uns den Punkt x_{t+1} mit der falschen Klassifikation zu zeigen, wann immer ein Beispiel gefälscht werden darf. Der Lerner sieht den Punkt x_{t+1} mit der falschen Klassifikation also mit Wahrscheinlichkeit η und mit Wahrscheinlichkeit $(1 - \eta)D(x_{t+1}) = \eta$ mit der korrekten. Die korrekten und falschen Klassifikationen sind somit statistisch ununterscheidbar.

Wir betrachten nun die Punkte $x_1, \ldots, x_t$, die wir *leicht* nennen. Wenn η gegen η_{det} strebt, geht die Wahrscheinlichkeit, einen leichten Punkt zu ziehen, gegen 0. Sei nun A ein (eventuell randomisierter) PAC-Lernalgorithmus für $\mathcal{C}$ mit Stichprobenkomplexität $m = m(\varepsilon, \delta, \eta)$. Betrachten wir einen Lauf von A als Zufallsexperiment:

1. Durch d Würfe einer (1/2)-Münze bestimme das Zielkonzept $C \in \mathcal{C}$ zufällig.

2. Falls A randomisiert ist, ziehe genügend Zufallsbits für A.

3. Wann immer A ein Beispiel anfordert, ziehe x anhand von D und wirf eine η-Münze. Bei „Kopf" gib das gefälschte Beispiel $(x_{t+1}, 1 - C(x_{t+1}))$ aus, bei „Zahl" gib $(x, C(x))$ aus.

Es sei e_A die Zufallsvariable die den Fehler $\mathrm{err}\,(A(S))$ bezeichnet. ($A(S)$ ist die von A auf den Beispielen der verfälschten Stichprobe berechnete Hypothese). Wenn

$$\Pr\left[\, e_A \geq \varepsilon \,\right] > \frac{1}{12} \tag{6.22}$$

gilt, so folgt nach dem Schubfachprinzip, daß es ein Konzept $C_0 \in \mathcal{C}$ gibt, so daß gilt: Die Wahrscheinlichkeit, daß A eine ε-schlechte Hypothese ausgibt ist größer als $1/12 \geq \delta$, falls C_0 das Zielkonzept ist.

Nun genügt es zu zeigen, daß (6.22) gilt, wenn $m \leq t/(32\Delta(1+\varepsilon))$ ist. Zu diesem Zweck definieren wir drei Ereignisse BAD_1, BAD_2, und BAD_3, die bei Läufen von A auf Stichproben der Größe m auftreten können. Die Konjunktion dieser Ereignisse hat eine Wahrscheinlichkeit von mindestens $1/12$ und impliziert (6.22).

- BAD_1 ist das Ereignis, daß mindestens $t/2$ leichte Punkte nie gezogen werden. Wir nennen diese *unsichtbar*.
- BAD_2 ist das Ereignis, daß $A(S)$ mindestens $t/8$ der unsichtbaren Punkte falsch klassifiziert.
- BAD_3 ist das Ereignis, daß $A(S)$ den Punkt x_{t+1} falsch klassifiziert.

Die Konjunktion $BAD_1 \wedge BAD_2 \wedge BAD_3$ impliziert (6.22), weil sich die Wahrscheinlichkeiten für Mißklassifikationen zu

$$\frac{t}{8} \cdot \frac{8\left(\varepsilon - \frac{\eta}{1-\eta}\right)}{t} + \frac{\eta}{1-\eta} = \varepsilon.$$

addieren. Die Wahrscheinlichkeit der drei Ereignisse schätzen wir nun ab.

Man beachte, daß nur unverfälschte Beispiele einen leichten Punkt zeigen können. Dies geschieht mit der Wahrscheinlichkeit, daß ein leichter Punkt gezogen wird und nicht gefälscht werden darf:

$$8\left(\varepsilon - \frac{\eta}{1-\eta}\right)(1-\eta) = 8(\varepsilon(1-\eta)-\eta) = 8\Delta(1+\varepsilon).$$

Wegen $m \leq \frac{t}{32\Delta(1+\varepsilon)}$ enthält eine m-Stichprobe durchschnittlich höchstens $\frac{t}{32\Delta(1+\varepsilon)} \cdot 8\Delta(1+\varepsilon) = t/4$ leichte Punkte. Aus der Markov-Ungleichung (A.14) folgt, daß die Wahrscheinlichkeit, daß eine m-Stichprobe mehr als $t/2$ leichte Punkte enthält, höchstens $1/2$ ist. Somit gilt $\Pr[BAD_1] > 1/2$.

Bei zufälliger Wahl des Zielkonzeptes wird jeder unsichtbare Punkt mit Wahrscheinlichkeit $1/2$ mißklassifiziert. Damit ist die bedingte Wahrscheinlichkeit $\Pr[BAD_2 \mid BAD_1]$ gleich der, daß bei $t/2$ Würfen einer $(1/2)$-Münze „Kopf" mindestens $(t/8)$-mal auftritt. Aus Beobachtung 6.25 (mit $\alpha = 1/2$, und $\beta = 1/4$) folgt, daß diese Wahrscheinlichkeit größer als $1/3$ ist.

Die Ereignisse BAD_1 und BAD_2 heben die Balance zwischen den beiden möglichen Klassifikationen von x_{t+1} nicht auf, wohl aber können sie die Wahrscheinlichkeit verändern, mit der x_{t+1} gezogen wird.

Schließlich folgt aus der statistischen Ununterscheidbarkeit der Klassifikationen von x_{t+1} die Beziehung $\Pr[BAD_3 \mid BAD_1 \wedge BAD_2] = \Pr[BAD_3] = 1/2$

Zusammen ergibt sich

$$\Pr[BAD_1 \wedge BAD_2 \wedge BAD_3]$$

$$= \Pr[BAD_1] \cdot \Pr[BAD_2 \mid BAD_1] \cdot \Pr[BAD_3]$$
$$> \frac{1}{2} \cdot \frac{1}{3} \cdot \frac{1}{2} = \frac{1}{12},$$

was den Beweis beendet. ■

Die Sätze 6.27 und 6.30 ergeben zusammen:

Korollar 6.31 *Für alle nicht-trivialen Konzeptklasse n C mit Vapnik-Chervonenkis-Dimension $d \geq 3$,und für alle $0 < \varepsilon \leq 1/8$, $0 < \delta \leq 1/12$, alle $0 < \Delta < \varepsilon/(1+\varepsilon)$, benötigt jeder Algorithmus, der C unter böswilligem Rauschen mit Rate η PAC-lernt, mindestens*

$$\max\left\{\frac{d-2}{32\Delta(1+\varepsilon)}; \frac{9\eta(1-\eta)}{37\Delta^2}\right\} = \Omega\left(\frac{d}{\Delta} + \frac{\varepsilon}{\Delta^2}\right)$$

Beispiele, wobei $\Delta = \eta_{det} - \eta$. Diese Schranken gelten für den On-Line-Gegenspieler.

Die im nächsten Abschnitt vorgestellte obere Schranke, die bis auf logarithmische Faktoren mit der unteren übereinstimmt, gilt sogar für den stärkeren Off-Line-Gegenspieler. Die Schranke aus Korollar 6.31 ist also in einem sehr starken Sinne scharf.

6.3.3 Eine scharfe obere Schranke für die Potenzmenge

In diesem Abschnitt zeigen wir, daß die allgemeine untere Schranke aus Korollar 6.31 bis auf logarithmische Faktoren scharf ist. Um die Notation zu vereinfachen, benutzen wir die informale „Oh-Tilde“-Schreibweise , bei der wir logarithmische Faktoren ignorieren. So ist zum Beispiel $(1/\varepsilon \ln(1\delta) = \tilde{O}(1/\varepsilon)$.

Wir geben einen randomisierten PAC-Lernalgorithmus für eine spezielle Konzeptklasse, nämlich die Potenzmenge auf *d* Punkten, an, der mit der Stichprobengröße $\tilde{O}(\eta/\Delta^2 + d/\Delta)$ auskommt. Man beachte, daß nur der Algorithmus randomisiert ist, die Hypothese, die er ausgibt, ist deterministisch. Dieser Algorithmus RMD (randomised minimum-disagreement) ist in Abbildung 6.5 dargestellt.

Satz 6.32 *Der Algorithmus* RMD *lernt, für alle $d \geq 1$ und alle $1 \geq \varepsilon, \delta, \Delta > 0$, die Potenzmenge auf d Punkten unter böswilligem Rauschen mit Rate $\eta = \varepsilon/(1+\varepsilon) - \Delta$ und er kommt mit*

$$\tilde{O}(\varepsilon/\Delta^2 + d/\Delta)$$

Beispielen aus.

ALGORITHMUS RMD
INPUT Eine verrauschte Stichprobe $\langle(x_1, \ell_1)\rangle, \ldots, \langle(x_m, \ell_m)\rangle$ für C.
wobei $x_i \in \{1, \ldots, d\}$ und $m = \tilde{O}(\varepsilon/\Delta^2 + d/\Delta)$
Parameter α, L, n.

FOR ALL $x \in \{1, \ldots, d\}$ **DO**
IF ((x unbalanciert) oder (x gehört zu dünnem Band))
THEN $H(x)$ ist die Klassifikation, mit der x häufiger in der Stichprobe auftritt
ELSE $H(x)$ wird zufällig aus $\{0, 1\}$ gewählt

Gib H aus.

Abbildung 6.5: Der Algorithmus RMD.

Bevor wir den formalen Beweis dieses Resultats angeben, wollen wir die Idee vermitteln. Sei $X := \{x_1, \ldots, x_d\}$ und $\mathcal{C} := 2^X$ die Potenzmenge auf X.

Im wesentlichen gibt es drei Möglichkeiten, wie einem Punkt $x \in X$ eine Klassifizierung zugewiesen werden kann.

a) x ist hat ein „sehr kleines" Gewicht $D(x)$, was wir daran ablesen, daß x nur wenige Male in der Stichprobe auftaucht. Dann geben wir x die Klassifizierung, die häufiger beobachtet wurde. Die Idee ist, daß das Gesamtgewicht aller dieser Punkte so klein ist, daß es nur einen geringen Beitrag zu Fehler liefert, selbst wenn alle diese Punkte falsch klassifiziert werden.

b) x hat „kein kleines Gewicht", ist also „oft" in der Stichprobe, und eine Klassifizierung wird „viel häufiger" beobachtet als die andere. Dann geben wir x die Klassifizierung, die häufiger beobachtet wurde. Die Idee dabei ist die folgende:

b1) Wenn die gewählte Klassifizierung die richtige ist, macht der Lerner keinen Fehler.

b2) Wenn die gewählte Klassifizierung die falsche ist, hat der Gegenspieler mehr in die falschen Klassifizierungen investiert, als der Fehler ist, den er damit erreicht, ihm an Gewinn bringt. Da der Punkt „oft" auftritt, ist die (empirische) Häufigkeit mit der er in der Stichprobe unverfälscht auftritt, dicht an der erwarteten. Er hat also einen Nettoverlust.

c) x hat „kein kleines Gewicht", ist also „oft" in der Stichprobe, und beide Klassifizierungen treten „fast gleich häufig"auf. Es kann nun passieren, daß einige dieser Punkte mit „balancierten" Klassifikationen seltener in der Stichprobe auftreten als es ihrer wahren Wahrscheinlichkeit entspricht. Bei diesen Punkten genügen dann relative wenige verfälschte Beispiele, um die falsche Klassifikation häufiger als die wahre zu zeigen. Ist das wahre Gesamtgewicht dieser Punkte ε, ihre relative Häufigkeit in der Stichprobe aber nur η, so führt die Entscheidung für die häufigere Klassifikation zu einem Fehler von ε. Es ist daher besser, für diese balancierten Punkte die Klassifikation durch einen Münzwurf zu entscheiden. Durch die Randomisierung an dieser Stelle unterscheidet sich RMD von der Fehlerminimierungs-Strategie.

   Damit dieser Trick funktioniert müssen wir die Punkt bezüglich ihrer empirischen Häufigkeiten in „Bänder" aufteilen. Liegen in einem Band „viele" Punkte, so entscheiden wir ihre Klassifikationen durch Münzwurf. Dann erhält etwa die Hälfte die korrekte Klassifikation. Sind nur „wenige" Punkte in einem Band, so kann man das aufgrund statischer Fluktuationen nicht mehr garantieren. Allerdings ist dann das Gesamtgewicht dieser wenigen so gering, daß der Fehler selbst dann kontrollierbar bleibt, wenn alle die falsche Klassifikation erhalten.

Es geht nun darum, die qualitativen Begriffe „wenig", „viele", „sehr klein", „fast gleich häufig", „viel häufiger" und „oft" zu quantifizieren.

Beweis.[von Satz 6.32] Wir beschreiben den Algorithmus RMD nun formal und analysieren ihn anschließend. Der Pseudocode findet sich in Abbildung 6.5.

Sei D die Verteilung und $C \subseteq \{1, \ldots, d\}$ das Zielkonzept und sei H die von RMD berechnete Hypothese.

Da $\mathcal{C}$ die Potenzmenge auf d Punkten $\{1, \ldots, d\}$ ist, bestimmt RMD seine Hypothese, indem er für jeden Punkt x_i die Klassifizierung festlegt.

Sei $\langle x_1, \ell_1 \rangle, \ldots, \langle x_m, \ell_m \rangle$ die von $\mathsf{EX}_{C,D}^{\eta,mal}$ erzeugte Stichprobe. Sei $\hat{\nu}_{\ell,x}$ die empirische Frequenz mit denen das Beispiel $\langle x, \ell \rangle$ in der Stichprobe auftritt:

$$\hat{\nu}_{\ell,x} := \frac{|\{j \mid \langle x_j, \ell_j \rangle = \langle x, \ell \rangle\}|}{m}$$

Weiter seien $s_x = \min\{\hat{\nu}_{0,i}, \hat{\nu}_{1,i}\}$ und $h_x = \max\{\hat{\nu}_{0,i}, \hat{\nu}_{1,i}\}$ die relativen Häufigkeiten mit den x mit der selteneren beziehungsweise häufigeren Klassifikation in der Stichprobe auftritt. Sei $\alpha > 0$ eine Konstante, deren genauer Wert später bestimmt werden wird. Ein Punkt $x \in \{1, \ldots, d\}$ heißt *unbalanciert* (bezüglich der gegebenen Stichprobe), falls $h_x > (1+\alpha)s_x$, und *balanciert* sonst.

Einige der Punkte werden auf L *Bänder* verteilt, wobei $L \geq 1$ eine noch zu bestimmende Konstante ist. Punkt x gelangt in Band B_k, falls x balanciert ist und $(1+\alpha)^{-k}\varepsilon < s_x \leq (1+\alpha)^{1-k}\varepsilon$.

Für die einzelnen Bänder unterscheiden wir, wieviele Elemente sie enthalten. Sei n eine noch zu wählende Konstante. Band B_k ist *dünn besetzt*, wenn es weniger als n Elemente enthält; anderenfalls ist es *dicht besetzt*.

Ein Punkt $x \in \{1, \ldots, d\}$ heißt x *schwer*, falls $D(x) \geq \Delta/3d$. Sei X_{schwer} die Menge der schweren Punkte X_{leicht} ihr Komplement bezüglich $\{1, \ldots, d\}$. Seien X_{unbal}, $X_{\text{dünn}}$, und X_{dicht} die Mengen der Punkte, die unbalanciert, in dünn besetzten Bändern beziehungsweise in dicht besetzten Bändern liegen. Man beachte, daß X_{unbal}, $X_{\text{dünn}}$, und X_{dicht} disjunkt sind. Es $H = \mathsf{RMD}(S)$ die von RMD berechnete Hypothese.

Für jedes x sei $u_x := \hat{\nu}_{C(x),x}$ beziehungsweise $v_x := \hat{\nu}_{1-C(x),x}$. Das heißt u_x und v_x sind die empirischen relativen Häufigkeiten der unverfälschten beziehungsweise verfälschten Beispiele, der Form $\langle x, \cdot \rangle$. Die Größen v_x und u_x können nicht beobachtet werden und sind nur für die Analyse des Algorithmus von Bedeutung; die Größen s_x und h_x dagegen können beobachtet werden.

Wir definieren:

$$v_{\text{unbal}} = \sum_{x \in X_{\text{unbal}}} v_x, \quad v_{\text{dünn}} = \sum_{x \in X_{\text{dünn}}} v_x, \quad v_{\text{dicht}} = \sum_{x \in X_{\text{dicht}}} v_x.$$

Zunächst beschränken wir die Wahrscheinlichkeit der Summe $v_{\text{unbal}} + v_{\text{dünn}} + v_{\text{dicht}}$ nach oben. Sei $\hat{\eta}$ die empirische Rauschrate, das heißt die relative Häufigkeit der verfälschten Beispiele in der Stichprobe. Offensichtlich gilt $v_{\text{unbal}} + v_{\text{dünn}} + v_{\text{dicht}} \leq \hat{\eta}$. Die wirkliche Rauschrate $\hat{\eta}$ können wir durch (A.2) mit $p = \eta$ und $\lambda = \Delta/(3\eta)$ wie folgt durch die erwartete Rauschrate η beschränken: Es gilt

$$v_{\text{unbal}} + v_{\text{dünn}} + v_{\text{dicht}} \leq \hat{\eta} \leq \left(1 + \frac{\Delta}{3\eta}\right)\eta = \eta + \frac{\Delta}{3} \tag{6.23}$$

mit Wahrscheinlichkeit mindestens $1 - \delta/4$, falls die Stichprobe größer ist als $(27\eta/\Delta^2)\ln(4/\delta) = \widetilde{O}(\eta/\Delta^2)$.

Als nächstes zeigen wir, daß die schweren Punkte auch häufig mit der korrekten Klassifikation auftreten, das heißt wir bestimmen eine untere Schranke für u_x für alle $x \in X_{\text{schwer}}$. Die Wahrscheinlichkeit, daß ein $x \in \{1, \ldots, d\}$ in einem unverfälschten Beispiel auftaucht ist mindestens $(1-\eta)D(x)$. Weiter gilt $|X_{\text{schwer}}| \leq d$. Wir benutzen (A.3) mit $p = \Delta/(3d)$ und $\lambda = \alpha/(1+\alpha)$. Dann gilt

$$u_i \geq \frac{1-\eta}{1+\alpha} D(x) = \left(1 - \frac{\alpha}{1+\alpha}\right)(1-\eta)D(x) \quad \forall x \in X_{\text{schwer}} \tag{6.24}$$

mit Wahrscheinlichkeit mindestens $1-\delta/4$, falls die Stichprobe mindestens die folgende Größe besitzt.

$$\frac{6(1+\alpha)^2 d}{(1-\eta)\alpha^2 \Delta} \ln \frac{4d}{\delta} = \widetilde{O}\left(\frac{d}{\Delta}\right) .$$

Bei einer Stichprobengröße von $\widetilde{O}(\eta/\Delta^2 + d/\Delta)$ gelten also (6.23) und (6.24) gleichzeitig mit Wahrscheinlichkeit mindestens $1-\delta/2$.

Sei $X_{\text{falsch}} = \{x \mid C(x) \neq H(x)\}$. Die folgende Behauptung 6.36 zeigt, daß alle schweren Punkte in der Menge $X_{\text{unbal}} \cup X_{\text{dünn}} \cup X_{\text{dicht}}$ liegen, falls (6.23) und (6.24) gelten. Also folgt

$$\begin{aligned} D(X_{\text{falsch}}) &\leq D(X_{\text{falsch}} \cap X_{\text{unbal}}) + D(X_{\text{falsch}} \cap X_{\text{dünn}}) \\ &+ D(X_{\text{falsch}} \cap X_{\text{dicht}}) + D\left(X_{\text{leicht}} \setminus (X_{\text{unbal}} \cup X_{\text{dünn}} \cup X_{\text{dicht}})\right) \end{aligned} \tag{6.25}$$

Die folgenden Behauptungen 6.33–6.35 zeigen, wie man die ersten drei Terme auf der rechten Seite von (6.25) gleichzeitig beschränken kann.

Zunächst beschränken wir den Fehler von H auf den Punkten $x \in X_{\text{unbal}}$.

Behauptung 6.33 (Unbalancierte Punkte) *Falls (6.24) gilt, so folgt*

$$D(X_{\text{falsch}} \cap X_{\text{unbal}}) \leq \frac{v_{\text{unbal}}}{1-\eta} + D(X_{\text{unbal}} \cap X_{\text{leicht}}).$$

Beweis. Für $x \in X_{\text{unbal}}$ gilt nach Definition $H(x) \neq C(x)$ genau dann, wenn $u_x = s_x$, das heißt, die korrekte Klassifikation ist die seltener beobachtete. Somit impliziert (6.24), daß für alle $x \in X_{\text{falsch}} \cap X_{\text{unbal}} \cap X_{\text{schwer}}$ die Beziehung $(1-\eta)D(x) \leq (1+\alpha)u_x = (1+\alpha)s_x \leq \frac{1+\alpha}{1+\alpha}h_x = v_x$ gilt. Weiter gilt

$$\sum_{x \in X_{\text{falsch}} \cap X_{\text{unbal}} \cap X_{\text{schwer}}} v_x \leq v_{\text{unbal}} .$$

Dann folgt

$$\begin{aligned} D(X_{\text{falsch}} \cap X_{\text{unbal}}) &= D(X_{\text{falsch}} \cap X_{\text{unbal}} \cap X_{\text{schwer}}) \\ &\quad + D(X_{\text{falsch}} \cap X_{\text{unbal}} \cap X_{\text{leicht}}) \\ &\leq \frac{v_{\text{unbal}}}{1-\eta} + D(X_{\text{unbal}} \cap X_{\text{leicht}}) \end{aligned}$$

womit die Behauptung bewiesen ist. □

Nun beschränken wir den Fehler, der auf den dünn besetzten Bändern auftritt.

Behauptung 6.34 (dünn besetzte Bänder) *Wenn die Stichprobengröße mindestens*

$$\frac{18(1+\alpha)\varepsilon L^2 n^2}{\Delta^2} \ln \frac{4d}{\delta} = \tilde{O}\left(\frac{\varepsilon}{\Delta^2}\right)$$

beträgt und (6.23) und (6.24) gelten, so folgt, daß

$$D(X_{\text{falsch}} \cap X_{\text{dünn}}) \leq \frac{v_{\text{dünn}}}{1-\eta} + \frac{\Delta}{(1-\eta)3}$$

mit Wahrscheinlichkeit mindestens $1-\delta/4$ *gilt (bezüglich der zufälligen Wahl der Stichprobe).*

Beweis. Es gibt höchstens L nicht-leere Bänder, und jedes dünn besetzt Band enthält höchstens n Elemente. Wir bestimmen zunächst, wann die folgende Beziehung mit Wahrscheinlichkeit mindestens $1-\delta/4$ gilt

$$u_x \geq (1-\eta)D(x) - \frac{\Delta}{3Ln} \qquad \text{für alle } x \in X_{\text{falsch}} \cap X_{\text{dünn}} \tag{6.26}$$

Dazu benutzen wir (A.3):

$$\begin{aligned} \Pr\left[S_m \leq (p-\lambda)m\right] &= \Pr\left[S_m \leq \left(1-\frac{\lambda}{p}\right)mp\right] \\ &\leq \exp\left(-\frac{\lambda^2 m}{2p}\right) \leq \exp\left(-\frac{\lambda^2 m}{2p'}\right) . \end{aligned}$$

Die letzte Ungleichung gilt aufgrund der Monotonität für alle $p' \geq p$. Wir nehmen nun an, daß (6.23) und (6.24) gelten und wählen ein x mit $D(x) > (1+\alpha)\varepsilon/(1-\eta)$. Dann gilt $x \in X_{\text{schwer}}$ und $u_x \geq \varepsilon$. Wegen (6.23) gilt $\hat{\eta} < \varepsilon$, woraus $x \notin X_{\text{falsch}}$ folgt. Also folgt $D(x) \leq (1+\alpha)\varepsilon/(1-\eta)$ für alle $x \in X_{\text{falsch}}$, falls (6.23) und (6.24) beide gelten.

Nun wendet man (6.27) für alle $x \in X_{\text{falsch}} \cap X_{\text{dünn}}$ an. Dabei setzt man $p = (1-\eta)D(x)$, $p' = (1+\alpha)\varepsilon \geq p$, und $\lambda = \Delta/(3Ln)$. Es folgt, daß (6.26) mit Wahrscheinlichkeit mindestens $1-\delta/4$ gilt, falls die Stichprobe mindestens von der folgenden Größe ist

$$\frac{18(1+\alpha)\varepsilon L^2 n^2}{\Delta^2} \ln \frac{4d}{\delta} = \tilde{O}\left(\frac{\varepsilon}{\Delta^2}\right) .$$

Mit Ungleichung (6.26) (nach $D(x)$ aufgelöst) erhält man schließlich die Beziehung

$$\begin{aligned} D(X_{\text{falsch}} \cap X_{\text{dünn}}) &\leq \sum_{x \in X_{\text{falsch}} \cap X_{\text{dünn}}} D(x) \sum_{x \in X_{\text{falsch}} \cap X_{\text{dünn}}} \left(\frac{u_x}{1-\eta} + \frac{\Delta}{(1-\eta)3Ln}\right) \\ &\leq \sum_{x \in X_{\text{falsch}} \cap X_{\text{dünn}}} \frac{v_x}{1-\eta} + \frac{\Delta}{(1-\eta)3} = \frac{v_{\text{dünn}}}{1-\eta} + \frac{\Delta}{(1-\eta)3} , \end{aligned}$$

womit die Behauptung bewiesen ist. □

Als nächstes beschränken wir den Fehler auf den dicht besetzten Bändern.

Behauptung 6.35 (dicht besetzt Bänder) *Wenn (6.24)) gilt, so gilt*

$$D(X_{\text{falsch}} \cap X_{\text{dicht}}) \leq \frac{v_{\text{dicht}}}{1-\eta}$$

mit Wahrscheinlichkeit mindestens $1-\delta/4$ *(bezüglich der Randomisierung des Algorithmus).*

Beweis. Für alle $k = 1, \ldots, L$, sei B_k die Menge der Punkte in Band k. Sei $t^k_{\text{max}} := \max\{u_x \mid x \in B_k \cap X_{\text{falsch}}\}$ und $f^k_{\text{min}} := \min\{v_x \mid x \in B_k \cap X_{\text{falsch}}\}$. Alle Punkte in B_k sind nach Definition balanciert; daher gilt $t^k_{\text{max}} \leq (1+\alpha)^2 f^k_{\text{min}}$ für alle $k = 1, \ldots, L$. Weiter folgt aus (6.24) für alle Punkte $x \in B_k \cap X_{\text{schwer}}$ die Beziehung $D(x) \leq \frac{1+\alpha}{1-\eta} u_x$. Für dicht besetzte Bänder B_k gilt $|B_k| \geq n \geq 50 \ln(4L/\delta)$. Durch die Abschätzung (A.7) ist garantiert, daß die Beziehung $|B_k \cap X_{\text{falsch}}| \leq \frac{3}{5}|B_k|$ mit Wahrscheinlichkeit mindestens $1-\delta/4$ gleichzeitig für alle $k = 1, \ldots, L$ gilt. Zusammenfassend erhält man

$$\begin{aligned}
\sum_{x \in B_k \cap X_{\text{falsch}} \cap X_{\text{schwer}}} D(x) &\leq \frac{1+\alpha}{1-\eta} \sum_{x \in B_k \cap X_{\text{falsch}} \cap X_{\text{schwer}}} u_x \\
&\leq \frac{1+\alpha}{1-\eta} \sum_{x \in B_k \cap X_{\text{falsch}}} u_x \\
&\leq \frac{1+\alpha}{1-\eta} \cdot \frac{3}{5} |B_k| t^k_{\text{max}} \\
&\leq \frac{(1+\alpha)^3}{1-\eta} \cdot \frac{3}{5} |B_k| f^k_{\text{min}} \\
&\leq \frac{(1+\alpha)^3}{1-\eta} \cdot \frac{3}{5} \sum_{x \in B_k} v_x \,.
\end{aligned}$$

Nun wählen wir $\alpha = (5/3)^{1/3} - 1$ (das heißt $(3/5)(1+\alpha)^3 = 1$) und erhalten die Behauptung

$$\begin{aligned}
D(X_{\text{dicht}} \cap X_{\text{falsch}} \cap X_{\text{schwer}}) &= \sum_k \sum_{x \in B_k \cap X_{\text{falsch}} \cap X_{\text{schwer}}} D(x) \\
&\leq \sum_k \sum_{x \in B_k} \frac{v_x}{1-\eta} = \frac{v_{\text{dicht}}}{1-\eta}
\end{aligned}$$

□

Behauptung 6.36 *Falls (6.23) und (6.24) gelten, so folgt* $X_{\text{schwer}} \subseteq X_{\text{unbal}} \cup X_{\text{dünn}} \cup X_{\text{dicht}}$.

Beweis. Aus (6.23) folgt $s_x \leq v_x \leq \eta + \frac{\Delta}{3} < \varepsilon$ für alle x. Aus (6.24) folgt für alle $x \in X_{\text{schwer}} \cap X_{\text{unbal}}$,

$$s_x \geq \frac{h_x}{1+\alpha} \geq \frac{u_x}{1+\alpha} \geq \frac{1-\eta}{(1+\alpha)^2} D(x) \geq \frac{(1-\eta)\Delta}{3d(1+\alpha)^2} .$$

Nach Wahl von L und weil $\eta < 1/2$ gilt gehört jedes solche x zu einem Band. Wenn (6.23) und (6.24) beide gelten, so sind alle Punkte, die nicht in $X_{\text{unbal}} \cup X_{\text{dünn}} \cup X_{\text{dicht}}$ liegen, leicht. □

Der Satz folgt nun so aus den Behauptungen: Nach Definition gilt die Beziehung $D(X_{\text{leicht}}) \leq \Delta/3$ und $\eta = O(\varepsilon)$. Durch Einsetzen (6.25) erhält man, daß $D(X_{\text{falsch}}) \leq \frac{\eta+\Delta}{1-\eta} < \frac{\eta_0}{1-\eta_0} = \varepsilon$ mit Wahrscheinlichkeit mindestens $1-\delta$ gilt, falls die Stichprobengröße mindestens $\widetilde{O}(\varepsilon/\Delta^2 + d/\Delta)$ beträgt. ■

6.4 Randomisierte Hypothesen

Wir wollen nun untersuchen, ob randomisierte Hypothesen für das Lernen aus verrauschten Beispielen hilfreich sind. Dazu zeigen wir zunächst eine obere Schranke für die Rauschrate, ab der ein Lernen aus informationstheoretischen Gründen nicht mehr möglich ist. Die Schranke von Kearns und Li [KL93, Theorem 1] von $\eta_{det} = \varepsilon/(1+\varepsilon)$ gilt nur für deterministische Hypothesen. Für randomisierte Hypothesen kann man die folgende Schranke zeigen.

Satz 6.37 *Für alle nicht-trivialen Konzeptklasse C und alle $\varepsilon < 1/2$ gibt es keinen Algorithmus der C mit Genauigkeit ε unter Verwendung von deterministischen oder randomisierten Hypothesen lernt wenn für die Rauschrate gilt*

$$\boxed{\eta \geq 2\varepsilon/(1+2\varepsilon) . \qquad (6.27)}$$

Beweis. Der Beweis ist eine einfache Modifikation des Beweises von Satz 6.19. Man setzt $D(a) = 1 - 2\varepsilon$ und $D(b) = 2\varepsilon$. Eine statistische Unterscheidbarkeit der beiden möglichen Zielkonzepte $C_1 = \{a\}$ und $C_1 = \{a, b\}$ liegt dann bei einer Rauschrate von $2\varepsilon/(1 + 2\varepsilon)$ vor. Die optimale randomisierte Strategie des Lerners besteht dann darin, den Punkt b mit Wahrscheinlichkeit jeweils

$1/2$ als positiv oder negativ zu klassifizieren; die Regel ist als $H(a) = 1$ und $H(b) = 1/2$. ■

Da $\eta_{\rm rand} > \eta_{\rm det}$ stellt sich die Frage, ob es mit randomisierten Hypothesen wirklich möglich ist, bei Rauschraten zu lernen, die größer gleich $\eta_{\rm det}$ sind.

In Abschnitt 6.4.1 zeigen wir, daß dies in der Tat möglich ist. Wir stellen dort einen generischen Algorithmus vor, der mit randomisierten Hypothesen jede Zielklasse $\mathcal{C}$ PAC-lernen kann und dabei jede Rauschrate $\eta < \frac{(7/6)\varepsilon}{1+(7/6)\varepsilon}$ verkraftet. Dieser Algorithmus benötigt überraschenderweise nur eine Stichprobe der Größe $\widetilde{O}(d/\varepsilon)$, wobei $d = \mathrm{VCdim}(\mathcal{C})$. Das heißt, daß man mit randomisierten Hypothesen und einer Stichprobengröße wie im rauschfreien Fall noch Rauschraten tolerieren kann, die über der informations-theoretische Schranke für deterministische Hypothesen liegt. Die Stichprobengröße des generischen Algorithmus ist sogar unabhängig von η.

Natürlich stellt sich nun die Frage, ob mit randomisierten Hypothesen auch höhere Rauschraten als $\frac{(7/6)\varepsilon}{1+(7/6)\varepsilon}$ toleriert werden können und wie dann das Verhalten der Stichprobe bei Annäherung an die Schranke $\eta_{\rm rand}$ ist. In Abschnitt 6.4.2 werden wir einen Algorithmus kennenlernen, der die Potenzmenge von d Punkten für alle $d \geq 1$ für alle Rauschraten $\eta < \eta_{\rm rand}$ lernt. Dieser Algorithmus kommt mit $\tilde{O}(d\varepsilon/\Delta^2)$ Beispielen aus. Wir werden sehen, daß diese Größenordnung auch notwendig ist. Der Algorithmus ist also – bis auf logarithmische Terme – stichprobenoptimal. Das Problem, einen generischen Algorithmus zu finden, der *alle* Konzeptklassen bei Rauschraten beliebig dicht an $2\varepsilon/(1+2\varepsilon)$ lernt, ist allerdings noch offen.

6.4.1 Ein generischer Algorithmus für kleine Rauschrate

Die in diesem Abschnitt untersuchten „kleinen“ Rauschraten können bereits oberhalb der Schranke η_{det} liegen. Das folgende Resultat zeigt zusammen mit den Korollar 6.31, daß bei Rauschraten nahe bei $\eta_{\rm det}$ eine Stichprobengröße von $d/\Delta + \varepsilon/\Delta^2$ nur dann notwendig ist, wenn die berechnete Hypothese deterministisch seien soll.

Satz 6.38 *Für alle Zielklassen $\mathcal{C}$ mit Vapnik-Chervonenkis-Dimension d, für alle $0 < \varepsilon, \delta \leq 1$, alle Verteilungen D und alle Konstanten c, $0 \leq c < 7/6$ ist eine Stichprobe der Größe $\widetilde{O}\left(\frac{d}{\varepsilon}\right)$ notwendig und hinreichend, um $\mathcal{C}$ mit randomisierten Hypothesen bei einer Rauschrate $\eta = c\varepsilon/(1+c\varepsilon)$ zu lernen.*

Die Abhängigkeit vom Unzuverlässigkeitsparameter δ ist logarithmisch.

Bevor wir mit dem Beweis beginnen, wollen wir zunächst die Idee vorstellen. Eine Stichprobe der Größe $\tilde{O}(d/\varepsilon)$ ist zu klein, um verläßlich zwischen dem

Zielkonzept (oder anderen ε-guten Konzepten) und ε-schlechten Konzepten unterscheiden zu können. Es kann dem Gegenspieler sogar gelingen, daß ein ε-schlechte Hypothese auf der Stichprobe besser klassifiziert als das Zielkonzept. Es ist allerdings selbst bei dieser kleinen Stichprobe möglich, die „sehr schlechten" Konzepte zu erkennen.

Unser Algorithmus arbeitet daher in zwei Phasen. In Phase 1 werden alle Konzepte aus $\mathcal{C}$ entfernt, deren wahrer Fehler erheblich größer als ε ist. Dabei ist auch sichergestellt, daß (mit hoher Wahrscheinlichkeit) das Zielkonzept C nicht entfernt wird.

In Phase 2 stellt der Algorithmus (mit hoher Wahrscheinlichkeit) fest, ob es unter den verbliebenen Konzepten Paare gibt, die eine „kleine" gemeinsame Fehlerwahrscheinlichkeit haben. Die *gemeinsame Fehlerwahrscheinlichkeit* ist das Gewicht (unter D) des gemeinsamen Fehlerbereichs, d.h, der Teilmenge des Universums, auf der beide Konzepte des Paares Fehler machen. Ein solches Paar von Konzepten werden wir *unabhängig* nennen. Kann man drei Konzepte F, G, H finden, die paarweise unabhängig sind, so wählt man als Hypothese H_0 ihre Majorität, $H_0(x) = \text{maj}\,(F(x), G(x), H(x))$. Offensichtlich ist die Fehlerwahrscheinlichkeit von H_0 höchstens dreimal so groß wie die „kleinen" gemeinsamen Fehlerwahrscheinlichkeiten.

Existiert keine Menge von drei paarweise unabhängigen Konzepten, so hat jede maximale Menge $\mathcal{U}$ von unabhängigen Konzepten die Größe 2 oder 1. Wir werden zeigen, daß $\mathcal{U}$ dann ein ε-gutes Konzept enthält. Ist $\mathcal{U}$ einelementig, so folgt, daß wir dieses Konzept ausgeben können. Ist $\mathcal{U}$ zweielementig, $\mathcal{U} = \{G, H\}$, so besteht die endgültige Hypothese aus der folgenden *randomisierten Regel* , von der wir zeigen werden, daß sie ε-gut ist: Um x zu klassifizieren, wähle mit gleicher Wahrscheinlichkeit eines der Konzepte aus $\mathcal{U}$ aus, und klassifiziere x damit. Wir werden diese *Münzwurf-Regel* auch mit $\frac{1}{2}(G + H)$ bezeichnen.

Beweis. (Von Satz 6.38.) Die untere Schranke ist offensichtlich, da schon im rauschfreien Fall $\Omega(d/\varepsilon)$ Beispiele notwendig sind (Satz 2.31).

Zum Beweis der oberen Schranke sei $\mathcal{C}$ eine Konzeptklasse der Dimension $d \geq 1$ über dem Universum X, D eine Verteilung auf X, und $C \in \mathcal{C}$ das Zielkonzept. Für Konzepte $H \in \mathcal{C}$ ist

$$F(H) := \{x \mid H(x) \neq C(x)\}$$

die *Fehlermenge* von H. Wie üblich ist

$$\text{err}\,(H) = D(F(H))$$

die *Fehlerwahrscheinlichkeit* von H. Für Konzepte $G, H \in \mathcal{C}$ ist die *gemeinsame Fehlerwahrscheinlichkeit* von G H wie folgt definiert:

$$\text{err}\,(G, H) = D(F(G) \cap F(H)) .$$

Der Beweis beruht darauf, daß man die Fehlerwahrscheinlichkeiten und die gemeinsamen Fehlerwahrscheinlichkeiten aus einer (verrauschten) Stichprobe der im Satz angegebenen Größe ausreichend genau schätzen kann.

Sein nun $S = (\langle x_i, \ell_i \rangle)_{i=1,\ldots,m}$ eine verrauschte Stichprobe der Größe m für C, die vom Orakel $\mathsf{EX}_{C,D}^{\eta;mal}$ stammt. Als empirische Schätzungen der (gemeinsamen) Fehlerwahrscheinlichkeiten verwenden wir

$$\begin{aligned} \widehat{\text{err}}\,(H) &:= \frac{\{i \mid H(x_i) \neq \ell_i\}}{m} \\ \widehat{\text{err}}\,(G, H) &:= \frac{\{i \mid H(x_i) = G(x_i) \neq \ell_i\}}{m} \end{aligned}$$

Aus beweistechnischen Gründen teilen wir den empirischen Fehler nun in zwei Teile auf, je nachdem ob ein Fehler auf einem wahren oder verfälschten Beispiel geschieht. Wir bezeichnen sie mit $\widehat{\text{err}}^{\,u}$ beziehungsweise $\widehat{\text{err}}^{\,v}$, wobei der obere Index für *unverfälscht* beziehungsweise *verfälscht* steht.

$$\begin{aligned} \widehat{\text{err}}^{\,u}(H) &:= \frac{\{i \mid H(x_i) \neq \ell_i,\ \langle x_i, \ell_i \rangle \text{ ist nicht verfälscht}\}}{m}, \\ \widehat{\text{err}}^{\,v}(H) &:= \frac{\{i \mid H(x_i) \neq \ell_i,\ \langle x_i, \ell_i \rangle \text{ ist verfälscht}\}}{m}, \\ \widehat{\text{err}}^{\,u}(G, H) &:= \frac{\{i \mid H(x_i) = G(x_i) \neq \ell_i,\ \langle x_i, \ell_i \rangle \text{ ist nicht verfälscht}\}}{m}, \\ \widehat{\text{err}}^{\,v}(G, H) &:= \frac{\{i \mid H(x_i) = G(x_i) \neq \ell_i,\ \langle x_i, \ell_i \rangle \text{ ist verfälscht}\}}{m}. \end{aligned}$$

Es gelten die Beziehungen

$$\begin{aligned} \widehat{\text{err}}\,(H) &= \widehat{\text{err}}^{\,u}(H) + \widehat{\text{err}}^{\,v}(H) , \\ \widehat{\text{err}}\,(G, H) &= \widehat{\text{err}}^{\,u}(G, H) + \widehat{\text{err}}^{\,v}(G, H) . \end{aligned}$$

Der Term $\widehat{\text{err}}^{\,u}(H)$ ist eine empirische Schätzung für $\text{err}\,(H)$, während $\widehat{\text{err}}^{\,v}(H)$ vom Gegenspieler kontrolliert wird. Man beachte, daß für den Lerner nur $\widehat{\text{err}}\,(H)$ beobachtbar ist, nicht aber $\widehat{\text{err}}^{\,u}(H)$ oder $\widehat{\text{err}}^{\,v}(H)$. Gleiches gilt für $\widehat{\text{err}}\,(G, H)$, $\widehat{\text{err}}^{\,u}(G, H)$, und $\widehat{\text{err}}^{\,v}(G, H)$.

Seine nun $\gamma, \lambda > 0$ Konstanten, deren Werte im Laufe der Analyse bestimmt werden. Wie vorher sei $\widehat{\eta}$ die empirische Rauschrate. Aus der Abschätzung (A.3) folgt, daß mit Wahrscheinlichkeit mindestens $1 - \delta$ bei einer Stichprobengröße von $m = \tilde{O}(d/\varepsilon)$ die folgenden Beziehungen zwischen den wahren und den empirischen Werten simultan gelten:

Beziehung 1 $\hat{\eta} \leq (1+\gamma)\eta$.

Beziehung 2
Falls für $H \in \mathcal{C}$ gilt $\mathrm{err}(H) \geq \lambda\varepsilon$, dann folgt $\widehat{\mathrm{err}}^{u}(H) \geq (1-\gamma)(1-\eta)\mathrm{err}(H)$.

Beziehung 3
Falls für $G, H \in \mathcal{C}$ gilt $\mathrm{err}(G,H) \geq \lambda\varepsilon$, so folgt $\widehat{\mathrm{err}}^{u}(G,H) \geq (1-\gamma)(1-\eta)\mathrm{err}(G,H)$.

Beziehung 1 stellt sicher, daß die wahre Rauschrate $\hat{\eta}$ nicht wesentlich größer ist als die erwartete η. Die Beziehungen 2 und 3 stellen sicher, daß Hypothesen mit großem (gemeinsamen) Fehler auch große (gemeinsame) empirische Fehler haben.

Zum Beweis von Beziehung 2 und 3 nutzt man aus, daß die Vapnik-Chervonenkis-Dimension der Klasse $\{F(H) \mid H \in \mathcal{C}\}$ der Fehlermengen und die Klasse der gemeinsamen Fehlermengen $\{F(G) \cap F(H) \mid G, H \in \mathcal{C}\}$ jeweils $O(d)$ ist. Im folgenden nehmen wir an, daß diese Beziehungen gelten.

Wir beschreiben nun den Algorithmus SEARCH-INDEPENDENT-HYPOTHESES, der in Abbildung 6.6 angegebenen ist. In der folgenden Analyse verwenden wir der Einfachheit halber die wahre, aber im allgemeinen unbekannte, Rauschrate η, die eigentlich durch die obere Schranke η_b ersetzt werden müßte, die der Algorithmus als Eingabe bekommt.

In Phase 1 werden aus $\mathcal{C}$ alle Konzepte H entfernt, die einen großen empirischen Fehler aufweisen: $\widehat{\mathrm{err}}(H) > (1+\gamma)\eta$. Sei

$$\mathcal{K} = \{H \in \mathcal{C} \mid \widehat{\mathrm{err}}(H) \leq (1+\gamma)\eta\}$$

die Menge der übriggebliebenen Konzepte. Es gilt $\widehat{\mathrm{err}}(C) \leq \hat{\eta}$, und mit Beziehung 1 folgt, daß das Zielkonzept C zu $\mathcal{K}$ gehört. Wählt man in Beziehung 2 λ so, daß $\lambda \leq c(1+\gamma)/(1-\gamma)$ gilt, so folgt für alle $H \in \mathcal{K}$:

$$\mathrm{err}(H) \leq \frac{(1+\gamma)\eta}{(1-\gamma)(1-\eta)} . \tag{6.28}$$

Wir können nun den zentralen Begriff für Phase 2, die Unabhängigkeit, formulieren. Dazu sei α eine Konstante, deren Wert ebenfalls im Laufe der Analyse bestimmt wird. Konzepte $G, H \in \mathcal{K}$ heißen *unabhängig* , falls

$$\widehat{\mathrm{err}}(G,H) \leq (\alpha+\gamma)\eta .$$

Eine Teilmenge $\mathcal{U} \subseteq \mathcal{K}$ heißt *unabhängig*, wenn je zwei Konzepte aus $\mathcal{K}$ unabhängig sind. Wir zeigen nun, das Konzepte aus $\mathcal{K}$ mit großem Fehler vom Zielkonzept unabhängig sind.

ALGORITHMUS : SEARCH-INDEPENDENT-HYPOTHESES.
INPUT Stichprobe S, Genauigkeits- und Zuverlässigkeitsparameter ε, δ, und eine Schranke $\eta_b < \frac{(7/6)\varepsilon}{1+(7/6)\varepsilon}$ für die wahre Rauschrate η.

Initialisierung: Setze $\gamma = \frac{(7/6)-c}{(7/6)+c}$, wobei $c = \frac{\eta_b}{(1-\eta_b)\varepsilon}$.

Phase 1.

1. Entferne aus $\mathcal{C}$ alle Konzepte H mit $\widehat{\text{err}}\,(H) > (1+\gamma)\eta_b$.
   Sei $\mathcal{K}$ die Menge der übrigbleibenden Konzepte.
2. Falls $\mathcal{K}$ leer ist, gib eine beliebige Hypothese aus.

Phase 2.

1. Falls es paarweise unabhängige Konzepte $\{F, G, H\} \subseteq \mathcal{K}$, gibt, so gib als Hypothese $H_0 = \text{maj}\,(()\,F, G, H)$ aus.
2. Anderenfalls wähle eine maximale Menge $\mathcal{U}$ von paarweise unabhängigen Hypothesen aus.
   Falls $\mathcal{U} = \{H\}$, so gib H aus. Falls $\mathcal{U} = \{G, H\}$, so gib die randomisierte Regel $\frac{1}{2}(G+H)$ aus.

Abbildung 6.6: Algorithmus SEARCH-INDEPENDENT-HYPOTHESES aus dem Beweis von Satz 6.38.

Behauptung 6.39 *Falls $H \in \mathcal{K}$ und $\widehat{err}^u(H) \geq (1-\alpha)\eta$, so sind H und C unabhängig, das heißt, $er(C, H) \leq (\alpha+\gamma)\eta$*

Beweis. Es gilt $\widehat{\text{err}}\,(H, C) \leq \widehat{\text{err}}^{\,v}(H)$, weil C das Zielkonzept ist. Da $H \in \mathcal{K}$ folgt

$$\widehat{\text{err}}^{\,v}(H) = \widehat{\text{err}}\,(H) - \widehat{\text{err}}^{\,u}(H) \leq (1+\gamma)\eta - (1-\alpha)\eta = (\alpha+\gamma)\eta\ ,$$

was zu zeigen war. □

Behauptung 6.39 und Beziehung 2 mit $\lambda \leq \frac{c(1-\alpha)}{(1-\gamma)}$ liefern die folgenden Beobachtungen

Beobachtung 6.40 *Falls $err(H) \geq \frac{(1-\alpha)\eta}{(1-\gamma)(1-\eta)}$, so sind H und C unabhängig.*

Beobachtung 6.41 *Jede bezüglich Inklusion maximale unabhängige Menge $\mathcal{U} \subseteq \mathcal{K}$ enthält mindestens ein Konzept, H mit $err(H) \leq \frac{(1-\alpha)\eta}{(1-\gamma)(1-\eta)}$.*

Phase 2 des Algorithmus SEARCH-INDEPENDENT-HYPOTHESES stoppt entweder mit einer deterministischen Hypothese oder der randomisierten Regel $\frac{1}{2}(G+H)$. Durch eine Fallunterscheidung zeigen wir nun, daß die Hypothese in jedem Falle ε-gut ist. Man beachte, daß wir annehmen, daß die Beziehungen 1, 2 und 3 gelten.

Nehmen wir zunächst an, daß die endgültige Hypothese H_0 die Majorität $\mathrm{maj}\,(F,G,H)$ von drei unabhängigen Konzepten F,G,H ist. Dann macht H_0 genau dann einen Fehler, wenn die zu klassifizierende Instanz x von mindestens zwei der Konzepte F,G,H falsch klassifiziert wird. Die Fehlerwahrscheinlichkeit von H_0 läßt sich also so abschätzen

$$\mathrm{err}\,(H_0) = \mathrm{err}\,(\mathrm{maj}\,(F,G,H)) \leq \mathrm{err}\,(F,G) + \mathrm{err}\,(F,H) + \mathrm{err}\,(G,H)\ . \tag{6.29}$$

Mit der Definition der Unabhängigkeit folgt

$$\widehat{\mathrm{err}}^{\,u}(X,Y) \leq \widehat{\mathrm{err}}\,(X,Y) \leq (\alpha+\gamma)\eta$$

für alle Paare (X,Y) von verschiedenen Konzepten aus $\{F,G,H\}$. Weiter gilt $c\varepsilon = \eta/(1-\eta)$. Wir wenden nun Beziehung 3 auf die drei Paare $\{F,G\}$, $\{F,H\}$ und $\{G,H\}$an und wählen dabei $\lambda \leq c(\alpha+\gamma)/(1-\gamma)$. So erhalten wir aus (6.29)

$$\mathrm{err}\,(\mathrm{maj}\,(F,G,H)) \leq 3\cdot\frac{(\alpha+\gamma)\eta}{(1-\gamma)(1-\eta)}\ . \tag{6.30}$$

Betrachten wir nun den Fall, daß die endgültige Hypothese die Regel $\frac{1}{2}(G+H)$ ist. Hier können wir Gleichung (6.28) und Beobachtung 6.41 benutzen, um die Fehlerwahrscheinlichkeit zu beschränken:

$$\begin{aligned}\mathrm{err}\left(\frac{1}{2}(G+H)\right) &= \frac{1}{2}(\mathrm{err}\,(G)+\mathrm{err}\,(H))\\ &< \frac{1}{2}\left(\frac{(1-\alpha)\eta}{(1-\gamma)(1-\eta)}+\frac{(1+\gamma)\eta}{(1-\gamma)(1-\eta)}\right)\ .\end{aligned} \tag{6.31}$$

Schließlich ist der Fall zu untersuchen, daß die endgültige Hypothese H ist. Dann gilt mit Beobachtung 6.41 $\mathrm{err}\,(H) < \frac{(1-\alpha)\eta}{(1-\gamma)(1-\eta)}$. Diese Schranke ist kleiner als die in Gleichung (6.31), es genügt also letztere zu erfüllen.

Wir müssen nun noch die Konstanten α,γ,λ so bestimmen, daß (6.30) und (6.31) beide durch ε nach oben beschränkt sind, und die oben gemachten Forderungen

$$\lambda \leq c(1+\gamma)/(1-\gamma)\ ,\ \lambda \leq c(1-\alpha)/(1-\gamma)\ ,\ \lambda \leq c(\alpha+\gamma)/(1-\gamma)$$

an λ eingehalten werden.

Dazu setzen wir die Schranken (6.30) und (6.31) gleich und lösen die entstehende Gleichung nach α auf. Wir erhalten

$$\alpha = \frac{2}{7} - \frac{5}{7}\gamma\,, \tag{6.32}$$

was wir in (6.30) einsetzen. Die entstehende Formel setzen man gleich ε, löst nach γ auf und erhält

$$\gamma = \frac{(7/6) - c}{(7/6) + c}\,. \tag{6.33}$$

Hierbei benutzten wir, daß aus $\eta = \frac{c\varepsilon}{1+c\varepsilon}$ die Beziehung $\frac{\eta}{1-\eta} = c\varepsilon$ folgt. Einsetzen von (6.33) und (6.32) ergibt

$$\alpha = 3\frac{c - (1/2)}{c + (7/6)}\,. \tag{6.34}$$

Setze man γ und α wie in (6.33) beziehungsweise (6.34), so kann man $\lambda = 1/3$ wählen. ■

Bemerkung 6.42 Das in Satz 6.38 beschriebene algorithmische Paradigma ersetzt das Konsistenz-Paradigma im rauschfreien Fall.
Weiterhin führt Satz 6.38 zu einem interessanten kombinatorischen Problem: Gegeben eine Zielklasse, eine Stichprobe, und Parameter η_b und ε finde drei paarweise unabhängige Hypothesen oder zeige, daß solche nicht existieren. Im zweiten Fall finde eine maximale unabhängige Menge der Größe 1 oder 2.

6.4.2 Lernen bei hohen Rauschraten

Wir untersuchen nun die Frage, ob eine Lernen auch noch in der Nähe der informations-theoretische Schranke η_{rand} möglich und welches Stichprobenverhalten dann zu erwarten ist. Zunächst präsentieren und analysieren wir den Algorithmus SQUARE-RULE, der die Potenzmenge von d Punkten bei Rauschraten lernt, die beliebig dicht an η_{rand} liegen.

Sei C_d die Potenzmenge über der d-elementigen Menge $\{1,\ldots,d\}$. Sei $C \subseteq \{1,\ldots,d\}$ das Zielkonzept und $S = (\langle x_i, \ell_i\rangle)_{i=1,\ldots,m}$ eine Stichprobe für C. Der Algorithmus, der in Abbildung 6.7 dargestellt ist, benutzt die folgende Funktion[2] $F(p,q) = q^2/(p^2+q^2)$. Aus der Stichprobe S berechnet man zuerst

[2] Diese Funktion wurde auch von Kearns, Schapire und Sellie [KSS94] im Zusammenhang mit agnostischem Lernen verwendet.

Initialisation
Input: Eine Stichprobe $(x_1, l_1), \ldots, (x_m, l_m)$, $x_i \in \{1, \ldots, d\}$, $l \in \{0, 1\}$.
FOR $i := 1, \ldots, d$ **berechne**

$$p_0(i) := \frac{|\{j \mid x_j = i,\ l_j = 0\}|}{m}$$

$$p_1(i) := \frac{|\{j \mid x_j = i,\ l_j = 1\}|}{m}$$

$$H(i) := \frac{(p_1(i))^2}{(p_0(i))^2 + (p_1(i))^2}$$

Regel
Input: Ein $i \in \{1, \ldots, d\}$
Output: Klassifikation 1 mit Wahrscheinlichkeit $H(i)$
Klassifikation 0 mit Wahrscheinlichkeit $1 - H(i)$.

Abbildung 6.7: Pseudo-Code für Algorithmus SQUARE-RULE. In der Initialisierungs-Phase werden einige Parameter aus der Stichprobe ermittelt. Diese werden in der Arbeits-Phase dann benutzt, um randomisierte Vorhersagen zu machen.

die relativen Frequenzen mit der Punkte aus $\{1, \ldots, d\}$ mit den verschiedenen Klassifikationen auftreten, d.h.,

$$\begin{aligned} \widehat{p}_0(x) &:= \frac{\{i \mid \langle x_i, \ell_i \rangle = \langle x, 0 \rangle\}}{m} \\ \widehat{p}_1(x) &:= \frac{\{i \mid \langle x_i, \ell_i \rangle = \langle x, 1 \rangle\}}{m} . \end{aligned}$$

Für alle $x \in \{1, \ldots, d\}$ berechnet man

$$H(x) = F\left(\widehat{p}_0(x), \widehat{p}_1(x)\right) = \widehat{p}_1(x)^2 / (\widehat{p}_0(x)^2 + \widehat{p}_1(x)^2) .$$

Anschließend benutzt SQUARE-RULE die folgende randomisierte Regel, um eine Element $x \in \{1, \ldots, d\}$ zu klassifizieren: Mit Wahrscheinlichkeit $H(x)$ erhält x die Klassifikation 1 und mit Wahrscheinlichkeit $1 - H(x)$ die Klassifikation 0.

Betrachten wir die Regel $H(x)$ zunächst informell. Tritt ein Punkt x in der Stichprobe mit der Klassifikation 1 „viel häufiger“ auf als mit der Klassifikation

0, so ist $H(x)$ dicht bei 1, also die Wahrscheinlichkeit für die Klassifikation 1 hoch. Dies ist intuitiv richtig. Ist die Klassifikation 1 korrekt, so macht man nur selten einen Fehler. Ist die Klassifikation 0 korrekt so wird der Punkt x häufig falsch klassifiziert. In diesem Fall ist der Fehler allerdings relativ klein. Bei einer Mißklassifikationen beträgt der Fehler $D(x)$. Diesen Fehler fassen wir als die „Einnahme" des Gegenspielers auf. Wir können aber erwarten, daß $D(x)$ ist klein ist, denn sonst würde das Beispiel $\langle x, 0\rangle$ häufiger in der Stichprobe auftreten. Andererseits hat der Gegenspieler einen erheblichen (sogar unnötig großen) Teil seines „Betrugskapitals" in x investiert und nur einen kleinen Fehler erzwungen.

Treten $\langle x, 0\rangle$ und $\langle x, 1\rangle$ etwa gleichhäufig in der Stichprobe auf, so ist $H(x)$ nahe bei $1/2$ und x erhält die Klassifikationen 1 und 0 etwa gleich häufig; in etwa der Hälfte der Fälle ist die Klassifikation also korrekt. In diesem Fall halten sich der Fehler und das investierte Betrugskapital etwa die Waage, was das beste ist, was der Gegenspieler erwarten kann.

Wir leiten nun die Regel $H(x)$ auch formal her. Sei $x \in \{1, \ldots, d\}$ fest. Der Einfachheit halber sei $\widehat{p}_0 := \widehat{p}_0(x)$ und $\widehat{p}_1 := \widehat{p}_1(x)$. Falls 0 die korrekte Klassifikation von x ist, so sagen wir, die *empirische Einnahme* des Gegenspielers ist $\widehat{p}_0$. Die Investition des Gegenspielers in falsche Klassifikationen für x beträgt dann $\widehat{p}_1$.

Die Wahrscheinlichkeit einer Fehlklassifizierung durch die Regel H beträgt dann $F(\widehat{p}_0, \widehat{p}_1)$. Das „empirische Einnahme-zu-Investitions-Verhältnis" ρ beträgt also:

$$\rho = F(\widehat{p}_0, \widehat{p}_1) \cdot \widehat{p}_0 / \widehat{p}_1$$

Analog überlegt man sich im Falle, daß 1 die korrekte Klassifikation von x ist,

$$\rho = (1 - F(\widehat{p}_0, \widehat{p}_1)) \cdot \widehat{p}_1 / \widehat{p}_0 \,.$$

Gesucht ist nun eine Funktion H, die ρ für alle Wahlen von $\widehat{p}_0$ und $\widehat{p}_1$ minimiert. Dazu setzt man beide Fälle gleich

$$F(\widehat{p}_0, \widehat{p}_1) \cdot \widehat{p}_0 / \widehat{p}_1 = (1 - F(\widehat{p}_0, \widehat{p}_1)) \cdot \widehat{p}_1 / \widehat{p}_0$$

und löst nach F auf. Man erhält $F(\widehat{p}_0, \widehat{p}_1) = \widehat{p}_1^2 / (\widehat{p}_0^2 + \widehat{p}_1^2)$.

In Abbildung 6.8 findet man Graphiken der Regel H und des Verhältnisses ρ.

Unser Ziel ist es allerdings, die Größe $\mathbb{E}_{x \sim D} |H(x) - C(x)|$ zu beschränken. Dazu sollten wir H so wählen, daß das **erwartete** Einnahme-zu-Investitions-Verhältnis des Gegenspielers minimiert wird, das heißt, das Verhältnis

$$\frac{|F(\widehat{p}_0, \widehat{p}_1) - C(x)| \cdot D(x)}{\widehat{p}_{1-C(x)}} \,.$$

Wir werden aber sehen, daß die Schätzung $\widehat{p}_0$ beziehungsweise $\widehat{p}_1$ für die unbekannte Größe $D(x)$ genügt.

Satz 6.43 *Für alle $d \geq 1$, alle $0 < \varepsilon, \delta, \Delta \leq 1$ lernt der Algorithmus* SQUARE-RULE *die Klasse C_d mit Genauigkeit ε, Unzuverlässigkeit δ bei jeder Rauschrate $\eta = 2\varepsilon/(1+2\varepsilon) - \Delta$ aus einer Stichprobe der Größe $\widetilde{O}(d\varepsilon/\Delta^2)$.*

Beweis. Sei $X = \{1, \ldots, d\}$, D eine Verteilung auf X und C das Zielkonzept. Sei $t(x) = (1-\eta)D(x)$ die Wahrscheinlichkeit, den Punkt x mit der korrekten Klassifikation $C(x)$ zu sehen. Sei

$$\widehat{t}(x) := \frac{\{i \mid \langle x_i, \ell_i \rangle = \langle x, C(x) \rangle\}}{m}$$

die relative Frequenz von $\langle x, C(x) \rangle$ in der Stichprobe S. Wir nehmen o.B.d.A an, daß der Gegenspieler den Punkt x nie mit der korrekten Klassifikation zeigt; anderenfalls arbeitet die Regel H eher besser. Weiter sei

$$\widehat{f}(x) := \frac{\{i \mid \langle x_i, \ell_i \rangle = \langle x, 1 - C(x) \rangle\}}{m}$$

die relative Frequenz von $\langle x, 1 - C(x) \rangle$ in der Stichprobe S.

Mit $\widehat{\eta}$ bezeichnen wir wieder die wahre Rauschrate. Offensichtlich gilt $\widehat{\eta} = \sum_{x \in X} \widehat{f}(x)$. Durch Anwendung der Ungleichungen (A.2) und (A.3) folgt, daß es eine Stichprobengröße von $m = \widetilde{O}(d\varepsilon/\Delta^2)$ ausreicht, damit die folgenden Bedingungen simultan mit Wahrscheinlichkeit $1 - \delta$ gelten:

$$\widehat{\eta} \leq \eta + \frac{\Delta}{2}, \tag{6.35}$$

$$\forall x \in X : t(x) \geq \frac{\Delta}{24d} \Rightarrow \widehat{t}(x) \geq \frac{t(x)}{2}, \tag{6.36}$$

$$\forall M \subseteq X : \sum_{x \in M} t(x) \leq 16\varepsilon \Rightarrow \sum_{x \in M} \widehat{t}(x) \geq \sum_{x \in M} t(x) - \frac{\Delta}{8}. \tag{6.37}$$

Zum Beweis von (6.35) wenden wir (A.2) mit $p' = \eta$ und $\lambda = \Delta/(2\eta)$ an. Zum Beweis von 6.36 wendet man (A.3) mit $p = \Delta/(24d)$ und $\lambda = 1/2$ an. Zum Beweis von (6.37) benutzt man (A.3) und erhält

$$\begin{aligned} \Pr\{S_m \leq (p - \lambda)m\} &= \Pr\left\{S_m \leq \left(1 - \frac{\lambda}{p}\right) mp\right\} \\ &\leq \exp\left(-\frac{\lambda^2 m}{2p}\right) \leq \exp\left(-\frac{\lambda^2 m}{2p'}\right) . \end{aligned}$$

Die letzte Ungleichung gilt aufgrund der Monotonität für alle $p' \geq p$. Um den Beweis von (6.37) abzuschließen, setzt man $\lambda = \Delta/8$ und $p' = 16\varepsilon$. Wir nehmen im folgenden an, daß die drei obigen Bedingungen gelten.

Ein Punkt x heißt *leicht* wenn $t(x) < \Delta/(24d)$ gilt, anderenfalls heißt x *schwer*. Es gilt $\eta < \eta_{\text{rand}} \leq 2/3$ (weil $\eta_{\text{rand}} = 2\varepsilon/(1+2\varepsilon)$). Daher gilt für alle leichten Punkte x: $D(x) < \Delta/(8d)$. Daher ist der Gesamtfehler, den die leichten Punkte bei der Regel H erzeugen können, echt kleiner als $\Delta/8$.

Wir betrachten nun die schweren Punkte und werden zeigen, daß diese einen Fehler von höchstens $\varepsilon - \Delta/8$ erzeigen. Man beachte, daß für diese die Implikation in (6.36) gilt.

Die Fehlerwahrscheinlichkeit auf x entspricht der Einnahme des Gegenspielers, wir bezeichnen sie mit return(x). Die Größe $\widehat{f}(x)$ ist die Investition des Gegenspielers in die falschen Klassifikationen für x. Wir zeigen nun, daß die Gesamteinnahmen des Gegenspielers durch $\varepsilon - \Delta/8$ beschränkt sind, wenn die gesamten Investitionen höchstens $\widehat{\eta}$ betragen.

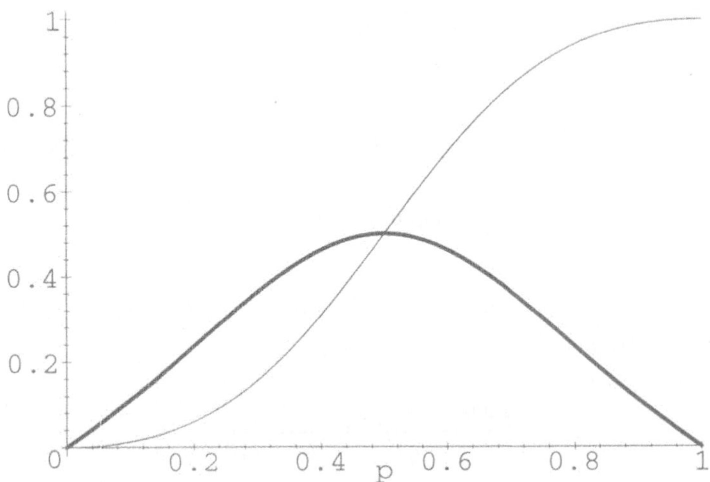

Abbildung 6.8: Die Kurve der Vorhersageregel $H = F(p,q)$ (dünn) und der Einnahmen des Gegenspielers (dick); das Bild ist so skaliert, daß $p+q=1$ gilt.

Betrachtet man die in Abbildung 6.8 dargestellte Funktion

$$R(p,q) = \frac{pq}{p^2+q^2},$$

so sieht man, daß R ihr Maximum von $1/2$ annimmt, wenn $p = q$ ist. Für $q \leq p/4$ oder $p \leq q/4$ ist R kleinergleich $4/17$. Wir benutzen diese Beobachtungen in der folgenden Analyse von return(x).

Falls $C(x) = 0$ die korrekte Klassifikation von x ist, so gilt

$$\widehat{f}(x) = \widehat{p}_1(x),\ \widehat{t}(x) = \widehat{p}_0(x),\ \text{return}(x) = H(x) \cdot D(x) = \frac{\widehat{p}_1(x)^2 \cdot D(x)}{\widehat{p}_0(x)^2 + \widehat{p}_1(x)^2}\,.$$

Falls $C(x) = 1$ die korrekte ist, gilt

$$\widehat{f}(x) = \widehat{p}_0(x),\ \widehat{t}(x) = \widehat{p}_1(x),\ \text{return}(x) = (1 - H(x)) \cdot D(x) = \frac{\widehat{p}_0(x)^2 \cdot D(x)}{\widehat{p}_0(x)^2 + \widehat{p}_1(x)^2}.$$

In beiden Fällen gilt $\widehat{f}(x) \cdot \widehat{t}(x) = \widehat{p}_0(x) \cdot \widehat{p}_1(x)$ und $\text{return}(x) = \widehat{f}(x)^2 \cdot D(x)/(\widehat{p}_0(x)^2 + \widehat{p}_1(x)^2)$. Wir setzen $\widehat{\alpha}(x) = t(x) - \widehat{t}(x)$ und erhalten $D(x) = t(x)/(1-\eta) = (\widehat{t}(x) + \widehat{\alpha}(x))/(1-\eta)$. Um die Notation zu vereinfachen, führen wir die folgenden Abkürzungen ein:

$$\widehat{p}_0 = \widehat{p}_0(x), \quad \widehat{p}_1 = \widehat{p}_1(x), \quad \widehat{f} = \widehat{f}(x), \quad \widehat{t} = \widehat{t}(x), \quad \widehat{\alpha} = \widehat{\alpha}(x).$$

In dieser Notation gilt $\widehat{t} \cdot \widehat{f} = \widehat{p}_0 \cdot \widehat{p}_1$ und $\text{return}(x)$ läßt sich so schreiben:

$$\begin{aligned}
\text{return}(x)) &= \frac{\widehat{f}^2 \cdot (\widehat{t} + \widehat{\alpha})}{(\widehat{p}_0^2 + \widehat{p}_1^2) \cdot (1-\eta)} = \frac{1}{1-\eta}\left(\frac{\widehat{t} \cdot \widehat{f}}{\widehat{p}_0^2 + \widehat{p}_1^2}\widehat{f} + \frac{\widehat{\alpha} \cdot \widehat{f}^2}{\widehat{p}_0^2 + \widehat{p}_1^2}\right) \\
&= \frac{1}{1-\eta}\left(R(\widehat{p}_0, \widehat{p}_1) \cdot \widehat{f} + \frac{\widehat{\alpha} \cdot \widehat{f}^2}{\widehat{p}_0^2 + \widehat{p}_1^2}\right) \qquad (6.38)
\end{aligned}$$

Wir multiplizieren (6.38) aus und schätzen die beiden entstehenden Terme getrennt ab. Wenn $\widehat{f} \geq \widehat{t}/4$ gilt, so folgt

$$\frac{R(\widehat{p}_0, \widehat{p}_1) \cdot \widehat{f}}{(1-\eta)} \leq \frac{\widehat{f}}{2(1-\eta)}.$$

Weiterhin gilt entweder $\widehat{f} = \widehat{p}_0$ oder $\widehat{f} = \widehat{p}_1$, woraus

$$\frac{\widehat{\alpha} \cdot \widehat{f}^2}{(\widehat{p}_0^2 + \widehat{p}_1^2)(1-\eta)} \leq \frac{\widehat{\alpha}}{1-\eta}.$$

folgt.

Falls $\widehat{f} < \widehat{t}/4$, so kann man den letzten Term in (6.38) mit Hilfe von (6.36) beschränken und erhält

$$\frac{\widehat{\alpha} \cdot \widehat{f}^2}{(\widehat{p}_0^2 + \widehat{p}_1^2)} = \frac{(t - \widehat{t}) \cdot \widehat{f}^2}{(\widehat{p}_0^2 + \widehat{p}_1^2)} \leq \frac{\widehat{t} \cdot \widehat{f}^2}{(\widehat{p}_0^2 + \widehat{p}_1^2)} = \frac{(\widehat{p}_0 \cdot \widehat{p}_1) \cdot \widehat{f}}{(\widehat{p}_0^2 + \widehat{p}_1^2)} = R(\widehat{p}_0, \widehat{p}_1) \cdot \widehat{f}\,.$$

Somit folgt aus (6.38) und der Tatsache, daß $R(\widehat{p}_0, \widehat{p}_1) \leq 4/17 < 1/4$ für $\widehat{f} < \widehat{t}/4$ gilt

$$\text{return}(x) \leq \frac{2R(\widehat{p}_0, \widehat{p}_1) \cdot \widehat{f}}{1-\eta} < \frac{\widehat{f}}{2(1-\eta)} .$$

Insgesamt folgt

$$\text{return}(x) \leq \frac{\widehat{f}}{2(1-\eta)} + \begin{cases} \frac{\widehat{\alpha}}{(1-\eta)} & \text{if } \widehat{f} \geq \widehat{t}/4, \\ 0 & \text{sonst.} \end{cases} \tag{6.39}$$

Um die Gesamteinnahmen des Gegenspielers auf allen schweren Punkten zu beschränken, schätzen wir den ersten Term auf der linken Seite von (6.39) ab:

$$\frac{1}{2(1-\eta)} \sum \widehat{f}(x) \leq \frac{\widehat{\eta}}{2(1-\eta)}$$

wobei die Summation über alle schweren Punkte x ist. Die Abschätzung des zweiten Terms in (6.39) ist schwieriger. Sei dazu M die Menge jener schweren Punkte x mit $\widehat{f}(x) \geq \widehat{t}(x)/4$. Das Gesamtgewicht $D(M)$ dieser Punkte läßt sich dann so beschränken:

$$\sum_{x \in M} t(x) \leq 2 \sum_{x \in M} \widehat{t}(x) \leq 8 \sum_{x \in M} \widehat{f}(x) \leq 8\widehat{\eta} < 16\varepsilon.$$

Aus (6.37) folgt:

$$\frac{1}{1-\eta} \sum_{x \in M} \widehat{\alpha}(x) \leq \frac{1}{1-\eta} \sum_{x \in M} (t(x) - \widehat{t}(x)) \leq \frac{\Delta}{8(1-\eta)} .$$

Nun folgt sofort

$$\frac{\widehat{\eta}}{2(1-\eta)} + \frac{\Delta}{8(1-\eta)} \leq \varepsilon - \Delta/8 .$$

Da, wie oben gezeigt, der Gesamtfehler der leichten Punkte kleiner als $\Delta/8$ ist, folgt das der erwartete von SQUARE-RULE kleiner als ε ist. Satz 6.43 ist damit bewiesen. ∎

Zum Abschluß der Betrachtungen zum böswilligen Rauschen zeigen wir, daß die Schranke aus Satz 6.43 bis auf logarithmische Faktoren scharf ist. Der Beweis der unteren Schranke verläuft ähnlich wie der der unteren Schranke für die Fehlerminimierungs-Strategie in Satz 6.26. Wir skizzieren ihn nur.

Satz 6.44 *Für alle Klassen $\mathcal{C}$ mit Vapnik-Chervonenkis-Dimension $d \geq 3$, alle $0 < \varepsilon \leq 1/38$, $0 < \delta \leq 1/74$, und $0 < \Delta = o(\varepsilon)$, alle Verteilungen D, benötigt jeder PAC-Lernalgorithmus (auch solche, die randomisierte Hypothesen verwenden) bei Rauschrate $\eta = 2\varepsilon/(1+2\varepsilon) - \Delta$, mindestens $\Omega\left(d\varepsilon/\Delta^2\right)$ Beispiele.*

Beweis. Man benutzt d Punkte des Universums, die von $\mathcal{C}$ zerschmettert werden, und eine geeignete Verteilung D. Man zeigt, daß mit konstanter Wahrscheinlichkeit (über alle Stichproben) ein konstanter Anteil dieser Punkte wesentlich weniger häufig auftritt als erwartet. Das Gewicht dieser Punkte unter D ist 2ε, die empirische Frequenz ist aber kleiner als η_{rand}. Somit kann der Gegenspieler auf diesen Punkten die richtigen und falschen Klassifikationen balancieren. Somit können selbst randomisierte Hypothesen einen erwarteten Fehler von ε nicht vermeiden. ■

6.5 Bernoulli Rauschen

Wir betrachten das folgende Rausch-Modell: Es seien $\eta_1, \eta_2 \leq 1$. Sei D eine Verteilung auf dem Universum X und sei C das Zielkonzept. Um ein Beispiel in diesem Modell zu erzeugen, geht man so vor: Zunächst wird ein Beispiel x anhand von D gezogen. Dann wird eine η_2-Münze geworfen. Wenn sie „Kopf" zeigt, wählt man für x' gemäß einer bestimmten Strategie ein Element aus X und sonst setzt man $x' := x$. Unabhängig vom Ausgang dieses Experiments wirft man eine η_1-Münze. Wenn sie „Kopf" zeigt, setzt man $\ell := 1 - C(x)$ und sonst $\ell := C(x)$. Der Lerner erhält $\langle x', \ell \rangle$. Wesentlich ist, die Strategie zur Wahl von x' nicht davon abhängt, ob auch die Klassifikation gefälscht wurde.

Dieses Modell ist stärker als das des Rauschens auf den Klassifikationen. Die Beziehung zum Modell des böswilligen Rauschens ist nicht klar. Falls $\eta_1 + \eta_2 < \eta_{det}$, ist das Bernoulli Rauschen aber ein Spezialfall des böswilligen Rauschens.

Es sei $\mathcal{C}$ eine komplementabgeschlossene Konzeptklasse. Wir nehmen nun an, daß es eine feste Strategie gibt, mit der, falls die η_2-Münze „Kopf" zeigt, das Beispiel x' gewählt wird und die nicht davon abhängt, ob und ggf. wie die Klassifikation geändert wurde. Wir sagen auch, daß die Strategie x nach x' *verschiebt*.

Um Lernbarkeit unter „Verschiebe-Strategien" untersuchen zu können, erweist es sich als sinnvoll, die Wahrscheinlichkeit zu betrachten, mit denen eine solche Strategie Elemente des Universums von einer Menge in die andere schiebt. Seien H_1, H_2 zwei Hypothesen. Mit $D(H_1 \to H_2)$ bezeichnen wir die bedingte Wahrscheinlichkeit, daß, gegeben die η_2-Münze zeigt „Kopf", das gezogene Beispiel x in H_1 liegt und das ausgegebene Beispiel x' in H_2. Es ist durchaus möglich, daß x' auch in H_1 liegt.

$$D(H_1 \to H_2) := \Pr_{x \sim D}[\, x \in H_1 \wedge x \text{ wird nach } H_2 \text{ verschoben} \mid \eta_2\text{-Münze zeigt „Kopf"} \,] \;.$$

Wenn $\overline{C}$ das Komplement $X \setminus C$ von C ist, so ist $D(C \to \overline{C})$ die bedingte

Wahrscheinlichkeit, daß bei „Kopf" der η_2-Münze ein Beispiel $x \in C$ durch $x' \notin C$ ersetzt wird. Beachte, daß x' dann das (bezüglich C) korrekte Label erhält, wenn auch die η_1-Münze „Kopf" zeigt.

Für den erwarteten Fehler $\mathrm{err}_{\eta_1,\eta_2}(C)$ des Zielkonzepts C auf einer verrauschten Stichprobe gilt dann

$$\begin{aligned} \mathrm{err}_{\eta_1,\eta_2}(C) &= \eta_1(1-\eta_2) && (6.40)\\ &\quad + (1-\eta_1)\eta_2 \cdot [D(C \to \overline{C}) + D(\overline{C} \to C)] && (6.41)\\ &\quad + \eta_1\eta_2 \cdot (D(C \to C) + D(\overline{C} \to \overline{C})) \, . && (6.42) \end{aligned}$$

Die drei Terme erklären sich so: C macht nur Fehler auf verfälschen Beispielen. Aber selbst auf solchen kann C korrekt sein, wenn sich nämlich die Verfälschungen von Klassifikation und Instanz aufheben.

(6.40) ist die Wahrscheinlichkeit, daß nur die Klassifikation geändert wurde, was zu einem Fehler führt.

(6.41) ist die Wahrscheinlichkeit, daß nur die Instanz verschoben wurde. Das führt aber nur dann zu einem Fehler, wenn die Verschiebung aus C heraus oder in C hinein führte.

(6.42) ist die Wahrscheinlichkeit, daß sowohl die Klassifikation geändert, als auch die Instanz verschoben wurde. Wenn die wahre Instanz in C lag und damit die Klassifikation 1 war, so muß die neue Instanz ebenfalls in C liegen, damit ein Fehler auftritt. Ebenso muß die neue außerhalb von C liegen, wenn es die wahre tat.

Für den Fehler einer beliebigen Hypothese H auf einer Stichprobe kann man mit ähnlichen Überlegungen zeigen:

$$\begin{aligned} \mathrm{err}_{\eta_1,\eta_2}(H) &= \eta_1(1-\eta_2)\cdot(1 - D(C \,\Delta\, H))\\ &\quad + (1-\eta_1)\eta_2 \cdot (D(C \to \overline{H}) + D(\overline{C} \to H))\\ &\quad + \eta_1\eta_2 \cdot (D(C \to H) + D(\overline{C} \to \overline{H}))\\ &\quad + (1-\eta_1)(1-\eta_2)\cdot D(C \,\Delta\, H). \end{aligned}$$

Die zweite Zeile läßt sich beispielsweise so erklären: Die Situation, daß die Klassifikation nicht verändert, der Punkt aber verschoben wurde ist $(1-\eta_1)\eta_2$. Die Hypothese H macht genau dann einen Fehler, wenn von einem positiven Beispiel $\langle x, 1\rangle$ die Instanz $x \in C$ zu $x' \in \overline{H}$ verschoben wird. Dann tritt $\langle x', 1\rangle$ in der Stichprobe auf, aber $H(x') = 0$.

Man kann wieder die Separationstechnik zum Lernen verwenden: Wenn es ein $s > 0$ gibt, so daß für alle ε-schlechten Hypothesen H gilt

$$\mathrm{err}_{\eta_1,\eta_2}(H) - \mathrm{err}_{\eta_1,\eta_2}(C) \geq s \ ,$$

so sind diese vom Zielkonzept separiert. Wenn das Rauschen eine spezielle Eigenschaft besitzt und die relevanten Parameter eine bestimmte Bedingung einhalten, so ist diese Separation gegeben. Wir zeigen hier nur, unter welchen Bedingungen an die Verschiebungs-Strategie die Differenz positiv ist.

Satz 6.45 *Wenn es eine Zahl $0 \leq \lambda < 1$ gibt, so daß für alle Teilmengen $T \subseteq X$ (nicht nur für Konzepte aus $\mathcal{C}$) gilt*

$$D(T \to \overline{T}) < \lambda \cdot D(T) \ ,$$

und wenn weiterhin gilt

$$(1 - 2\eta_1) \cdot (\varepsilon - \eta_2 \lambda(\varepsilon + 1)) > 0 \ ,$$

so folgt

$$err_{\eta_1,\eta_2}(H) - err_{\eta_1,\eta_2}(C) > 0 \ .$$

Beweis. Es gilt für alle $A, T \subseteq X$ die Beziehung $D(T) = D(T \to \overline{A}) + D(T \to A)$, die rechte Seite ist eine Zerlegung des Ereignisses „$x \in T$" in disjunkte Teile und zwar anhand des Kriteriums, wohin x geschoben wird. Wir verwenden die äquivalente Form

$$D(T \to \overline{A}) = D(T) - D(T \to A) \ . \tag{6.43}$$

Wir verwenden (6.43), um die Ausdrücke für $\mathrm{err}_{\eta_1,\eta_2}(H)$ und $\mathrm{err}_{\eta_1,\eta_2}(C)$ zu vereinfachen.

$$\begin{aligned}
\mathrm{err}_{\eta_1,\eta_2}(C) &= \eta_1(1-\eta_2) + (1-\eta_1)\eta_2 \cdot (D(C \to \overline{C}) + D(\overline{C} \to C)) \\
&\quad + \eta_1\eta_2 \cdot (D(C \to C) + D(\overline{C} \to \overline{C})) \\
&= \eta_1 - \eta_1\eta_2 + (1-\eta_1)\eta_2 \cdot (D(C \to \overline{C}) + D(\overline{C} \to C)) \\
&\quad + \eta_1\eta_2 \cdot (D(C) - D(C \to \overline{C}) + D(\overline{C}) - D(\overline{C} \to C)) \\
&= \eta_1 - \eta_1\eta_2 + (1-\eta_1)\eta_2 \cdot (D(C \to \overline{C}) + D(\overline{C} \to C)) \\
&\quad + \eta_1\eta_2 \cdot (1 - D(C \to \overline{C}) - D(\overline{C} \to C)) \\
&= \eta_1 + (1-2\eta_1)\eta_2 \cdot \underbrace{(D(C \to \overline{C}) + D(\overline{C} \to C))}_{B} \ .)
\end{aligned}$$

Ähnlich kann man den Ausdruck für $\mathrm{err}_{\eta_1,\eta_2}(H)$ vereinfachen zu

$$\begin{aligned}
\mathrm{err}_{\eta_1,\eta_2}(H) &= \eta_1 + (1-2\eta_1)(1-\eta_2) \cdot D(C \,\Delta\, H) \\
&\quad + (1-2\eta_1)\eta_2 \cdot \underbrace{(D(C \to \overline{H}) + D(\overline{C} \to H))}_{A} \ .
\end{aligned} \tag{6.44}$$

Später werden wir den Ausdruck $A - B$ nach unten abschätzen müssen. Wir schätzen daher A nach unten und B nach oben ab. Dazu benutzen wir neben (6.43) noch die Ungleichungen

$$\begin{array}{l} \forall S, T, U \subseteq X: \; D(S \to T) \geq D(S \cap U \to T) \\ \forall S, T, U \subseteq X: \; D(S \to T) \geq D(S \to T \cap U) \end{array}$$

Die erste Ungleichung gilt, weil wir den Bereich, aus dem x stammen muß, verkleinern. Die zweite gilt, weil wir den Bereich, in den x' verschoben werden muß, verkleinern.

$$\begin{array}{rcl} A & = & D(C \to \overline{H}) + D(\overline{C} \to H) \\ & \geq & D(C \cap \overline{H} \to \overline{H}) + D(\overline{C} \cap H \to H) \\ & \geq & D(C \cap \overline{H} \to C \cap \overline{H}) + D(\overline{C} \cap H \to \overline{C} \cap H) \\ & = & D(C \cap \overline{H}) - D(C \cap \overline{H} \to \overline{C \cap \overline{H}}) + D(\overline{C} \cap H) - D(\overline{C} \cap H \to \overline{\overline{C} \cap H}) \\ & = & D(C \,\Delta\, H) - D(C \,\Delta\, H \to \overline{C \,\Delta\, H}) \\ & \geq & D(C \,\Delta\, H) - \lambda D(C \,\Delta\, H) = (1 - \lambda) D(C \,\Delta\, H) \geq (1 - \lambda)\varepsilon \; . \end{array}$$

Die Existenz einer Konstanten λ mit den in der letzten Zeile benutzten Eigenschaften ist eine Voraussetzung des Satzes.

$$B = D(C \to \overline{C}) + D(\overline{C} \to C) < \lambda D(C) + \lambda D(\overline{C}) = \lambda \; .$$

Für die Differenz $A - B$ gilt also:

$$A - B > (1 - \lambda)\varepsilon - \lambda = \varepsilon - \lambda(\varepsilon + 1) \; .$$

Schließlich gilt

$$\begin{array}{rcl} er_{\eta_1, \eta_2}(H) - \mathrm{err}_{\eta_1, \eta_2}(C) & = & (1 - 2\eta_1)(1 - \eta_2) D(C \,\Delta\, H) + (1 - 2\eta_1)\eta_2 (A - B) \\ & > & (1 - 2\eta_1)[(1 - \eta_2)\varepsilon + \eta_2 \varepsilon - \eta_2 \lambda(\varepsilon + 1)] \\ & = & (1 - 2\eta_1)[\varepsilon - \eta_2 \lambda(\varepsilon + 1)] \; . \end{array}$$

Der letzte Ausdruck ist nach Voraussetzung positiv. ■

7 On-Line-Lernen

Das in Kapitel 2 eingeführte PAC-Modell und seine Modifikationen gehen immer von einem *Off-Line-Lerner* aus, der die gesamte Stichprobe kennt, bevor er seine endgültige Hypothese berechnet. Im nun betrachteten *On-Line-Modell* werden dem Lerner unklassifizierte Beispiele einzeln präsentiert. Der Lerner hat stets eine aktuelle Hypothese, mit der er ein solches Beispiel klassifiziert. Wenn die Klassifikation falsch ist, wird ihm das mitgeteilt und er kann seine Hypothese verändern. Das Ziel ist es, möglichst wenige Fehler zu machen.

7.1 Das Modell

Sei X das Universum und $\mathcal{C} \subseteq 2^X$ die Zielklasse. Die vom Lerner verwendeten Hypothesen sind im allgemeinen nicht aus $\mathcal{C}$ und oft nur implizit definiert. Sei $C \in \mathcal{C}$ das Zielkonzept. Der Lernprozeß verläuft in diskreten Schritten.

In jedem Schritt hat der Lernalgorithmus A eine *aktuelle Hypothese*, die jeder Instanz $x \in X$ einen Wert aus $\{0,1\}$ zuordnet. Sei H_{i-1} die aktuelle Hypothese in Schritt i. Der Lernalgorithmus erhält das unklassifizierte Beispiel $x_i \in X$ und klassifiziert es mit $H_{i-1}(x_i)$. Anschließend wird ihm die wahre Klassifizierung $C(x_i)$ gezeigt. Der Lernalgorithmus hat einen *Vorhersagefehler*, oder kurz *Fehler* gemacht wenn $H_{i-1}(x_i) \neq C(x_i)$. Der Lernalgorithmus kann dann seine Hypothese ändern. Wir werden später sehen, daß es keinen Sinn macht, die Hypothese bei korrekten Voraussagen zu ändern. Das Ziel ist es, die Anzahl der Vorhersagefehler zu minimieren. Diese Anzahl hängt von der speziellen Beispielfolge $\mathbf{x} = x_1, x_2, \ldots, x_i, \ldots$ ab. Wir bezeichnen die *Zahl der Vorhersagefehler* für festes Zielkonzept C und Instanzenfolge $\mathbf{x}$ mit $VZ(C, \mathbf{x})$. Die *Fehlerschranke* für A und Zielkonzept C ist definiert als

$$M_A(C) := max\left\{VZ(C, \mathbf{x}) \mid \mathbf{x} \in X^+\right\} ,$$

das Maximum der Anzahl von Fehlern, die A macht, wenn das Zielkonzept C ist, gebildet über alle möglichen Folgen $x_1, x_2, \ldots, x_i, \ldots$ von Instanzen. Die *Worst-Case-Fehlerschranke* für A und Zielklasse $\mathcal{C}$ ist definiert als

$$M_A(\mathcal{C}) := max\,\{M_A(C) \mid C \in \mathcal{C}\}$$

als Maximum der Fehlerschranken von A über alle möglichen Zielkonzept.

Definition 7.1 Die *optimale Fehlerschranke* $opt(\mathcal{C})$ für die Klasse $\mathcal{C}$ ist

$$opt(\mathcal{C}) := \min\{M_A(\mathcal{C}) \mid A\}$$

das Minimum von $M_A(\mathcal{C})$ gebildet über alle On-Line-Lernalgorithmen, unabhängig von ihrer Laufzeit. Ein On-Line-Lernalgorithmus A heißt *optimal* wenn $M_A(\mathcal{C}) = opt(\mathcal{C})$.

Wenn $\mathcal{C}$ endlich ist, so ist garantiert, daß es einen Algorithmus gibt, der auch im Worst-Case nur endlich viele Fehler macht. Wir beschreiben diesen Algorithmus im nächsten Abschnitt.

7.2 Der Halbierungs-Algorithmus

Der *Halbierungs-Algorithmus*, siehe Abbildung 7.1, kann zum On-Line-Lernen von endlichen Klassen verwendet werden. Allerdings ist er im allgemeinen nicht effizient. Der Algorithmus unterhält eine Liste aller Konzepte aus $\mathcal{C}$, die mit allen bisher gesehenen Beispielen konsistent sind. Er wählt seine Vorhersagen so, daß bei einem Fehler mindestens die Hälfte der Konzepte aus der Liste gestrichen werden kann. Man führt dies solange durch, bis nur noch ein Konzept, das Zielkonzept, übrig ist.

Satz 7.2 *Für alle endlichen Klassen $\mathcal{C}$ gilt*

$$M_{HALVING}(\mathcal{C}) \leq \log_2(|\mathcal{C}|) .$$

Beweis. Im Falle eines Fehlers wird die Menge $\mathcal{L}$ mindestens halbiert. Andererseits enthält $\mathcal{L}$ immer das Zielkonzept, da dieses nie Fehler macht. Somit macht HALVING höchstens $\log_2(|\mathcal{C}|)$ Fehler bevor das Abbruchkriterium der While-Schleife erreicht ist. ■

Aus diesem Satz folgt sofort:

Korollar 7.3 *Für alle endlichen Klassen $\mathcal{C}$ gilt*

$$opt(\mathcal{C}) \leq \log_2(|\mathcal{C}|) .$$

Bemerkung 7.4 Die Schranke aus Korollar 7.3 gilt im allgemeinen nicht mit nicht mit Gleichheit, d.h., es gibt Klassen $\mathcal{C}$, bei denen $opt(\mathcal{C})$ eine kleinere Größenordnung hat als $\log_2(|\mathcal{C}|)$. In den Übungen werden wir ein solche Klasse kennenlernen.

```
ALGORITHMUS HALVING
𝓛 := 𝓒
WHILE (|𝓛| > 1) DO
        fordere unmarkiertes Beispiel x an
        𝓛_0 := {C ∈ 𝓛 | C(x) = 0}
        𝓛_1 := {C ∈ 𝓛 | C(x) = 1}
        IF (|𝓛_0| ≥ |𝓛_1|)
            THEN ℓ := 0
            ELSE ℓ := 1
        klassifiziere x mit ℓ
        IF (C(x) ≠ ℓ)
            THEN 𝓛 := 𝓛_{1−ℓ}
OD
```

Abbildung 7.1: Der Halbierungs-Algorithmus

Wir werden nun zeigen, daß die Vapnik-Chervonenkis-Dimension eine untere Schranke für die optimale Fehlerschranke bildet.

Satz 7.5 *Für alle endlichen Klassen $\mathcal{C}$ gilt*

$$opt(\mathcal{C}) \geq \text{VCdim}\,(\,\mathcal{C}\,)\ .$$

Beweis. Sei A ein On-Line-Algorithmus für $\mathcal{C}$. Sei $d = \text{VCdim}\,(\,\mathcal{C}\,)$ und seien $x_1, \ldots, x_d$ Punkte, die von $\mathcal{C}$ zerschmettert werden. Wir wählen als Beispielfolge gerade diese Punkte. Da auf diesen Punkten alle Klassifikationsmuster möglich sind, gibt es ein solches, daß mit keiner der Vorhersagen von A übereinstimmt. A macht dann d Fehler. ■

Wir zeigen nun, daß man On-Line-Algorithmen für eine endliche oder abzählbar unendliche Klasse $\mathcal{C}$ in (nicht notwendigerweise effizienten) Off-Line-PAC-Algorithmen konvertieren kann. Es sei $H_1, H_2, \ldots, H_i, \ldots$ eine Aufzählung von $\mathcal{C}$. Die Klasse $\mathcal{C}$ darf hier sogar abzählbar unendlich sein. Wir gehen davon aus, daß die Beispiele der Folge unabhängig anhand einer Verteilung D auf X gezogen werden. Der in Abbildung 7.2 beschriebene Algorithmus hat stets eine Hypothese $H_i \in \mathcal{C}$ bereit. Wenn diese Hypothese auf einer hinreichend großen Anzahl von Beispielen keine Fehler macht, so hält der Algorithmus und gibt H_i

aus. Sonst ersetzt er H_i durch eine noch nicht verwendete Hypothese H_{i+1} und testet diese. Die Länge der Testfolgen steigt dabei, um auch bei unendlichen Klasse eine gute Hypothese mit hoher Wahrscheinlichkeit zu finden.

```
ALGORITHMUS ON-LINE-TO-PAC
INPUT ε, δ
found := false
i := 1
WHILE (NOT found) DO
        r_i := ⌈(1/ε) · (ln(1/δ) + ln(i^2 + i))⌉
        t := 1; mistake := false
        WHILE ((t ≤ r_i) AND (NOT mistake)) DO
        t := t + 1
                Ziehe unmarkiertes Beispiel x, bestimme H_i(x)
                Fordere korrekte Klassifikation C(x) an
                IF (H_i(x) ≠ C(x))
                   THEN mistake = true
        OD
        IF (mistake)
           THEN i := i + 1
           ELSE found := true
OD
RETURN H_i
```

Abbildung 7.2: Der Algorithmus ON-LINE-TO-PAC.

Satz 7.6 *Der Algorithmus* ON-LINE-TO-PAC *berechnet mit Wahrscheinlichkeit* $1 - \delta$ *eine* ε*-gute Hypothese.*

Beweis. Wir beziehen uns auf den in Abbildung 7.2 dargestellten Algorithmus. Betrachten wir den i-ten Durchlauf der äußeren While-Schleife. Der Algorithmus versagt, wenn H_i ε-schlecht ist und kein Fehler in der inneren While-Schleife gefunden wird. Die Wahrscheinlichkeit, ein Beispiel zu ziehen, das einen Fehler verursacht ist aber mindestens ε. Durch die Wahl von r_i ist die

Wahrscheinlichkeit für ein Versagen höchstens $(1-\varepsilon)^{r_i}$. Die Wahrscheinlichkeit für ein Versagen in irgendeiner Runde ist somit höchstens

$$\sum_{i=1}^{\infty}(1-\varepsilon)^{r_i} .$$

Es bleibt zu zeigen, daß diese Summe höchstens δ ergibt.

$$\sum_{i=1}^{\infty}(1-\varepsilon)^{r_i} \leq \sum_{i=1}^{\infty} e^{-\varepsilon r_i} \leq \sum_{i=1}^{\infty} \frac{\delta}{i^2+i} = \delta .$$

Dabei haben wir benutzt, daß für alle N

$$\begin{aligned} S_N &:= \sum_{i=1}^{N} \frac{1}{i^2+i} = \sum_{i=1}^{N}\left(\frac{1}{i}-\frac{1}{i+1}\right) = \sum_{i=1}^{N}\frac{1}{i} - \sum_{i=1}^{N}\frac{1}{i+1} \\ &= \sum_{i=1}^{N}\frac{1}{i} - \sum_{i=2}^{N+1}\frac{1}{i} = 1 - \frac{1}{N+1} . \end{aligned}$$

Die Folge der Partialsummen S_N ist monoton steigend und durch 1 beschränkt. Daher ist die unendliche Summe $\sum_{i=1}^{\infty}\frac{1}{i^2+i}$ kleinergleich 1. ■

7.3 On-Line-Lernen von konkreten Klassen

Der hier vorgestellte Algorithmus WINNOW [1] zum Lernen von monotonen Klauseln stammt von Littlestone [Lit88]. Dieser Algorithmus erkennt schnell, was die relevanten Variablen sind, also die, die in der Zielklausel $C = x_{i_1} \vee \cdots \vee x_{i_k}$ vorkommen. Seien $x_1, \ldots, x_n$ Boolesche Variable und sei $\mathcal{MC}_n$ die Klasse der monotonen Klauseln über diesen Variablen. Der Algorithmus WINNOW gibt jeder Variablen x_i ein Gewicht w_i, das anzeigt, für wie relevant diese Variable gehalten wird. Anfangs haben alle Variablen das Gewicht $w_i = 1$, und die Gewichte werden im On-Line-Lernprozeß dynamisch verändert.

Außerdem werden die Gewichte zur Bestimmung der jeweiligen Vorhersage benutzt. Um ein unklassifiziertes Beispiel $\mathbf{a} = (a_1, \ldots, a_n) \in \{0,1\}^n$ zu klassifizieren, bestimmt der Algorithmus die gewichtete Summe $W(\mathbf{a}) := \sum_{i=1}^{n} w_i a_i$ und vergleicht sie mit einem Schwellwert $\theta \in \mathbb{R}$. Gilt $W(\mathbf{a}) > \theta$, so sagt WINNOW eine 1 voraus, anderenfalls eine 0. Bei einem Fehler werden einige Gewichte w_i durch Multiplikation mit einer Konstanten $\alpha > 1$ verändert,

[1] Das Verb „to winnow“ bedeutet „worfeln“, d.h., „die Spreu vom Weizen trennen“.

bzw. auf 0 gesetzt. Die Wahl der Werte von α und θ werden wir weiter unten erklären.

Informell läßt sich die Aktualisierung der Gewichte so motivieren: Wenn die Vorhersage 1 auf dem Beispiel **a** falsch war, so kann keine Variable x_i in der Zielklausel C vorkommen, die mit 1 belegt wird. Daher kann man das Gewicht w_i für alle Variablen mit $a_i = 1$ auf 0 setzen; sie sind sicher nicht relevant. Wenn umgekehrt die Vorhersage 0 auf dem Beispiel **a** falsch war, so hatten die in C vorkommenden Variablen zu wenig Einfluß; ihre Gewichte waren zu klein. Man vergrößert alle Gewichten von Variablen, die von **a** mit 1 belegt werden. Dabei können auch nicht in C vorkommende Variablen aufgewertet werden, die Analyse im Beweis des folgenden Satzes wird aber zeigen, daß dieser Effekt nicht schadet.

Satz 7.7 *Sei das Zielkonzept eine monotone Klausel mit k Literalen. Sei $\alpha > 1$ und $\theta > 1/\alpha$. Dann macht* WINNOW *auf keiner Beispielfolge mehr als*

$$\alpha k(\log_\alpha \theta + 1) + \frac{n}{\theta} \tag{7.1}$$

Fehler.

Bevor wir den Satz beweisen, überlegen wir uns, welche Auswirkungen verschiedene Wahlen der Parameter α und θ auf die Schranke 7.1 haben. Für $\theta = n$ und $\alpha = 2$ ergibt sich

$$2k(\log_2 n + 1) + 1 \ . \tag{7.2}$$

Für $\theta = n/\alpha$ und $\alpha = 2$ ergibt sich

$$2k \log_2 n + 2 \ . \tag{7.3}$$

Für $\theta = n/\alpha$ und $\alpha = e$ ergibt sich

$$\frac{e}{\log_2(e)} k \log_2 n + e < 1.88 k \log_2 n + e \ . \tag{7.4}$$

Der Algorithmus WINNOW ist logarithmisch in der Anzahl der Variablen und linear in der Anzahl der relevanten Variablen. Wenn letztere konstant ist, ist WINNOW also logarithmisch.

Beweis. (Von Satz 7.7.) Wir beziehen uns auf die Abbildung 7.3. Zum Beweis bestimmt man obere Schranken für die Anzahl der Löschungen (d.h. der Aufrufe von Lösche) und Vergrößerungen (d.h. der Aufrufe von Vergrößere).

Wir halten dazu zunächst eine Folge von Beispielen fest und bezeichnen mit L bzw. V die Anzahl der Löschungen bzw. Vergrößerungen auf dieser Folge.

```
ALGORITHMUS WINNOW
w_1 := w_2 := ··· := w_n := 1
WHILE (true) DO
        Ziehe unmarkiertes Beispiel a = (a_1, ..., a_n)
        W(a) := Σ_{i=1}^n w_i a_i
        IF (W(a) > θ)
           THEN ℓ := 1
           ELSE ℓ := 0
        klassifiziere a mit ℓ
        Fordere wahre Klassifikation C(a) an
        IF (C(a) ≠ ℓ)
           THEN IF (ℓ = 1) THEN Lösche()
                           ELSE Vergrößere()
OD
END

ALGORITHMUS Lösche()
FOR i = 1, 2, ..., n
     IF (a_i = 1) THEN w_i := 0
                  ELSE tue nichts

ALGORITHMUS Vergrößere()
FOR i = 1, 2, ..., n
     IF (a_i = 1) THEN w_i := α · w_i
                  ELSE tue nichts
```

Abbildung 7.3: Der Algorithmus WINNOW.

Behauptung 7.8

$$L \leq \frac{n}{\theta} + (\alpha - 1)V .$$

Beweis. Wir untersuchen die Entwicklung der Summe $\sum_{i=1}^n w_i$ aller Gewichte während des Laufes des Algorithmus. Anfangs ist $\sum_{i=1}^n w_i = n$. Eine Löschung verkleinert $\sum_{i=1}^n w_i$ um mindestens θ, denn dann galt vor der Löschung die

Beziehung $\sum_{i=1}^n w_i a_i = \sum_{a_i=1} w_i > \theta$, und alle w_i mit $a_i = 1$ werden auf 0 gesetzt. Eine Vergrößerung vergrößert $\sum_{i=1}^n w_i$ um höchstens $(\alpha - 1)\theta$, denn dann galt vor der Vergrößerung $\sum_{i=1}^n w_i a_i = \sum_{a_i=1} w_i \leq \theta$, und alle w_i mit $a_i = 1$ werden verkleinert. Da $\sum_{i=1}^n w_i$ stets nicht-negativ ist gilt dann

$$0 \leq \sum_{i=1}^{n} w_i \leq n + \theta(\alpha - 1)V - \theta L ,$$

woraus die Behauptung sofort folgt, indem man nach L auflöst. □

Behauptung 7.9 *Für alle i gilt stets $w_i \leq \alpha\theta$.*

Beweis. Anfangs gilt für alle i: $w_i = 1 \leq \alpha\theta$, wegen $\theta \geq 1/\alpha$. Für alle i wird w_i nur dann erhöht, wenn $a_i = 1$ und $\sum_{i=1}^n w_i a_i \leq \theta$. Insbesondere gilt dann $w_i \leq \theta$. Nach der Vergrößerung gilt dann $w_i \leq \alpha\theta$. □

Behauptung 7.10 *Nach V Vergrößerungen (und beliebig vielen Löschungen) gibt es ein i mit $\log_\alpha(w_i) \geq V/k$.*

Beweis. Sei $R := \{i_1, \ldots, i_k\}$ die Menge der Indizes der in der Zielklausel C vorkommenden Variablen. Wir untersuchen die Veränderungen des Produktes $\prod_{i \in R} w_i$. Es gilt $C(a_1, \ldots, a_n) = 0$ genau dann wenn $a_i = 0$ für alle $i \in R$. Eine Löschung kann nur erfolgen, wenn $C(a_1, \ldots, a_n) = 0$, und dann werden nur Gewichte w_i gelöscht mit $a_i = 1$. Also ändern Löschungen $\prod_{i \in R} w_i$ nicht. Eine Vergrößerung erhöht $\prod_{i \in R} w_i$ um mindestens α. Da anfangs gilt $\prod_{i \in R} w_i = 1$, gilt nach V Vergrößerungen $\prod_{i \in R} w_i \geq \alpha^V$. Durch Logarithmieren ergibt sich $\sum_{i \in R} \log_\alpha(w_i) \geq V$. Wegen $|R| = k$ gibt es also mindestens ein i mit $\log_\alpha(w_i) \geq V/k$. □

Mit den obigen drei Behauptungen kann man den Satz beweisen. Die Anzahl der Fehler ist genau die Summe $V + L$ der Vergrößerungen und Löschungen. Aus den Behauptungen 7.9 und 7.10 folgt

$$\frac{V}{k} \leq \log_\alpha(\theta) + 1 .$$

Daraus ergibt sich sofort

$$V \leq k(\log_\alpha(\theta) + 1) . \tag{7.5}$$

Aus Behauptung 7.8 folgt

$$L \leq \frac{n}{\theta} + (\alpha - 1)k(\log_\alpha(\theta) + 1) . \tag{7.6}$$

Addiert man 7.5 und 7.6, so folgt die Behauptung des Satzes. ■

Bemerkung 7.11 Die Monotoniebeschränkung kann aufgehoben werden. Weiter kann man WINNOW in einen On-Line-Lernalgorithmus für die Klasse k-DNF umwandeln. Dies zu tun, ist eine Übung.

7.4 Der Algorithmus WEIGHTED-MAJORITY

Dieser Algorithmus wird in der folgenden Situation benutzt. Man hat eine feste Menge von On-Line Vorhersageregeln, die unterschiedlich gut sind, d.h. unterschiedlich viele Fehler machen. Es ist aber anfangs unbekannt, welches die guten Regeln sind. Ob eine Regel gut ist, hängt natürlich auch von der speziellen Eingabefolge ab. Weighted Majority konstruiert eine neue Regel, die nicht viel schlechter ist als die beste der ursprünglichen.

Wir gehen hier nicht von einer speziellen Zielklasse aus, sondern erlauben beliebige Klassifikationen. Der einfacheren Notation wegen verwenden wir weiterhin $C(x)$, um die korrekte Klassifikation zu bezeichnen. Mit $\mathcal{H} := \{H_1, \ldots, H_N\}$ bezeichnen wir die Menge der Vorhersageregeln. Der Algorithmus, der in Abbildung 7.4 dargestellt ist, arbeitet so: Jeder Vorhersageregel H_j ist ein Gewicht w_j zugeordnet, anfangs gilt $w_j = 1$. WEIGHTED-MAJORITY prüft bei einer neuen Eingabe x_i, ob die Regeln, die eine 1 vorhersagen, ein höheres Gesamtgewicht haben als die, die eine 0 vorhersagen. Die endgültige Vorhersage ist die, die der Menge mit dem größeren Gewicht entspricht. Bei einem Fehler werden die Gewichte der Hypothesen, die sich geirrt haben, reduziert. Diese Reduzierung erfolgt um einen festen Faktor β mit $0 \leq \beta < 1$. Für eine feste Eingabefolge $S \in (X \times \{0,1\})^+$ sei $M_{j,S}$ die Anzahl der Vorhersagefehler von H_j auf S, und $M_{WM,S}$ die Anzahl der Vorhersagefehler des Weighted-Majority-Algorithmus auf S. Weiter sei $W_{final} := \sum_{j=1}^{N} \beta^{M_{j,S}}$.

Satz 7.12 *Für alle $S \in (X \times \{0,1\})^+$ gilt*

$$M_{WM,S} \leq \frac{\log\left(\frac{N}{W_{final}}\right)}{\log\left(\frac{2}{1+\beta}\right)}$$

Beweis. Da H_j auf S höchstens $M_{j,S}$ Fehler macht, und nur bei einem Fehler das Gewicht w_j um β reduziert wird, gilt nach dem Abarbeiten der ganzen Beispielfolge S die Beziehung

$$w_j \geq \beta^{M_{j,S}} \; .$$

Die Summe aller Gewichte nach dem Abarbeiten von ganz S ist also größergleich W_{final}. Am Anfang der While-Schleife ist $W := W_1 + W_0$ die Summe

```
ALGORITHMUS WEIGHTED-MAJORITY
FOR j := 1,2,...,N DO
      w_j := 1
WHILE (noch Beispiele da) DO
      Fordere nächstes (unklassifiziertes) Beispiel x an
      W_0 := Σ_{j:H_j(x)=0} w_j
      W_1 := Σ_{j:H_j(x)=1} w_j
      IF (W_0 > W_1)
         THEN ℓ := 0
         ELSE ℓ := 1
      sage ℓ voraus
      IF (ℓ ≠ C(x))
         THEN FOR (j : H_j(x) = ℓ)DO
                  w_j := β · w_j
OD (*While*)
```

Abbildung 7.4: Der Algorithmus WEIGHTED-MAJORITY.

der Gewichte. Betrachten wir den Fall eines Fehlers, o.B.d.A. $\ell = 0 \neq C(x_i)$. Nach Aktualisierung der Gewichte gilt für diese Summe

$$\beta W_0 + W_1 \leq \beta W_0 + W_1 + \frac{1-\beta}{2}(W_0 - W_1) = \frac{1+\beta}{2}(W_0 + W_1) = \frac{1+\beta}{2} W .$$

D.h. die Summe W der Gewichte sinkt bei einer Aktualisierung mindestens um den Faktor $(1+\beta)/2 < 1$. Anfangs ist die Summe der Gewichte gleich N, und sie kann nicht unter W_{final} sinken. Somit gilt

$$N \cdot \left(\frac{1+\beta}{2}\right)^{M_{WM,S}} \geq W_{final} ,$$

woraus die Behauptung des Satzes folgt indem man nach $M_{WM,S}$ auflöst.

Korollar 7.13 *Wenn es in $\mathcal{H}$ eine Vorhersageregel gibt, die höchstens m viele Fehler auf S macht, so macht* WEIGHTED-MAJORITY *höchstens*

$$\frac{\log N + m \log\left(\frac{1}{\beta}\right)}{\log\left(\frac{2}{1+\beta}\right)}$$

Fehler.

Beweis. Beweis wie oben, aber mit der Beobachtung $W_{final} \geq \beta^m$. ■

8 Aufgaben

Aufgaben zu Kapitel 2

Aufgabe 1. Zum Umgang mit den Chernoff-Schranken: Jemand bietet Ihnen folgendes Spiel an. Wenn bei 100 Würfen einer fairen Münze mindestens 60 mal Kopf erscheint, so erhalten Sie 10DM, anderenfalls müssen Sie 1DM zahlen. Können Sie mit den Chernoff-Schranken entscheiden. ob Sie statistisch gesehen bei diesem Spiel langfristig gewinnen? Gegebenenfalls ab welchem Verhältnis von Auszahlung zu Einzahlung wird es interessant.

Ändert sich Ihre Entscheidung, wenn die Regel „mindestens 6 mal Kopf bei 10 Würfen" ist?

Ändert sich Ihre Entscheidung, wenn die Regel „mindestens 600 mal Kopf bei 1000 Würfen" ist?

Aufgabe 2. Die Methode des Nächsten Nachbarn arbeitet wie folgt. Man erhält eine Trainingsstichprobe $(\langle x_i, \ell_i \rangle)_{i=1,\dots,m}$, wobei die x_i aus einem Universum kommen, auf dem eine Abstandsfunktion d definiert ist und $l_i \in \{0,1\}$. Beispielsweise sind die Elemente des Universums in der zweidimensionalen Euklidischen Ebene angeordnet. Um nun ein unbekanntes Beispiel x zu klassifizieren bestimmt man den *nächsten Nachbarn* zu x, d.h. x_{i_0} mit $i_0 := \text{argmin}_i\{d(x_i, x) \mid i = 1, \dots, m\}$, und klassifiziert x mit ℓ_{i_0}.

Wie sieht eine Hypothese, die mit dieser Methode gebildet wurde, für das *normalgebaute* Beispiel und den Euklidischen Abstand aus? Geben Sie ein kleines Beispiel (Bild).

Diskutieren Sie, ob und wann diese Methode verallgemeinert und nicht nur auswendig lernt.

Aufgabe 3. Ein Palindrom der Länge t über einem Alphabet Γ ist eine String aus Γ^t, der vorwärts und rückwärts gelesen die gleiche Buchstabenfolge ergibt. Konstruieren Sie eine disjunktive Normalform mit 5 Variablen, $x_1, \dots, x_5$. Die Eingaben sind also 0-1-Strings der Länge 5. Diese DNF soll genau dann erfüllt sein (also eine 1 berechnen), wenn der Eingabestring ein Palindrom ist. Wie lang sind die längsten Monome in Ihrer Lösung? Wie sieht die entsprechende KNF aus, wie lang sind deren Klauseln?

Aufgabe 4. Ein d-dimensionales achsenparalleles *Rechteck* ist das Kartesische Produkt $[a_1, b_1] \times \cdots \times [a_d, b_d]$ von d abgeschlossenen Intervallen. Die Klasse dieser Rechtecke bezeichnen wir mit $\mathcal{APR}_d$. Geben Sie einen strengen PAC-Lernalgorithmus für $\mathcal{APR}_d$ an und bestimmen Sie eine zum PAC-Lernen ausreichende Stichprobengröße analog zu den Berechnungen für Rechtecke im Abschnitt 2.3.

Aufgabe 5. Analysieren Sie die Laufzeit des Algorithmus DEL-MONOMIALS zum Pac-Lernen von k-DNF.

Aufgabe 6. Beweisen Sie Teil a) von Lemma 2.23.

Aufgabe 7. Zeigen Sie, daß die Vapnik-Chervonenkis-Dimension der Klasse der konvexen Mengen in der Ebene unendlich ist. Eine Menge $T \in \mathbb{R}^2$ ist konvex, wenn sie mit zwei Punkten a und b auch die ganze Verbindungsstrecke $\overline{ab} = \{\lambda a + (1 - \lambda)b \mid \lambda \in [0, 1]\}$ enthält.

Aufgabe 8. Bestimmen Sie die Vapnik-Chervonenkis-Dimension der Klasse der Dreiecke in der Ebene.

Aufgabe 9. Sei $\mathcal{R}_2$ die Klasse, deren Konzepte Vereinigungen von 2 achsenparallelen Rechtecken sind, d.h. jedes $R \in \mathcal{R}_2$ hat die Form $R = T_1 \cup T_2$ wobei T_1, T_2 beides achsenparallele Rechtecke sind. Bestimmen Sie die Vapnik-Chervonenkis-Dimension von $\mathcal{R}_2$. Beachten Sie, daß sie nicht durch 8 beschränkt seien muß!

Aufgabe 10. Erweitern Sie den Beweis aus der Vorlesung, daß die Klasse 1-RSE PAC-lernbar ist, auf die Klasse k-RSE für $k \geq 2$.

Aufgabe 11. Zeigen Sie, daß die Klasse $\mathcal{T}_2$ der Dreiecke in der Ebenen effizient PAC-lernbar ist. Sie können voraussetzen, daß $VCdim(\mathcal{T}_2) = 7$ ist.

Aufgabe 12. Zeigen Sie, daß die Klasse $\mathcal{K}_2$ (vergleiche Definition 2.24, und Satz 2.25) der Kreisscheiben in der Ebene effizient streng PAC-lernbar ist. Das heißt, entwerfen Sie einen effizienten, konsistenten Hypothesenfinder.

Aufgabe 13. Die Klasse k-$\mathcal{DL}_n$ der k-*Entscheidungslisten* (Decision Lists) über n Booleschen Variablen $x_1, \ldots, x_2$ ist so definiert: Eine k-Entscheidungsliste ist ein Folge $(M_1, z_1), \ldots, (M_s, z_s), (\emptyset, z_{s+1})$ von Paaren, wobei M_i ein Monom mit höchstens k Literalen ist und $z_i \in \{0,1\}$. Um ein Beispiel $\mathbf{a} = (a_1, \ldots, a_n) \in \{0,1\}^n$ mit dieser Liste zu klassifizieren geht man so vor: Man bestimmt das erste Monom M_i, das vom $\mathbf{a}$ erfüllt wird und klassifiziert $\mathbf{a}$ mit z_i. Wir machen die Konvention, daß $\emptyset$ immer erfüllt ist. Weiter ist $k\text{-}\mathcal{DL} := \bigcup_{n=1}^{\infty} k\text{-}\mathcal{DL}_n$

Zeigen Sie: 1-$\mathcal{DL}$ ist effizient PAC-Lernbar.

Aufgabe 14. Zeigen Sie: k-$\mathcal{DL}$ ist effizient PAC-Lernbar.

Aufgabe 15. Welche Stichprobengröße reicht in den letzten beiden Aufgaben aus?

Aufgaben zu Kapitel 3

Aufgabe 16. Wir betrachten 1-KNF, d.h. Konjunktionen von Literalen. Sei $C \in$ 1-KNF$_n$ und C enthalte ℓ Literale. Finden Sie eine Repräsentation, so daß $size(C) = O(\ell * (\lceil \log_2(n) \rceil))$.

Aufgabe 17. Setzen Sie die Existenz einer Größenfunktion *size* mit den in der vorigen Aufgabe beschriebenen Eigenschaften voraus. Geben Sie einen effizienten Occam-Algorithmus für 1-KNF und diese Größenfunktion an. D.h. zu einer 1-KNF$_n$, in der nur „wenige" Variablen vorkommen, muß man auch eine „kurze" Hypothese finden. Der Algorithmus DEL-CLAUSES leistet dies nicht notwendigerweise.

Hinweis: Suchen Sie eine geeignete Überdeckung der negativen Beispiele.

Aufgabe 18. Geben Sie eine Repräsentation für k-$\mathcal{DL}$ aus Aufgabe 13 an. Entwerfen Sie einen Occam-Algorithmus für die Klasse 1-DL der Entscheidungslisten mit Monomlänge höchstens 1.

Aufgabe 19. Führen Sie den Algorithmus für ein Teilproblem zum Lernen von den im folgenden definierten Stufenfunktionen im Detail aus:

Gegeben ist das Gitter $G := (1, 2, \ldots, 2^n)^2$. Seien $s := (0,0)$, $t := (2^n, 2^n)$. Ein *rechtwinkliger s-t-Pfad P der Länge r* ist definiert durch eine Folge

$$((a_1, b_1), (a_2, b_2), \ldots, (a_r, b_r))$$

von Punkten des Gitters mit

- $(a_1, b_1) = (0, 0)$, $(a_r, b_r) = (2^n, 2^n)$,
- $\forall i \in \{1, 2, \ldots, r-1\}$ gilt entweder $a_{i+1} = a_i$ oder $b_{i+1} = b_i$,
- $\forall i \in \{1, 2, \ldots, \lfloor (r-1)/2 \rfloor\}$: $a_{2i-1} < a_{2i}$ und $a_{2i} = a_{2i+1}$,
- P besteht aus allen Gitterpunkten, die auf mindestens einer Strecke $\overline{(a_i, b_i)(a_{i+1}, b_{i+1})}$, $i \in \{1, 2, \ldots, r-1\}$ liegen.

Die Punkte (a_i, b_i) heißen *Ecken*. Sei $NEG \subseteq G$, $|NEG| = m$. Es existiere ein rechtwinkliger s-t-Pfad P der Länge r mit der Eigenschaft $P \cap NEG = \emptyset$. Beschreiben Sie einen effizienten (d.h. polynomiell in n [nicht in 2^n !], m und r) Algorithmus, der einen s-t-Pfad P' mit möglichst wenigen Ecken und der Eigenschaft $P' \cap NEG = \emptyset$ findet. Wie groß ist die Eckenzahl von P' gegenüber r?

Aufgabe 20. Setzen Sie die Existenz eines Algorithmus, wie er in der vorigen Aufgabe gesucht wird, voraus. Beschreiben Sie einen effizienten Occam-Algorithmus zum Lernen von Stufenfunktionen: Seien $s = (0, 0)$, $t = (2^n, 2^n)$ und sei das Zielkonzept P ein s-t-Pfad der Länge r. Gegeben ist eine markierte Stichprobe $S \subseteq (G \times \{0, 1\})^m$ für P. Beschreiben Sie einen effizienten (d.h. polynomiell in n, m und r) Algorithmus, der einen s-t-Pfad P' mit möglichst wenigen Ecken findet, so daß alle positiven Beispiele aus S auf P' liegen und kein negatives.

Aufgaben zu Kapitel 4

Aufgabe 21. Sei A_{mies} ein effizienter Lernalgorithmus der eine Konzeptklasse $\mathcal{C}$ durch $\mathcal{H}$ wie folgt lernt: Für alle δ, alle D und alle $C \in \mathcal{C}$ liefert A_{mies} eine Hypothese H, die mit Wahrscheinlichkeit mindestens $(1 - \delta)$ einen Fehler von **mindestens** 2/3 hat. Zeigen Sie: dann ist $\mathcal{C}$ durch $\mathcal{H}$ effizient PAC-lernbar.

Aufgabe 22. Konstruieren Sie einen schwachen Lernalgorithmus für k-DNF, der einfacher ist als DEL-MONOMIALS.

Hinweis: Sei $T(n, k)$ die maximale Anzahl von Monomen in einer k-DNF$_n$. Wählen Sie das Polynom p aus der Definition des schwachen Lerners so, daß $p(n) := \Theta(T(n, k))$. Unterscheide zwei Fälle: Erstens die Anzahlen der positiven und negativen Beispiele sind ziemlich unterschiedlich, d.h. ihr Quotient liegt nicht im Intervall $[(1/2) - (1/p(n)), (1/2) + (1/p(n))]$. Zweitens der Quotient liegt im Intervall $[(1/2) - (1/p(n)), (1/2) + (1/p(n))]$. Im ersten Fall gibt es eine sehr einfach schwache Hypothese. Im zweiten Fall betrachte einzelne Monome der Länge k. Schließlich muß man noch zeigen, daß die empirischen Häufigkeiten der positiven und negativen Beispiele in der Stichprobe ihre wahren Wahrscheinlichkeiten hinreichend gut annähern, wenn die Stichprobe groß genug ist.

Aufgaben zu Kapitel 5

Aufgabe 23. Es sei $\mathcal{BV}_n$ die Klasse der Booleschen Vektorräume über $\{0,1\}^n$. Zeigen Sie, daß $\text{VCdim}(\mathcal{BV}_n) = n$ gilt.

Aufgaben zu Kapitel 6

Sei $\mathcal{H} \subseteq 2^X$ eine Konzeptklasse über dem Universum X. Für $H \in \mathcal{H}$ und eine Folge $S = ((x_i, \ell_i))_{i=1...m}$ mit $x_i \in X$ und $\ell_i \in \mathbb{R}$ sei

$$\begin{aligned} dis(H) &:= \sum_{\substack{x_i \notin H \\ \ell_i \geq 0}} \ell_i - \sum_{\substack{x_i \in H \\ \ell_i < 0}} \ell_i \quad \text{und} \\ sum(H) &:= \sum_{x_i \in H} \ell_i \,. \end{aligned}$$

Das *Fehlerminimierungs-Problem* für $\mathcal{H}$ ist wie folgt definiert: Für alle $S \in (X \times \mathbb{R})^+$ finde H, so daß $dis(H)$ minimal ist.Das *Summenmaximierungs-Problem* für $\mathcal{H}$ ist wie folgt definiert: Für alle $S \in (X \times \mathbb{R})^+$ finden Sie H, so daß $sum(H)$ maximal ist. Zeigen Sie: Ein Algorithmus, der das Summenmaximierungs-Problem löst, löst auch das Fehlerminimierungs-Problem.

Aufgabe 24. Finden Sie einen möglichst effizienten Algorithmus der das Fehlerminimierungs-Problem für die Klasse $\mathcal{I}$ der Intervalle in $[0,1]$ löst.

$$\mathcal{I} = \{[a,b] \mid 0 \leq a \leq b \leq 1\} \,.$$

Aufgabe 25. Finden Sie einen möglichst effizienten Algorithmus der das Fehlerminimierungs-Problem für die Klasse $\mathcal{APR}_2$ löst.

Aufgabe 26. Man betrachte das Modell des Bernoulli-Rauschens aus Abschnitt 6.5.

a) Vergleichen Sie dieses Modell mit dem des Klassifikationsrauschens und des böswilligen Rauschens.
b) Überlegen Sie sich informell Strategien zum Lernen in diesem Modell. Dabei dürfen durchaus Annahmen über die Parameter η_1, η_2 oder die Konzeptklasse gemacht werden.

Aufgabe 27. Diskutieren Sie, warum die Definition von On-Line-Algorithmen und Worst-Case-Fehlerschranken bei unendlichen Konzeptklassen zu Problemen führt.

Aufgaben zu Kapitel 7

Aufgabe 28. Sei $\mathcal{IV}$ die Klasse der abgeschlossenen Intervalle über dem diskreten Universum $X := [1, 2, \ldots, 2^n]$. Es gilt $|\mathcal{IV}| = O(2^{2n})$. Der Algorithmus HALVING würde also $O(n)$ Fehler machen. Er benötigt aber für die Vorhersage auf den Beispielen bis zu $\Omega(2^{2n})$ Zeit. Geben Sie einen Algorithmus an, der bei gleicher Fehlerzahl eine bessere Zeit für die Vorhersage erreicht (z.B. $O(n^c)$ für eine geeignete Konstante c).

Aufgabe 29. Finden Sie eine Klasse, für die die Schranke

$$opt(\mathcal{C}) \leq \log_2(|\mathcal{C}|)$$

nicht scharf ist. D.h. $opt(\mathcal{C})$ hat eine kleinere Größenordnung als $\log_2(|\mathcal{C}|)$.

Aufgabe 30. Zeigen Sie, daß man mit WINNOW auch beliebige, d.h. nicht notwendigerweise monotone, Klauseln On-Line lernen kann. Wie ist dann die Fehlerschranke? Hinweis: Warte auf das erste negative Beispiel $\overline{a} = (a_1, \ldots, a_n)$ und überlege, was sich über die Variable x_i sagen läßt, wenn $a_i = 0$ bzw. $a_i = 1$ ist.

Aufgabe 31. Zeigen Sie, das man mit WINNOW auch k-DNF On-Line lernen kann. Wie ist dann die Fehlerschranke?

Aufgabe 32. Beweisen Sie Korollar 7.13.

Anhang A

Ungleichungen aus Statistik und Kombinatorik

Sei X eine Menge, $A, B \subseteq X$ und D eine Wahrscheinlichkeitsverteilung auf X. Die Mengen A und B nennt man auch *Ereignisse*, weil sie manchmal durch eine syntaktische Bedingung $Bed(x)$ an die x beschrieben sind das heißt $A := \{x \in X \mid Bed(x)\}$. Die Wahrscheinlichkeit eines Ereignisses unter D bezeichnen wir wie folgt:

$$\Pr[A] = \Pr_D[A] = \Pr_{x\sim D}[Bed(x)] = \Pr_{x\sim D}\{x \in X \mid Bed(x)\} \qquad \text{(A.1)}$$

Je nachdem, wie klar die Rolle von D ist, wird der entsprechende Index gewählt.

Sei $1 \geq p \geq 0$, $q = 1 - p$ und $m \in \mathbb{N}$. Seien X_i, $i = 1, 2, \ldots, m$, unabhängige Bernoulli Variablen mit Erfolgswahrscheinlichkeit $\Pr[X_i = 1] = p$ für alle $i \in \{1, \ldots, m\}$. Sei $Y_m = \frac{1}{m}\sum_{i=1}^{m} X_i$, dann $\mathbb{E}[Y_m] = p$ und $\sigma(Y_m) = \sqrt{pq}/m$, wobei $\mathbb{E}[\cdot]$ den Erwartungswert und $\sigma(\cdot)$ die Standardabweichung bezeichnet.

Chernoff Ungleichung

Die Chernoff Ungleichung liefert eine obere Schranke für die Wahrscheinlichkeit einer großen **multiplikativen** Abweichung der Zufallsvariablen Y_m von ihrem Erwartungswert p. Sei $0 \leq \lambda \leq 1$.

$$\Pr[Y_m \geq (1+\lambda)p] \leq e^{-\lambda^2 mp/3} \qquad \text{(A.2)}$$

und

$$\Pr[Y_m \leq (1-\lambda)p] \leq e^{-\lambda^2 mp/2} \qquad \text{(A.3)}$$

Wir werden diese Ungleichungen oft in einer anderen Formulierung anwenden: Es bezeichne $GE(p, m, k)$ bzw. $LE(p, m, k)$ die Wahrscheinlichkeit, bei m Versuchen jeweils mit Erfolgswahrscheinlichkeit p mehr als bzw. weniger als k Erfolge zu sehen. Dann gilt für alle $0 \leq \beta \leq 1$:

$$GE(p, m, (1+\beta)mp) \leq e^{-\beta^2 mp/3} \qquad \text{(A.4)}$$

$$LE(p, m, (1-\beta)mp) \leq e^{-\beta^2 mp/2} \qquad \text{(A.5)}$$

Hoeffding Ungleichung [Hoe63]

Die Hoeffding Ungleichung liefert eine obere Schranke für die Wahrscheinlichkeit einer großen **additiven** Abweichung der Zufallsvariablen Y_m von ihrem Erwartungswert p. Sei $0 \leq \lambda \leq 1$. Sei $\lambda > 0$.

$$\Pr[Y_m - p \geq \lambda] \leq e^{-2\lambda^2 m} \tag{A.6}$$

und

$$\Pr[Y_m - p \leq -\lambda] \leq e^{-2\lambda^2 m} \tag{A.7}$$

zusammen

$$\Pr[|Y_m - p| \geq \lambda] \leq 2e^{-2\lambda^2 m} \tag{A.8}$$

Verschätzung um den Faktor höchstens 2 [AV79]

$$\Pr[Y_m \geq 2p] \leq e^{-mp/3} \tag{A.9}$$

$$\Pr\left[Y_m \leq \frac{1}{2}p\right] \leq e^{-mp/8} \tag{A.10}$$

Abweichung von der Erwartung [Val84]

Bei m Versuchen mit Erfolgswahrscheinlichkeit p ist die Wahrscheinlichkeit, weniger als k Erfolge zu sehen ($k < mp$), höchstens

$$\left(\frac{m - mp}{m - k}\right)^{m-k} \left(\frac{mp}{k}\right)^k < e^{-mp+k} \left(\frac{mp}{k}\right)^k . \tag{A.11}$$

Wenn gilt

$$m \geq \frac{2}{\varepsilon}\left(k + \ln\left(\frac{1}{\delta}\right)\right) , \tag{A.12}$$

so ist die Wahrscheinlichkeit in (A.11) kleiner als δ.

Bienaymé-Chebyschev

Seien X_i, $i = 1, \ldots, m$, paarweise unabhängige Zufallsvariablen mit gemeinsamem Erwartungswert μ und gemeinsamer Varianz σ^2. Dann gilt für alle $\lambda \geq 0$

$$\Pr[|Y_m - \mu| \geq \lambda] \leq \frac{\sigma^2}{m\lambda^2} \tag{A.13}$$

Die Markov-Ungleichung

Sei X eine Zufallsvariable mit nichtnegativen Werten. Sei $c > 0$. Dann gilt

$$\Pr[X > c] \leq \frac{\mathbb{E}[X]}{c}. \tag{A.14}$$

Abschätzungen für Binomialkoeffizienten

$$\sum_{k=0}^{d} \binom{n}{k} \leq \left(\frac{em}{d}\right)^d \tag{A.15}$$

Abschätzungen der Exponential-Funktion

Für $x > 0$, $n \geq 1$ und $|t| \leq n$ gilt:

$$\left(1 + \frac{1}{x}\right)^x < e$$

$$\left(1 - \frac{1}{x}\right)^x < \frac{1}{e} \tag{A.16}$$

$$e^t \left(1 - \frac{t^2}{n}\right) \leq \left(1 + \frac{t}{n}\right)^n \tag{A.17}$$

$$\ln(1 + x) \leq x \tag{A.18}$$

Die Herleitung von (A.17) findet man in [Mit70].

Die Markov-Ungleichung

Literaturverzeichnis

[AB92] M. Anthony und N. Biggs. *Computational Learning Theory.* Cambridge University Press, 1992.

[ACGS88] W. Alexi, B. Chor, O. Goldrich, und C.P. Schnorr. RSA and Rabin Functions: Certain Parts are as hard as the whole. *SIAM J. on Computing*, 17:194–209, 1988.

[AL88] D. Angluin und P. Laird. Learning from Noisy Examples. *Machine Learning*, 2(4):343–370, 1988.

[AV79] D. Angluin und L. Valiant. Fast Probabilistic Algorithms for Hamiltonian Circuits and Matching. *Journal of Computer and System Sciences*, 18:155–193, 1979.

[BCH86] P.W. Beame, S.A. Cook, und H.J Hoover. Log Depth Circuits vor Division and Related Problems. *SIAM J. on Computing*, 19:994–1003, 1986.

[BEHW89] A. Blumer, A. Ehrenfeucht, D. Haussler, und M. Warmuth. Learnability and the Vapnik-Chervonenkis Dimension. *J. Assoc. Comp. Machinery*, 36:929–965, 1989.

[Ben86] J. Bentley. *Programming Pearls.* Addison Wesley, 1986.

[CBDFS96] N. Cesa-Bianchi, E. Dichterman, P. Fischer, und H.U. Simon. Noise-Tolerant Learning near the Information-Theoretic Bound. In *Proc. 28th Annual ACM Symposium on Theory of Computing, (STOC'96)*, Seiten 141–150. ACM Press, 1996.

[CM92] Z. Chen und W. Maass. On-line Learning of Rectangles. In *Proc. 5th Annu. Workshop on Comput. Learning Theory*, Seiten 16–28. ACM Press, New York, NY, 1992.

[CSV84] A.K. Chandra, L.J. Stockmeyer, und U. Vishkin. Constant Depth Reducibility. *SIAM J. on Computing*, 13:423–432, 1984.

[DH73] R. O. Duda und P. E. Hart. *Pattern Classification and Scene Analysis.* Wiley, 1973.

[Dud84] R. M. Dudley. *A Course on Empirical Processes.* Springer-Verlag, New York, Heidelberg, Berlin, 1984. Summer School St.Flour, 1982, LNCS 1097.

[EHKV88] A. Ehrenfeucht, D. Haussler, M. Kearns, und L. Valiant. A General Lower Bound on the Number of Examples Needed for Learning. In *Proc. 1st Annu. Workshop on Comput. Learning Theory,* Seiten 139–154. Morgan Kaufmann, San Mateo, CA, 1988.

[FHLŁ93] P. Fischer, K.-U. Höffgen, H. Lefmann, und T. Łuczak. Approximations with Axis-Aligned Rectangles. In *Proc. Fund. Comp. Theo. (FCT'93), LNCS 710,* Seiten 244–255. Springer Verlag, 1993.

[Fis93] P. Fischer. Finding Maximum Convex Polygons. In Z. Esik, Hrsg., *Proc. Fund. Comp. Theo. (FCT'93), LNCS 710,* Seiten 234–243. Springer Verlag, 1993.

[FS90a] P. Fischer und H. Simon. On Learning Ring-sum Expansions. In *Proc. 3rd Annu. Workshop on Comput. Learning Theory,* Seiten 130–143. Morgan-Kaufmann, 1990.

[FS90b] P. Fischer und H.-U. Simon. Separation Problems and Circular Arc Systems. In R.H. Möhring, Hrsg., *Proc. 16th Int. Workshop on Graph-Theoretic Concepts in Computer Science, WG90,* Seiten 251–259. Springer Verlag, LNCS 484, 1990.

[FS92] P. Fischer und H. Simon. On Learning Ring-sum Expansions. *SIAM J. Comput.,* 21:181–192, 1992.

[GJ79] M. R. Garey und D. S. Johnson. *Computers and Intractabiliy.* W.H. Freeman, 1979.

[Hoe63] W. Hoeffding. Probability Inequalities for Sums of Bounded Random Variables. *Journal of the American Statistical Association,* 58(301):13–30, Marz 1963.

[HR89] T. Hagerup und Ch. Rüb. A Guided Tour to Chernoff Bounds. *Information Processing Letters,* 33:305–308, 1989.

[HSW92] D. Helmbold, R. Sloan, und M. K. Warmuth. Learning Integer Lattices. *SIAM J. Comput.,* 21(2):240–266, 1992.

[Joh74] D.S. Johnson. Approximation Algorithms for Combinatorial Problems. *J.Comput .Sys .Sci.*, 9:256–278, 1974.

[JS68] K. Jogdeo und S. M. Samuels. Monotone Convergence of Binomial Probabilities and a Generalization of Ramanujan's Equation. *The Annals of Mathematical Staistics*, 39:1191–1195, 1968.

[KL93] M. Kearns und M. Li. Learning in the Presence of Malicious Errors. *SIAM J. Comput.*, 22:807–837, 1993.

[KLPV87] M. Kearns, M. Li, L. Pitt, und L. Valiant. Recent Results on Boolean Concept Learning. In *Proc. 4th Workshop on Machine Learning*, Seiten 337–352, 1987.

[KSS94] Michael J. Kearns, Robert E. Schapire, und Linda M. Sellie. Toward Efficient Agnostic Learning. *Machine Learning*, 17:115–142, 1994.

[KV89] M. Kearns und L. G. Valiant. Cryptographic Limitations on Learning Boolean Formulae and Finite Automata. In *Proc. of the 21st Symposium on Theory of Computing*, Seiten 433–444. ACM Press, New York, NY, 1989.

[KV94] M. Kearns und U. Vazirani. *An Introduction to Computational Learning Theory.* The MIT Press, Cambridge, Massachusetts and London, England, 1994.

[Lai88] Ph. Laird. *Learning from Good and Bad Data.* Kluwer Academic Publishers, 1988.

[Lit88] N. Littlestone. Learning Quickly when Irrelevant Attributes Abound: a New Linear–Threshold Algorithm. *Machine Learning*, 2:285–318, 1988.

[Mas] W.J. Masek. Some NP-complete Set Cover Problems. MIT Laboratory for Computer Science.

[Mit70] D. Mitrinović. *Analytic Inequalities.* Springer-Verlag, New York, Heidelberg, Berlin, 1970.

[MM82] C. Meyer und S. Matyas. *Cryptography: A New Dimension in Computer Data Security.* John Wiley and Sons, 1982.

[PV88] L. Pitt und L. Valiant. Computational Limitations on Learning from Examples. *J. Assoc. Comp. Machinery*, 35:965–984, 1988.

[PW93] L. Pitt und M. Warmuth. The Minimum Consistent DFA Problem Cannot be Approximated within any Polynomial. *J. Assoc. Comp. Machinery*, 40(1):95–142, 1993.

[Rab79] M.O. Rabin. Digital Signatures and Public Key Functions are as Intractable as Factorization. Interner Bericht TM-212, MIT CS-Lab, 1979.

[Rei87] J. Reif. On Threshold Circuits and Polynomial Computations. In *Proc. 2nd. Conf. Structure in Complexity Theory*, Seiten 118–125, 1987.

[RSA78] R. Rivest, A. Shamir, und L. Adleman. A Method for Obtaining Digital Signatures and Public Key Cryptosystems. *Comm. ACM*, 21:120–126, 1978.

[Sau72] N. Sauer. On the Density of Families of Sets. *J. Combin. Th. A*, 13:145–147, 1972.

[Sch90] R. E. Schapire. The Strength of Weak Learnability. *Machine Learning*, 5(2):197–227, 1990.

[She72] S. Shelah. A Combinatorial Problem; Stability and Order for Models and Theories in Infinitary Languages. *Pacific J. of Math.*, 41:247–261, 1972.

[SS77] R. Solovay und V. Strassen. A Fast Monte-Carlo Test for Primality. *SIAM J. on Computing*, 6:84–85, 1977.

[Val84] L. G. Valiant. A Theory of the Learnable. *Commun. ACM*, 27(11):1134–1142, 1984.

[Weg87] I. Wegener. *The Complexity of Boolean Functions.* Wiley-Teubner, 1987.

Index

G

H

I

K

L